高等学校交通运输与工程类专业教材建设委员会规划教材

运　筹　学

朱　灿　周和平　编著
龙科军　主审

人民交通出版社股份有限公司
北　京

内 容 提 要

本书为高等学校交通运输与工程类专业教材建设委员会规划教材。本书着重介绍运筹学的基本原理和方法,注重结合交通运输及经济管理专业实际教学需求,具有一定的深度和广度。本书基本涵盖了高等院校运筹学教学内容,包括线性规划与单纯形法、对偶理论与灵敏度分析、运输问题、整数线性规划、线性目标规划、动态规划、图与网络分析、网络计划技术、排队论、存储论、决策论和对策论。书中部分课后习题借鉴了各高校研究生考试试卷内容。

本书介绍了运用 Matlab 软件优化工具箱及图论工具箱求解计算难度较大的线性规划问题和图论问题的方法,并在本书的末尾附有一个大学生数学建模竞赛试题(略有简化)的分析讲解,该题综合了线性规划问题与图论问题,可以作为运筹学实验题或案例分析题学习。

本书可作为高等院校理工科专业的教材,亦可作为研究生考试的参考用书。

图书在版编目(CIP)数据

运筹学 / 朱灿,周和平编著. — 北京 : 人民交通出版社股份有限公司, 2021.10

ISBN 978-7-114-16572-6

Ⅰ.①运… Ⅱ.①朱… ②周… Ⅲ.①运筹学—高等学校—教材 Ⅳ.①O22

中国版本图书馆 CIP 数据核字(2021)第 163071 号

高等学校交通运输与工程类专业教材建设委员会规划教材

Yunchou Xue

书　　名:运筹学
著 作 者:朱　灿　周和平
责任编辑:钱　堃
责任校对:刘　芹
责任印制:刘高彤
出版发行:人民交通出版社股份有限公司
地　　址:(100011)北京市朝阳区安定门外外馆斜街 3 号
网　　址:http://www.ccpcl.com.cn
销售电话:(010)59757973
总 经 销:人民交通出版社股份有限公司发行部
经　　销:各地新华书店
印　　刷:北京虎彩文化传播有限公司
开　　本:787 × 1092　1/16
印　　张:16
字　　数:385 千
版　　次:2021 年 10 月　第 1 版
印　　次:2024 年 8 月　第 3 次印刷
书　　号:ISBN 978-7-114-16572-6
定　　价:49.00 元
(有印刷、装订质量问题的图书由本公司负责调换)

前言

运筹学是20世纪30年代初发展起来的一门新兴学科，目前广泛应用于工业、农业、交通运输业、国防等各个领域。因此，运筹学是高等教育应用数学、管理科学、经济学等专业开设的一门必修课，是很多高校相关专业研究生考试必考科目之一。

笔者具有多年讲授运筹学课程以及进行运筹学研究生考试试题答疑的经验。本书是笔者在多年教学的基础上编写的。在内容选择上，除了非线性规划部分，本书基本涵盖了运筹学的主要分支。相对于其他运筹学教材，本书具有以下特点：

(1) 内容由浅入深、循序渐进。比如一些较难理解的算法，先结合小例题介绍算法思想，再将算法思想抽象成公式，然后再对一些情况进行具体分析。

(2) 对定理的证明删繁就简，主要侧重对定理的理解和应用进行讲述。

(3) 加强了对笔者在运筹学研究生考试试题答疑时遇到的一些经典难题的分析。

(4) 线性规划问题和图论问题，计算比较复杂，Matlab 软件提供了工具箱。对于运筹学的其他分支，如存储论、排队论、决策论等，由于计算量相对较小，建模后将参数代入公式即可直接算出，Matlab 软件在2019年以前没有提供专门的工具箱。所以本书主要介绍了运用 Matlab 优化工具箱计算线性规划和整数线性规划问题，运用 Matlab 图论工具箱求解最小生成树、最短路、最大流问题的方法。

(5) 书末附有一个综合题，这个综合题摘编自全国大学生数学建模竞赛题，笔者对该题进行了简化。这个题目较好地综合了线性规划、图论内容，使用本教材的教师可将该综合题作为一个案例或大作业给本科生讲解。

本书可作为高等院校本科教材或研究生考试参考书，也可供企事业单位管理人员和工程技术人员阅读与参考。全书共 13 章，各章节内容相对独立，教师可根据专业要求选用讲授内容。标“＊”的内容为选修内容。未标“＊”的内容建议总授课学时为 80 学时。本书课后习题参考答案可扫码查阅。

课后习题参考答案

本书由朱灿、周和平统稿，其中绪论和第 1、2、4、6、7、10 章由朱灿撰写，第 3、5 章由叶鸿、朱灿撰写，第 8、9 章由周和平、朱灿撰写，第 11、12 章由张生、朱灿撰写。笔者在编写过程中查阅、参考了大量的中外文献，在此谨向有关专家学者表示诚挚的谢意。本书的出版得到了长沙理工大学“双一流”建设经费资助，笔者在此感谢长沙理工大学的大力支持。

由于时间仓促、水平有限，错漏之处在所难免，恳请广大读者指正。

作　者

2021 年 1 月于长沙

目录

绪论

0.1 运筹学的产生和发展

我国古代朴素的运筹学思想的发展历史源远流长。公元前6世纪的《孙子兵法》是我国古代军事运筹思想最早的典籍，研究如何筹划兵力以"决胜千里之外"。但是与现代意义上的运筹学相比，《孙子兵法》对于如何调兵遣将缺少科学计算，缺少定量分析依据。1736年，欧拉撰写的《哥尼斯堡的七座桥》被认为是运筹学的重要分支——图论的起源。一般认为，1914年英国人兰彻斯特（F. W. Lanchester）发表了军事运筹学中著名的"兰彻斯特战斗方程"，被认为是运筹学的萌芽。随后，丹麦工程师爱尔朗（Erlang）于1917年在哥本哈根电话公司研究电话通信系统时提出了排队论。存储论的最优批量公式于20世纪20年代初由哈里斯（F. Harris）研究银行货币的储存问题时提出。但是直到20世纪30年代末，运筹学作为科学术语才开始出现。第二次世界大战期间，英国为了对付德国的空袭，组织了一批科学家研究如何合理部署雷达，提高空袭早期预警水平，取得了显著的效果。因为这类研究与技术研究不同，英国鲍德西雷达站的负责人罗伊（A. P. Rowe）把这类研究工作称为"Operational Research"（运用研究），美国人称之为"Operations Research"，英文简写均为"OR"。这就是我们所说的运筹学。第二次世界大战期间，运筹学成功地解决了许多重要作战问题，如运输船队护航问题、反潜深水炸弹投掷问题、太平洋岛屿军事物资存储问题等，显示了其巨大作用。

第二次世界大战后，科学家们将运筹学的运用推广到工业生产、商业等方面。1947年，乔治·丹齐格(George Dantzig)提出线性规划问题及单纯形法的求解方法,具有里程碑意义。随后运筹学进入快速发展期,除军事方面的应用研究以外,运筹学相继在工业、农业、经济和社会问题等各领域都有了飞快发展,并形成了许多分支。由于计算机的出现,原来依靠手工计算而使运筹学的运算规模受到限制的问题得到了革命性的突破。计算机的超强计算能力大大激发了运筹学中建模和算法方面的研究,加快了运筹学在各个领域的应用。二十世纪七八十年代,运筹学基本成熟。

随着运筹学应用领域沿深度与广度方向扩展,计算机技术与运筹学的结合越来越紧密,美国芝加哥大学的林纳斯教授于1980年前后开发了运筹学计算软件Lingo。一些办公软件如Excel,优化工具求解器如Cplex、Lpsolve、Gurobi、Yalmip等,通用计算软件如Matlab、Mathematica、Python等都对运筹学的一些主要分支提供专门的计算模块。这些软件极大地扩展了运筹学的应用领域。可以说,现代运筹学已经涵盖了所有领域的管理与优化问题。

英国于1948年成立了第一家运筹学俱乐部,1950年创办了第一个运筹学刊物——*Operational Research Quarterly*,该俱乐部于1953年改名为运筹学会,刊物也更名为*Journal of the Operational Research Society*。美国于1952年成立运筹学会,并创刊*Operations Research*。随后法国、日本和印度等也成立了运筹学会。1959年,英、美、法三国的运筹学会发起成立了国际运筹学联合会(IFORS),各国的运筹学会纷纷加入。此外,还有一些地区性组织,如欧洲运筹学协会(EURO,成立于1976年),亚太运筹学会联合会(APORS,成立于1985年)。我国于1956年在中科院力学研究所成立第一个运筹学小组,1980年成立运筹学会,1982年成为国际运筹学联合会会员国,现创办的主要刊物有《运筹学学报》和《运筹与管理》。

在我国,运筹学在1956年曾被称为运用学,于1957年被正式定名为运筹学。"运筹"一词出自《史记·高祖本纪》中的"运筹帷幄之中,决胜千里之外"。1955年,钱学森、华罗庚、许国志等将运筹学引入。那时,有这样一个认识:我国的计划经济建设十分需要运筹学。我国在1957年将运筹学的思想应用到建筑业和纺织业,1958年开始将其应用于交通运输业、工业、农业等方面,尤其是物流的物资调运、装卸、调度。我国学者为解决粮食部门合理进行粮食调运问题,提出了"图上作业法",并从理论上证明了它的科学性。在解决邮递员合理投递路线问题时,管梅谷提出了"中国邮路问题"的解法。我国学者运用运筹学方法在工业生产中解决了合理下料、机床负荷分配问题;在纺织业中解决了细纱车间劳动组织、最优折布长度等问题;在农业中研究了作业布局、劳力分配和麦场设置等问题。著名数学家华罗庚从20世纪60年代起在我国许多行业大力推广"统筹法""优选法",取得了明显的效果。

0.2 运筹学的特点及研究方法

运筹学至今没有统一确切的定义。1952年,Morse和Kimball出版了《运筹学方法》。这本著作对运筹学的定义是"为决策机构在对其控制下业务活动进行决策时,提供以数量化理论为基础的科学方法"。即运筹学工作者的职责是为决策者提供可以量化的科学分析,指出决定性因素的重要性。

运筹学从创建开始就表现出理论与实践结合的鲜明特点,在其发展过程中充分表现出了多学科的交叉结合。运筹学是一门应用科学,一般把问题看成一个系统,需要相关行业的专家从不同角度分析问题的各种主要因素和解决方法等,形成问题模型。解决问题的过程需要广泛应用现有科学技术知识和数学计算方法,该过程可以促使解决大型复杂现实问题的新途径、新方法、新理论更快地形成。

运筹学已经逐步形成了一套系统的解决和研究实际问题的方法,可以概括为以下几个步骤:①构建问题的数学模型,将一个实际问题转化为一个运筹学问题;②分析问题(最优)解的性质和求解的难易程度,寻找合适的求解方法;③设计求解相应问题的算法,并对算法的性能进行理论分析;④编程实现算法,并分析结果;⑤判断模型和解法的有效性,提出解决问题的方案。这些阶段并不是相互独立的,也不一定是依次进行的。正如邦德(美国工程院院士,曾任美国军事运筹学会主席和美国运筹学会主席)在谈到他几十年建模和分析的体会时指出的那样:"对于模型的开发应该是一种连续地研究、开发、分析、改进的过程,是一个'原型化'和呈螺旋状发展的过程,而不是一个单个事件。在短期内建造一个原型(假若有必要,加上一些不切实际的假设),然后通过去除那些不切实际的假设、增加过程、增加系统等不断地将模型改进。"

为了有效地应用运筹学,前英国运筹学会会长托姆林森提出6条原则:①合伙原则,是指运筹学工作者要和各方面的人,尤其是与实际部门的工作者合作;②催化原则,在多学科共同解决问题时,要引导人们改变一些常规的看法;③互相渗透原则,要求学科、部门之间彼此渗透,多角度考虑问题,而不是故步自封;④独立原则,在研究问题时,不应受某人或某部门的特殊政策所左右,应独立从事工作;⑤宽容原则,解决问题的思路要宽广,方法要多样,而不是局限于某种特定的方法;⑥平衡原则,要考虑各种矛盾、关系的平衡。

0.3　运筹学的分支与应用

运筹学在研究与解决复杂的实际问题中不断地发展和创新,各种各样的新模型、新理论和新算法不断涌现,有线性的和非线性的、连续的和离散的、确定性的和不确定性的,至今它已成为一个庞大的、包含多个分支的学科。研究优化模型的规划论、研究排队(或服务)模型的排队论(或随机服务系统),以及研究对策模型的对策论(或博弈论)是运筹学最早的三个重要分支,通常称为运筹学早期的三大支柱。随着学科的发展和计算机的出现,现在分支更细、名目更多。例如,线性规划与整数规划、图与网络、非线性规划、多目标规划、动态规划、随机规划、对策论、随机服务系统(排队论)、存储论、可靠性理论、决策分析、马尔可夫决策过程(或马尔可夫决策规划)、搜索论、随机模拟等。工程技术运筹学、管理运筹学、工业运筹学、农业运筹学、交通运筹学、物流运筹学、军事运筹学等交叉与应用学科也先后形成。

从20世纪90年代开始,"软运筹""软计算"崛起,对于大规模优化问题,由于经典算法难以寻求精确最优解,运筹学转而借用来自生物学、物理学和其他学科的思想寻求在合理时间内的满意解,提出了许多智能算法,最著名的有遗传算法(GA)、模拟退火算法(SA)、神经网络(NN)、模糊逻辑(FL)、禁忌搜索算法(TS)、蚁群优化算法(ACO)等,这些算法现在一般都被并入运筹学或高等运筹学的范畴。目前,运筹学还在不断发展中,新的思想、观点和方法仍在不断涌现。

第1章

线性规划与单纯形法

线性规划(Linear Programming,LP)是运筹学中研究较早、发展较快、应用广泛、方法较成熟的一个重要分支。线性规划是研究线性约束条件下线性目标函数的极值问题的数学理论和方法。1947 年,美国数学家丹捷格(G. B. Dantzig)提出了线性规划问题求解的方法——单纯形法(simplex method),一般认为单纯形法求解线性规划问题是一项与高斯消去法求解线性方程组相媲美的重大研究成果。单纯形法在极端情况下具有指数复杂性。单纯形法"统治"线性规划问题约 40 年,尽管 20 世纪 80 年代后,新的线性规划求解算法如内点法和有效集法相继出现,单纯形法至今仍是应用最广泛的算法之一。

1.1 线性规划问题及其数学模型

1.1.1 线性规划问题

在生产管理和经营活动中经常出现这样一类问题,即如何合理地利用有限的人力、物力、财力等资源,得到最好的经济效益。这类问题可以通过构建线性规划模型来求解。

例 1.1 生产计划问题。某工厂在计划期内安排生产两种产品。生产单位产品所需的设备,A、B 两种原材料消耗量等条件,见表 1-1。

生产计划问题数据　　表 1-1

消　耗　量	产品Ⅰ	产品Ⅱ	约束条件
设备(台时)	1	2	≤8(有效台时)
原材料 A(kg)	4	0	≤16
原材料 B(kg)	0	4	≤12

该工厂每生产一件产品Ⅰ可获利 2 元,每生产一件产品Ⅱ可获利 3 元,那么应如何安排计划才能使该工厂获利最多?

这类问题有一个明确的目标(单目标问题),同时有一定的约束条件。一般按以下步骤建立数学模型:

(1)确定决策变量。

决策变量的设定要注意两点:一是决策变量要能表示问题的决策方案,二是优化目标和约束条件要能方便地用决策变量表示。决策变量通常根据问题来设定。例 1.1 中问“应如何安排计划”,因此可以用x_1、x_2分别表示在计划期内产品Ⅰ、Ⅱ的产量。

(2)将优化目标用决策变量表示。

例 1.1 中,优化目标为“该工厂获利最多”,若用 z 表示利润,这时 $z=2x_1+3x_2$。并且要求 z 最大。

(3)将约束条件用决策变量表示。

例 1.1 的约束条件为设备及原材料数量约束。因为设备的有效台时是 8,这是一个限制产量的条件,所以在确定产品Ⅰ、Ⅱ的产量时,要考虑不超过设备的有效台时数,即可用不等式表示为$x_1+2x_2\leqslant 8$。

同理,由原材料 A、B 的约束条件,可以得到不等式:

$$4x_1\leqslant 16$$
$$4x_2\leqslant 12$$

(4)加上使问题有意义的一些约束,如非负条件约束、整数约束等。例 1.1 中要求 $x_1,x_2\geqslant 0$。

该计划问题可用数学模型表示为

$$\max z=2x_1+3x_2$$
$$\text{s.t.}\begin{cases}x_1+2x_2\leqslant 8\\4x_1\leqslant 16\\4x_2\leqslant 12\\x_1,x_2\geqslant 0\end{cases}$$

这里,s. t. 是 subject to 的缩写,意思是“使……满足”,后面为约束条件。例 1.1 中x_1、x_2为一定时间内的生产量(生产率),没有要求为整数。

例 1.2　下料问题。设钢材长 15m,需要轧成配套钢料,每套由 7 根 2m 长与 2 根 7m 长的钢梁组成,现要做 100 套配套钢料,那么至少需要多少根钢材?

15m 长的钢材截成 2m、7m 长的钢梁,假设有 A_i 种截法,见表 1-2。

下料问题数据 表 1-2

规 格	截 法		
	A_1	A_2	A_3
2m 长钢梁长度(m)	0	4	7
7m 长钢梁长度(m)	2	1	0
总长度(m)	14	15	14
废料长度(m)	1	0	1

例 1.2 问"至少需要多少根钢材",但如果将决策变量定义为钢材总根数,约束条件无法用决策变量表示。事实上,要将整个决策方案求出,必须将 3 种截法各多少根都求出来,可用决策变量x_j表示第 j 种截法中A_j的根数。分析问题的约束条件和优化目标,该问题可以表示成如下模型:

$$\min z = x_1 + x_2 + x_3$$

$$\text{s.t.}\begin{cases}\dfrac{2x_1 + x_2}{2} \geqslant 100\\ \dfrac{4x_2 + 7x_3}{7} \geqslant 100\\ x_1, x_2, x_3 \geqslant 0 \text{ 且} x_1, x_2, x_3 \text{为整数}\end{cases}$$

例 1.3 运输问题。某公司从两个产地 A_1、A_2 将物品运往 3 个销地 B_1、B_2、B_3,各产地的产量、各销地的销量和各产地运往各销地每件物品的运费(单位略)见表 1-3,那么应如何调运才能使总运输费最小?

运输问题基础数据 表 1-3

产 地	销 地			
	B_1	B_2	B_3	产量
A_1	6	4	6	200
A_2	6	5	5	300
销量	150	150	200	

例 1.3 决策变量要完整地体现决策方案,最好用双下标表示。设产地A_i运往销地B_j的运输量为x_{ij},显然,优化目标为总运输费用$6x_{11} + 4x_{12} + 6x_{13} + 6x_{21} + 5x_{22} + 5x_{23}$最小,这里产地产量之和等于销地销量之和,是一个产销平衡的运输问题,约束条件包括产量约束、销量约束以及使问题有意义的非负条件。综合起来,本问题的数学模型为:

$$\min z = 6x_{11} + 4x_{12} + 6x_{13} + 6x_{21} + 5x_{22} + 5x_{23}$$

$$\text{s.t.}\begin{cases}x_{11} + x_{12} + x_{13} = 200\\ x_{21} + x_{22} + x_{23} = 300\\ x_{11} + x_{21} = 150\\ x_{12} + x_{22} = 150\\ x_{13} + x_{23} = 200\\ x_{ij} \geqslant 0, i = 1,2, j = 1,2,3\end{cases}$$

例 1.4 公交车排班问题。某昼夜服务的公交线路每天各时间段内所需工作人员数量见表 1-4,设工作人员分别在各时间段一开始时上班,并连续工作 8 小时,那么该公交线路应怎样安排工作人员才能既满足工作需要,又配备最少工作人员?

公交车排班问题数据　　表 1-4

班次(j)	时　间　段	所需人数
1	6:00—10:00	60
2	10:00—14:00	70
3	14:00—18:00	60
4	18:00—22:00	50
5	22:00—2:00	20
6	2:00—6:00	30

设第 j 个时间段开始上班的工作人员数为x_j,该问题的数学模型为:

$$\min z = x_1 + x_2 + x_3 + x_4 + x_5 + x_6$$

$$\text{s.t.}\begin{cases} x_6 + x_1 \geqslant 60 \\ x_1 + x_2 \geqslant 70 \\ x_2 + x_3 \geqslant 60 \\ x_3 + x_4 \geqslant 50 \\ x_4 + x_5 \geqslant 20 \\ x_5 + x_6 \geqslant 30 \\ x_j \geqslant 0 \text{ 且为整数}, j = 1,2,\cdots,6 \end{cases}$$

以上例子都是一类带约束的优化问题。特征是:

(1)可以用一组决策变量($x_1, x_2, \cdots, x_n$)来表示问题方案,即决策变量的值通常能体现问题方案。一般这些变量的取值是非负的。

(2)存在一定的约束条件,这些约束条件可以用一组线性等式或线性不等式表示。

(3)都有一个要求达到的目标,目标函数是决策变量的线性函数,按问题的不同,要求目标函数实现最大化或最小化。

满足以上条件的数学模型称为线性规划问题数学模型,其一般形式如下。

目标函数:

$$\max(\min) z = c_1x_1 + c_2x_2 + \cdots + c_nx_n \tag{1-1}$$

满足约束条件:

$$\text{s.t.}\begin{cases} a_{11}x_1 + a_{12}x_2 + \cdots + a_{1n}x_n \leqslant (=, \geqslant) b_1 \\ a_{21}x_1 + a_{22}x_2 + \cdots + a_{2n}x_n \leqslant (=, \geqslant) b_2 \\ \vdots \\ a_{m1}x_1 + a_{m2}x_2 + \cdots + a_{mn}x_n \leqslant (=, \geqslant) b_m \\ x_1, x_2, \cdots, x_n \geqslant 0 \end{cases}$$

(1-2a)

(1-2b)

在线性规划问题的数学模型中,式(1-1)称为目标函数(objective function),c_j称为价值系数(unit cost or profit);式(1-2a)称为约束条件(constraint condition),a_{ij}称为技术系数,b_i称为限额系数或资源系数,很多软件输出时将b_i称为右端常数项(Right Hand Side,RHS);式(1-2b)称为非负条件。称 $\boldsymbol{X}=(x_1,x_2,\cdots,x_n)^{\mathrm{T}}$为决策变量(decision variable),满足约束条件和非负条件的解 $\boldsymbol{X}$ 为线性规划问题的可行解(feasible solution),可行解的集合称为可行域(feasible field)。使目标函数值达到最优的可行解称为最优解(optimal solution),最优解对应的目标函数值称为最优值(optimal value)。

1.1.2 线性规划问题的标准型

由 1.1.1 可知,线性规划问题有各种不同的形式。目标函数有的求最大值(max),有的求最小值(min);约束条件可以是"≤"形式的不等式,也可以是"≥"形式的不等式,还可以是等式;决策变量一般是非负的,但也允许在(-∞,∞)范围内取值,即无约束。可以将多种形式的数学模型统一变换为标准型。标准型有以下特征:

(1)决策变量均为非负变量。

(2)所有约束条件都是"="型。

(3)目标函数为"max"型。

(4)常数项$b_i(i=1,2,\cdots,m)\geqslant 0$。

因此,标准型可以表示为:

$$\max z=c_1x_1+c_2x_2+\cdots+c_nx_n$$

$$\text{s.t.}\begin{cases}a_{11}x_1+a_{12}x_2+\cdots+a_{1n}x_n=b_1\\a_{21}x_1+a_{22}x_2+\cdots+a_{2n}x_n=b_2\\\qquad\vdots\\a_{m1}x_1+a_{m2}x_2+\cdots+a_{mn}x_n=b_m\\x_1,x_2,\cdots,x_n\geqslant 0\end{cases}$$

标准型的缩写形式为:

$$\max z=\sum_{j=1}^{n}c_jx_j$$

$$\text{s.t.}\begin{cases}\sum_{j=1}^{n}a_{ij}x_j=b_i,i=1,2,\cdots,m\\x_j\geqslant 0,j=1,2,\cdots,n\end{cases}$$

用向量符号可表述为:

$$\max z=\boldsymbol{CX}$$

$$\text{s.t.}\begin{cases}\sum_{i=1}^{n}\boldsymbol{p}_jx_j=\boldsymbol{b}\\x_j\geqslant 0,j=1,2,\cdots,n\end{cases}$$

其中:$\boldsymbol{C}=(c_1,c_2,\cdots,c_n)$;$\boldsymbol{X}=(x_1,x_2,\cdots,x_n)^{\mathrm{T}}$;$\boldsymbol{p}_j=(a_{1j},a_{2j},\cdots,a_{mj})^{\mathrm{T}}$;$\boldsymbol{b}=(b_1,b_2,\cdots,b_m)^{\mathrm{T}}$。向量$\boldsymbol{p}_j$对应的决策变量是$x_j$。

用矩阵可描述为：

$$\max z = \boldsymbol{CX}$$
$$\text{s.t.}\begin{cases} AX = b \\ \boldsymbol{X} \geqslant \boldsymbol{0} \end{cases}$$

其中：

$$\boldsymbol{A} = \begin{pmatrix} a_{11} & a_{12} & \cdots & a_{1n} \\ \vdots & \vdots & & \vdots \\ a_{m1} & a_{m2} & \cdots & a_{mn} \end{pmatrix} = (\boldsymbol{p}_1, \boldsymbol{p}_2, \cdots, \boldsymbol{p}_n)$$

$$\boldsymbol{0} = (0, 0, \cdots, 0)^{\mathrm{T}}$$

称 $\boldsymbol{A}$ 为约束条件的 $m \times n$ 维系数矩阵，这里 $m < n, m, n > 0$；$\boldsymbol{b}$ 为资源向量；$\boldsymbol{C}$ 为价值向量。以下讨论如何将一般形式转换为标准型。

例 1.5 将下述线性规划问题转化为标准型。

$$\min z = x_1 - x_2 + 4x_3$$
$$\text{s.t.}\begin{cases} 3x_1 - 4x_3 \geqslant -9 \\ -x_1 + x_2 \geqslant 6 \\ 5x_2 + 2x_3 \leqslant 16 \\ x_1 \leqslant 0, x_2 \geqslant 0, x_3 \text{无符号限制} \end{cases}$$

(1)通过换元将决策变量变为非负变量，若存在取值无约束的变量 x_k，可令 $x_k = x_k' - x_k''$，其中 $x_k', x_k'' \geqslant 0$。若变量 x_k 的约束条件为大于或等于某常数 l，则可令 $x_k' = x_k - l, x_k' \geqslant 0$。如果变量 x_k 有约束条件 $l \leqslant x_k \leqslant u$，则可令 $x_k' = x_k - l, x_k' \geqslant 0$，并增加一个约束条件 $x_k' \leqslant u - l$。这里，令 $x_1' = -x_1 \geqslant 0, x_3 = x_3' - x_3'', x_3', x_3'' \geqslant 0$。

显然，换元必须在第一步完成，因为换元影响到目标函数和约束条件的表示。

(2)若目标函数为求最小值，即 $\min z = \boldsymbol{CX}$。这时需要将目标函数变换成求目标函数的最大值，即令 $z' = -z$，于是得到 $\max z' = -\boldsymbol{CX}$，这就同标准型的目标函数的形式一致了。

例 1.5 目标函数改为：$\max z = x_1' + x_2 - 4x_3' + 4x_3''$。

(3)若存在常数项 $b_i \leqslant 0, i = 1, 2, \cdots, m$ 的情形，将该约束条件两边同时乘以 -1。

(4)把不等式约束条件变为等式约束条件。对于约束条件为"$\leqslant$"的情形，可在不等式的左端加入非负松弛变量，把原不等式变为等式。对于约束条件为"$\geqslant$"的情形，可在不等式的左边减去一个非负剩余变量，把不等式约束条件变为等式约束条件。

因此，例 1.5 线性规划问题的标准型为：

$$\max z = x_1' + x_2 - 4x_3' + 4x_3''$$
$$\text{s.t.}\begin{cases} 3x_1' + 4x_3' - 4x_3'' + x_4 = 9 \\ x_1' + x_2 - x_5 = 6 \\ 5x_2 + 2x_3' - 2x_3'' + x_6 = 16 \\ x_1', x_2, x_3', x_3'', x_4, x_5, x_6 \geqslant 0 \end{cases}$$

1.1.3 图解法

基于二维平面坐标的图解法只用来求解两个变量或可化为两个变量的线性规划问题。图解法的基本步骤如下：

(1)取决策变量x_1,x_2为坐标轴建立直角坐标系。在直角坐标系里,图上任意一点的坐标代表的是决策变量的一组值。

(2)根据约束条件和非负条件确定满足约束条件的解的范围。称满足所有约束条件和非负条件的解为可行解,可行解的集合称为可行域。

(3)用平移目标函数等值线的方法在可行域内找到目标函数的最优值。

图解法的优点是直观,现以例1.1为例进行分析。

在以x_1,x_2为坐标轴的直角坐标系中,例1.1中的每个约束条件都代表一个半平面,如$x_1+2x_2\leq 8$表示以该直线为边界的左下方的半平面。同时满足所有约束条件和非负条件的点落在图1-1中阴影部分所示区域。

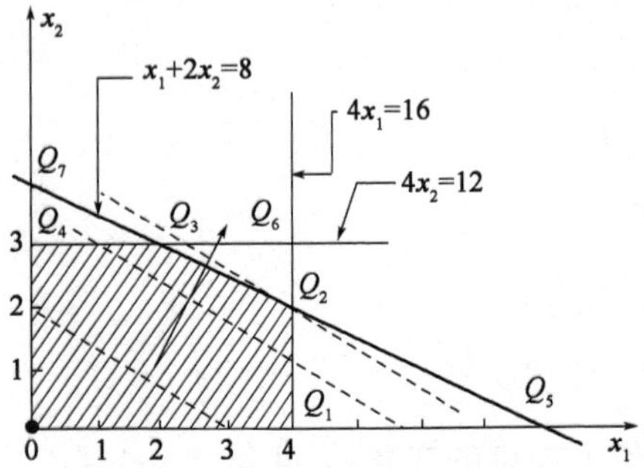

图1-1 例1.1图

再分析目标函数$z=2x_1+3x_2$,对于给定的z,$z=2x_1+3x_2$表示平面内的一条直线,并且该直线上所有点的目标函数值相同,称为(目标函数)等值线,图1-1中的虚线即为等值线。当该直线沿其法线方向往右上方移动时,z逐渐增大;当该直线沿其法线方向往左下方移动时,z逐渐减小;当移动到Q_2时,z获得最大值,于是得到了例1.1的最优解(4,2),通过计算可求得最优目标函数值$z^*=14$。

现在来分析可行域顶点的特点。二维空间中两条直线的交点就是两直线方程组的解。例如,可行域的一个顶点Q_2为边界线$x_1+2x_2=8$和$4x_1=16$的交点。结合线性规划标准型来分析,对照标准型约束方程组,直线方程$x_1+2x_2=8$隐含了$x_3=0$,直线方程$4x_1=16$隐含了$x_4=0$。在标准型中,Q_2可以理解为:令x_3、x_4为0,代入约束方程组计算出$x_1=4$,$x_2=2$,$x_5=4$。当然,二维平面中只能直观地看到x_1、x_2的取值。

同理,在标准型中,令x_2、x_4为0,代入约束方程组可求出$x_1=4$,$x_3=4$,$x_5=12$,此即为图1-1的Q_1点,即直线$4x_1=16$和$x_2=0$的交点。例1.1的标准型有5个变量、3个等式约束,任意确定两个变量为0,其余3个变量由约束方程组求出,所得的解称为基本解。基本解如果在可行域内则为可行域顶点。

上文中求出的最优解是唯一的,并且这个唯一的最优解恰好是可行域的一个顶点。如果最优解为可行域内点,则可以继续平移目标函数等值线来进一步优化。相关结论后文将有阐述。对于一般线性规划问题,求解结果还可能出现以下几种情况。

1. 无穷多最优解

若将例1.1中的目标函数改为$\max z=2x_1+4x_2$,当目标函数等值线平移到Q_2时,该等值线与可行域边界Q_2Q_3重合,此时,线段Q_2Q_3上的点的目标函数值都相同,都是最优解,故该线性规划问题有无穷多最优解。

2. 无界解

对于线性规划问题(图1-2):

$$\max z = 2x_1 + 3x_2$$

$$\text{s.t.}\begin{cases} -2x_1 + x_2 \leqslant 2 \\ x_1 - x_2 \leqslant 2 \\ x_1, x_2 \geqslant 0 \end{cases}$$

从图 1-2 可知,该问题可行域无界,目标函数值可以无限增大,此时,称该线性规划问题没有有限最优解,或者说该线性规划问题有无界解。

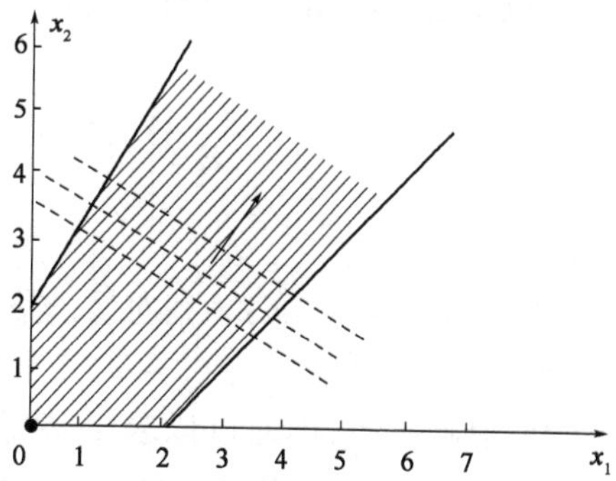

图 1-2 无界解

3. 无可行解

如果在例 1.1 中增加一个约束条件 $-2x_1 + x_2 \geqslant 4$,此时约束条件互相矛盾,该问题的可行域为空集,无可行解,当然也无最优解。

1.2 线性规划问题基本解与基本定理

1.2.1 线性规划问题基本解

下文结合线性函数性质,分析线性规划问题一类特殊的解。

设线性函数$f(x) = -x_1 - x_2$,由线性函数单调性可知,该函数没有最大值或最小值,如果定义域改为$x_1 \geqslant 0, x_2 \geqslant 0$,则最大值对应的解为$x_1 = x_2 = 0$。现在再分析一个简单的线性规划问题:

$$\max z = -x_1 - x_2$$

$$\text{s.t.}\begin{cases} x_3 = 8 - x_1 - 2x_2 \\ x_4 = 16 - 4x_1 \\ x_1, x_2, x_3, x_4 \geqslant 0 \end{cases}$$

很显然,该问题的最优解仍为$x_1 = x_2 = 0$,可求出$x_3 = 8, x_4 = 16$。

这个线性规划问题有以下特点:约束条件存在一部分变量x_3, x_4(称为基变量)用其他变量(称为非基变量)表示的形式,目标函数中只含有非基变量。

对于下述线性规划问题:

$$\max z = \sum_{j=1}^{n} c_j x_j \tag{1-3}$$

$$\text{s.t.}\begin{cases} \sum_{j=1}^{n} a_{ij} x_j = b_i, i = 1, 2, \cdots, m & (1\text{-}4) \\ x_j \geqslant 0, j = 1, 2, \cdots, n & (1\text{-}5) \end{cases}$$

一般假定 $m < n$,否则式(1-4)为一超定方程组,若没有冗余方程则无可行解。求解带线性约束的规划问题,一般用消元法,即根据等式约束条件将一部分变量用其他变量表示,并代入目标函数,从而减少等式约束条件(非负约束条件并没有减少),降低目标函数的维数。设 $\boldsymbol{A}$ 是约束方程组的系数矩阵,其秩为 m。$\boldsymbol{B}$ 是 $\boldsymbol{A}$ 的 m 阶非奇异子矩阵,称 $\boldsymbol{B}$ 是线性规划问题

的一个基(basis)。不失一般性,可设:

$$B=\begin{pmatrix} a_{11} & a_{12} & \cdots & a_{1m} \\ \vdots & \vdots & & \vdots \\ a_{m1} & a_{m2} & \cdots & a_{mm} \end{pmatrix}=(\boldsymbol{p}_1,\boldsymbol{p}_2,\cdots,\boldsymbol{p}_m)$$

称$\boldsymbol{p}_j(j=1,2,\cdots,m)$为基向量,与$\boldsymbol{p}_j$对应的变量$x_j(j=1,2,\cdots,m)$为基变量。其他$(n-m)$个变量叫作非基变量。令$(n-m)$个非基变量取0并代入式(1-4),则式(1-4)变量个数等于方程个数,有唯一解,由此可以求出基变量。这样形成的一个解称为线性规划问题的基本解(basic solution),简称基解。显然基解满足式(1-4),如果基解还满足式(1-5),则称为可行基解(feasible basic solution),也可称基可行解(basic feasible solution)。对应于可行基解的基称为可行基。显然,式(1-4)具有基解的数目最多是C_n^m个。一般可行基解的数目小于基解的数目。基变量等于0的基解称为退化的基解(degenerate basic solution)。

例 1.6 以下问题的基本可行解。

$$\max z=2x_1+3x_2$$

$$\text{s.t.}\begin{cases} x_1+2x_2+x_3=8 \\ 4x_1+x_4=16 \\ 4x_2+x_5=12 \\ x_1,x_2,x_3,x_4,x_5\geqslant 0 \end{cases}$$

约束方程的系数列向量:

$$A=(\boldsymbol{p}_1,\boldsymbol{p}_2,\boldsymbol{p}_3,\boldsymbol{p}_4,\boldsymbol{p}_5)=\begin{pmatrix} 1 & 2 & 1 & 0 & 0 \\ 4 & 0 & 0 & 1 & 0 \\ 0 & 4 & 0 & 0 & 1 \end{pmatrix}$$

显然$\boldsymbol{p}_1,\boldsymbol{p}_2,\boldsymbol{p}_3$线性无关,故可选$(x_1,x_2,x_3)$为基变量组,令非基变量为0,可得基本解:(4,3,−2,0,0),如此共得到C_5^3组变量组合,基本可行解见表1-5。

例1.1线性规划模型的基本可行解 表1-5

变量组合	1	2	3	4	5	6	7	8	9	10
x_1	**4**	**2**	**4**		**4**	**8**	0	0	0	0
x_2	**3**	**3**	**2**	0	0	0	**3**		**4**	0
x_3	**−2**	0	0		**4**	0	**2**		0	**8**
x_4	0	**8**	0		0	**−16**	**16**	0	**16**	**16**
x_5	0	0	**4**	0	**12**	**12**	0		**−4**	**12**
顶点	Q_6	Q_3	Q_2	×	Q_1	Q_5	Q_4	×	Q_7	O

表1-5中,粗体字为基变量,“×”表示该变量不能构成基变量。顶点Q_2与基本可行解$(4,2,0,0,4)^T$存在对应关系。同理,可以算出,可行域其他顶点与基本可行解也存在一一对应关系。通过表1-5可以发现,例1.1共有8组基变量,对应的8组基本解中有5组是基本可

行解。这5组基本可行解刚好是可行域的5个顶点(0,0)、Q_1、Q_2、Q_3、Q_4。

1.2.2 线性规划问题基本定理

定义1.1 设$\boldsymbol{D}$是n维线性空间$\boldsymbol{R}^n$的一个点集,若$\boldsymbol{D}$中的任意两点$\boldsymbol{X}^{(1)}$、$\boldsymbol{X}^{(2)}$的连线段上的一切点$\boldsymbol{X}$仍在$\boldsymbol{D}$中,则称$\boldsymbol{D}$为凸集(*convex set*)。

即若$\boldsymbol{D}$中的任意两点$\boldsymbol{X}^{(1)}$、$\boldsymbol{X}^{(2)} \in \boldsymbol{D}$,对于任意$0 \leqslant \alpha \leqslant 1$满足$\boldsymbol{X} = \alpha \boldsymbol{X}^{(1)} + (1-\alpha)\boldsymbol{X}^{(2)} \in \boldsymbol{D}$,则称$\boldsymbol{D}$为凸集。

显然,图1-3a)为凸集,图1-3b)、图1-3c)不是凸集。

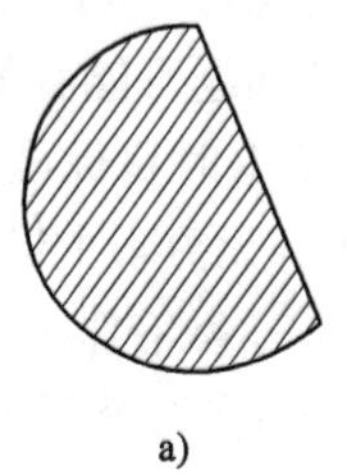

a)

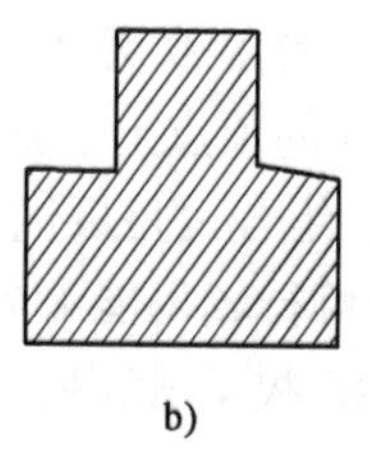

b)

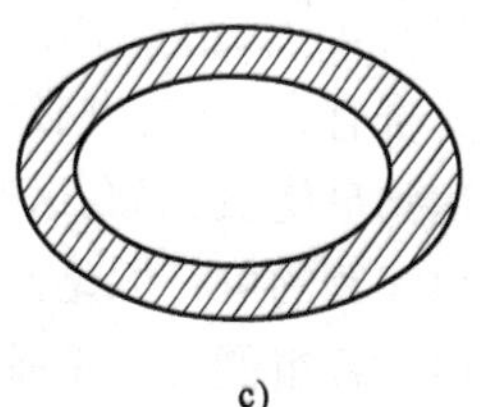

c)

图1-3 凸集与非凸集

定义1.2 设$\boldsymbol{X}^{(1)}, \boldsymbol{X}^{(2)}, \cdots, \boldsymbol{X}^{(k)} \in \boldsymbol{R}^n$,若存在$\mu_1, \mu_2, \cdots, \mu_k$,且$0 \leqslant \mu_i \leqslant 1, i = 1,2,\cdots,k$,$\sum_{i=1}^{k}\mu_i = 1$,使$\boldsymbol{X} = \sum_{i=1}^{k}\mu_i \boldsymbol{X}^{(i)}$,则称$\boldsymbol{X}$为$\boldsymbol{X}^{(1)}, \boldsymbol{X}^{(2)}, \cdots, \boldsymbol{X}^{(k)}$的凸组合。

定义1.3 设$\boldsymbol{D}$是凸集,若$\boldsymbol{D}$中点$\boldsymbol{X}$不能成为$\boldsymbol{D}$中任何线段上的内点,则称$\boldsymbol{X}$为凸集$\boldsymbol{D}$的顶点(或极点)。

即$\boldsymbol{X} \in \boldsymbol{D}$,若不存在两点$\boldsymbol{X}^{(1)}, \boldsymbol{X}^{(2)} \in \boldsymbol{D}, \boldsymbol{X}^{(1)} \neq \boldsymbol{X}^{(2)}, 0 < \alpha < 1$,使得$\boldsymbol{X} = \alpha \boldsymbol{X}^{(1)} + (1-\alpha)\boldsymbol{X}^{(2)}$成立,则称$\boldsymbol{X}$为凸集$\boldsymbol{D}$的一个顶点。

根据凸集定义可以直接得出以下定理。

定理1.1 若线性规划问题的可行域非空,则其可行解集是凸集(连接线性规划问题任意两个可行解的线段上的点仍然是可行解)。

证明:对于线性规划问题标准型,设$\boldsymbol{X}^{(1)}, \boldsymbol{X}^{(2)}$为可行解,则$\boldsymbol{A}\boldsymbol{X}^{(1)} = \boldsymbol{b}, \boldsymbol{X}^{(1)} \geqslant \boldsymbol{0}, \boldsymbol{A}\boldsymbol{X}^{(2)} = \boldsymbol{b}$,$\boldsymbol{X}^{(2)} \geqslant \boldsymbol{0}$,显然对于任意$0 \leqslant \alpha \leqslant 1$,$\boldsymbol{X} = \alpha \boldsymbol{X}^{(1)} + (1-\alpha)\boldsymbol{X}^{(2)} \geqslant \boldsymbol{0}$且满足$\boldsymbol{A}\boldsymbol{X} = \boldsymbol{A}\boldsymbol{X}^{(1)} + (1-\alpha)\boldsymbol{A}\boldsymbol{X}^{(2)} = \alpha \boldsymbol{b} + (1-\alpha)\boldsymbol{b} = \boldsymbol{b}$,即$\boldsymbol{X}$也是可行解。

可以证明:有界凸集内的任意一点可表示为该凸集顶点的凸组合。于是,线性规划问题可行域如有界,则其任意可行点必为其顶点的凸组合。

定理1.2 线性规划问题的可行解$\boldsymbol{X}$为基可行解的充要条件是:$\boldsymbol{X}$的非零分量所对应的系数矩阵$\boldsymbol{b}$的列向量是线性无关的。

定理1.2基可行解的求解过程是很容易理解的,证明略。

定理1.3 线性规划问题的可行解集$\boldsymbol{D}$中的点$\boldsymbol{X}$是顶点的充分必要条件是:$\boldsymbol{X}$是基可行解。

定理1.3证明略。这里做简单说明以便于理解:由于$\boldsymbol{X}$是基可行解,则其$(n-m)$个非基变量分量必为0,而这些非基变量在其他可行解中非负且不会全为0,故$\boldsymbol{X}$不能用其他解的凸组合表示,故$\boldsymbol{X}$为顶点。如例1.1中的原点对应的基本可行解为$(0,0,8,16,12)^{\mathrm{T}}$,可行域中的其他点的$x_1$、$x_2$分量都为非负且至少有一个大于0,则其他点的凸组合的x_1,x_2不可能全为0,即$(0,0,8,16,12)^T$不能用其他点的凸组合表示。

定理1.4 *若可行解集 **D** 有界,线性规划问题的目标函数必定可以在 **D** 的顶点上达到最优。*

证明:设$\boldsymbol{X}^{(1)},\boldsymbol{X}^{(2)},\cdots,\boldsymbol{X}^{(k)}$为可行域顶点,目标函数在$\boldsymbol{X}^{(0)}$达到最优,如$\boldsymbol{X}^{(0)}$不是顶点,则存在$\mu_1,\mu_2,\cdots,\mu_k$,且$0\leqslant\mu_i\leqslant1$,$\sum_{i=1}^{k}\mu_i=1$,满足$\boldsymbol{X}^{(0)}=\sum_{i=1}^{k}\mu_i\boldsymbol{X}^{(i)}$,故$\boldsymbol{CX}^{(0)}=\sum_{i=1}^{k}\mu_i\boldsymbol{CX}^{(i)}$,所有顶点中必然能找到一个顶点$\boldsymbol{X}^{(M)}$,其目标函数值为$\boldsymbol{CX}^{(i)}$中的最大者,故$\boldsymbol{CX}^{(0)}=\sum_{i=1}^{k}\mu_i\boldsymbol{CX}^{(i)}\leqslant\boldsymbol{CX}^{(M)}$,假设$\boldsymbol{CX}^{(0)}$为最大目标函数值,只能有$\boldsymbol{CX}^{(0)}=\boldsymbol{CX}^{(M)}$,即目标函数在顶点$\boldsymbol{X}^{(M)}$也达到最大值。

对于定理1.4,补充说明两点:①若可行解集 **D** 无界,则线性规划问题可能有最优解,也可能无最优解。若有最优解,也必定可以在 **D** 的顶点上达到最优值。②有时目标函数也可能在多个顶点上达到最优值,那么这些顶点的凸组合也是最优解,即问题有无穷多个最优解。

线性规划问题的可行域是凸集。尽管可行域可能无界,但其顶点个数有限,不超过C_n^m个。若采用解线性方程组的方法求基本解,采用“枚举法”找出所有基本可行解,然后一一比较,最终可能找到最优解。但当n、m较大时,这种方法是行不通的。如何有效地找到最优解,有多种方法,下文仅介绍单纯形法。

1.3 单纯形法

1.3.1 单纯形法的基本思想

由定理1.3和定理1.4可知,线性规划问题的最优解必定可以在可行域的顶点上达到,而可行域的顶点与基本可行解一一对应,因此问题可以转换为寻找最优的基本可行解。单纯形法的解题思路为从某个基可行解开始,判断它是不是最优解,如果为最优,则已找到最优解停止迭代,否则从当前基本可行解按一定的法则去找一个目标函数值更优的另一个基本可行解,如此迭代下去,直到找到最优解或判定问题无界。

该算法有3个问题要解决:一是如何找到初始基本可行解,本节先介绍简单情况,即初始基本可行解可以通过观察找到的情形;二是如何判断当前基本可行解是否最优;三是如果当前基本可行解不是最优解,如何由当前基本可行解找到更优的基本可行解。下面举例说明。

例1.7 单纯形法求解例1.1。

例1.1的标准型为:

$$\max z=2x_1+3x_2 \tag{1-6}$$

$$s.t.\begin{cases}x_1+2x_2+x_3=8\\4x_1+x_4=16\\4x_2+x_5=12\\x_1,x_2,x_3,x_4,x_5\geqslant0\end{cases} \tag{1-7}$$

约束方程的系数列向量：

$$A=(p_1,p_2,p_3,p_4,p_5)=\begin{pmatrix}1&2&1&0&0\\4&0&0&1&0\\0&4&0&0&1\end{pmatrix}$$

(1)确定初始基本可行解。

选x_3,x_4,x_5为初始基变量，理由如下：

①可以直观地看出，x_3、x_4、x_5的系数列向量$\boldsymbol{p}_3$、$\boldsymbol{p}_4$、$\boldsymbol{p}_5$刚好构成一个单位矩阵，如选其他3个变量构成基变量组，其系数列向量不一定线性无关，至少不能直接看出来；②选定基变量后，要将基变量用非基变量表达式表示，求出对应的基本解并确认该基本解是否是可行解，选x_3、x_4、x_5为基变量，不需解方程组就可以直接将基变量用非基变量表示，可以直接看出相应的基本解（基变量的取值刚好是等式约束右侧常数项），并且该基本解是可行的。如选其他3个变量作为基变量，并令非基变量为0，代入解方程组，求出来的基本解不一定满足非负性。

选定x_3、x_4、x_5为基变量后，代入式(1-7)，将基变量用非基变量表示，并将该表达式代入目标函数，消去目标函数中的基变量。原问题转换为如下问题：

$$\max z=2x_1+3x_2 \tag{1-8}$$

$$\text{s.t.}\begin{cases}x_3=8-x_1-2x_2 & (1\text{-}9\text{a})\\ x_4=16-4x_1 & (1\text{-}9\text{b})\\ x_5=12-4x_2 & (1\text{-}9\text{c})\\ x_1,x_2,x_3,x_4,x_5\geqslant 0\end{cases}$$

式(1-8)和式(1-9)为线性规划问题的单纯形法求解的一种典型形式，简称典式。令非基变量$x_1=x_2=0$，根据式(1-9)，可观察出对应的基可行解$\boldsymbol{X}^{(0)}$，$\boldsymbol{X}^{(0)}=(0,0,8,16,12)^{\mathrm{T}}$，$\boldsymbol{X}^{(0)}$对应于图1-1中的原点。此时，$z^{(0)}=0$。

(2)判断当前基本可行解是否最优。

典式中目标函数表达式(1-8)中只含有非基变量x_1、x_2，而且x_1、x_2在满足约束和非负条件下可以独立变化取值（由约束方程组可知x_3、x_4、x_5可以看作x_1、x_2的函数，不能独立取值）。这里x_1、x_2的系数为正数，x_1、x_2取值越大，目标函数值就越大，当前基本可行解$\boldsymbol{X}^{(0)}$中，x_1、x_2取0，显然不是最优解。

(3)第一次换基运算。

如何从当前基本可行解找到下一个更优的基本可行解呢？为了简化，我们规定只将当前基本可行解的一个基变量（取值非负）变为非基变量（取值为0），相应地将一个非基变量（取值为0）变为基变量（取值非负）。

当前阶段，x_1、x_2是非基变量，具体选哪个变量为基变量？从目标函数表达式看，x_1、x_2的系数为正数，任选x_1、x_2增大均能使目标函数值更优，一般选择正系数最大的那个非基变量x_2增大，即将x_2变为基变量，称为入基变量。

由于每次只将一个非基变量变为基变量，故x_1在下一个基本可行解中继续为非基变量，继续取值为0。x_2越大目标函数值越大，但x_2的增大必须满足约束条件且不破坏其他变量的非负性。将$x_1=0$代入式(1-9a)，$x_3=8-2x_2\geqslant 0$，即$x_2\leqslant 8/2=4$；同理，将$x_1=0$代入式(1-9b)，$x_4=$

$16 \geqslant 0$,由于表达式中无x_2,故x_2任意增大也不会破坏其他变量的非负性,即此处不需考虑x_2的增大上限;同理,由式(1-9c),x_2最多增大到$\frac{12}{4}=3$;综合此三条,x_2最多增大到$\min\left\{\frac{8}{2},-,\frac{12}{4}\right\}=3$。当$x_2$增大到3时,代入式(1-9)可知,$x_3=2,x_4=16,x_5=0$。$x_5$的取值已经从一个正数变成了0,$x_5$已经从一个基变量变成了非基变量,称为出基变量。下一个基本可行解中基变量为x_3、x_4、x_2。将新的基变量x_3、x_4、x_2表示成非基变量x_1、x_5的表达式,先将式(1-9c)变为$x_2=3-\frac{x_5}{4}$;再将此式代入式(1-9a)、式(1-9b),化简后得到第二个典式:

$$\max z=9+2x_1-\frac{3}{4}x_5 \tag{1-10}$$

$$\text{s.t.}\begin{cases} x_3=2-x_1+\frac{x_5}{2} & \text{(1-11a)}\\ x_4=16-4x_1 & \text{(1-11b)}\\ x_2=3-\frac{x_5}{4} & \text{(1-11c)}\\ x_1,x_2,x_3,x_4,x_5 \geqslant 0 \end{cases}$$

令非基变量$x_1=x_5=0$,代入式(1-11)求得第二个基本可行解$\boldsymbol{X}^{(1)}=(0,3,2,16,0)^{\mathrm{T}}$,此时,$z^{(1)}=9$。对照图1-1可以发现,$\boldsymbol{X}^{(1)}$对应于图中的$Q_4$。从图形上看,这个搜索过程从原点开始,保持非基变量x_1取0,将入基变量x_2从0开始增大(沿$\overline{OQ_4}$搜索),当x_2增大到3时,与直线$4x_2=12$相交,相应的松弛变量x_5已减至0,即x_5出基,得到新的基本可行解,第一次换基运算结束。

(4)第二次换基运算。

从式(1-10)可以看出,非基变量x_1的系数是正的,x_1由0增大将会使目标函数值增大,$\boldsymbol{X}^{(1)}$不是最优解。于是确定换入变量为x_1,再用上述方法确定换出变量,继续迭代,再得到另一个基可行解$\boldsymbol{X}^{(2)}$,$\boldsymbol{X}^{(2)}=(2,3,0,8,0)^{\mathrm{T}}$,$z^{(2)}=13$,$\boldsymbol{X}^{(2)}$对应于图1-1中的$Q_3$。

(5)第三次换基运算。

同理,再经过一次迭代,再得到一个基可行解$\boldsymbol{X}^{(3)}$,$\boldsymbol{X}^{(3)}=(4,2,0,0,4)^{\mathrm{T}}$,$z^{(3)}=14$,$\boldsymbol{X}^{(3)}$对应于图1-1中的$Q_2$,此时典式目标函数的表达式是:

$$z=14-1.5x_3-0.125x_4 \tag{1-12}$$

再分析式(1-12),可得所有非基变量x_3、x_4的系数都是负数。当$x_3=x_4=0$时,目标函数达到最大值,所以$\boldsymbol{X}^{(3)}$是最优解。即当产品Ⅰ生产4件,产品Ⅱ生产2件,工厂才能得到最大利润。

对照图1-1,我们发现整个搜索过程为$0 \to Q_4 \to Q_3 \to Q_2$。实际上是沿着“单纯形的边”搜索顶点。因此,该求解算法称为单纯形法。下面讨论一般线性规划问题的单纯形法求解。

1.3.2 典式与解的判别分析

例1.7中单纯形法的每次迭代都要将模型变换为把目标函数和基变量都用非基变量表示的形式,我们将这种单纯形法求解线性规划问题的典型形式简称为典式。一般地,设$\boldsymbol{A}$是线性规划问题标准型约束方程组的系数矩阵,其秩为m。$\boldsymbol{b}$是其m阶非奇异子矩阵,则$\boldsymbol{B}$可以作为线性规划问题的一个基,不妨设对应的基变量为$x_j(j=1,2,\cdots,m)$。可用高斯消去法将标准型约束条件转换为如下形式:

$$
\text{s. t.}\begin{cases} x_1 + a'_{1,m+1}x_2 + \cdots + a'_{1n}x_n = b'_1 \\ x_2 + a'_{2,m+1}x_2 + \cdots + a'_{2n}x_n = b'_2 \\ \vdots \\ x_m + a'_{m,m+1}x_2 + \cdots + a'_{mn}x_n = b'_m \\ x_1, x_2, \cdots, x_n \geqslant 0 \end{cases}
$$

我们现在分析的是初始基变量可以直接看出来的情形，即第一个典式可以由原问题直接得到。后面各次迭代生成的典式是通过高斯消去法经多次换基运算求得，这一系列高斯消去法相当于左乘一系列初等矩阵，即相当于左乘$\boldsymbol{b}^{-1}$。如果$\boldsymbol{b}$是可行基，则必满足$b'_i \geqslant 0$。由于单纯形法在求解过程中始终不破坏变量的非负性，因此每一个迭代阶段，都有$b'_i \geqslant 0$。

对约束增广矩阵变形，将基变量用非基变量表达式表示：

$$
x_i = b'_i - \sum_{j=m+1}^{n} a'_{ij}x_j, i = 1, 2, \cdots, m
$$

代入目标函数，得到：

$$
z = \sum_{i=1}^{m} c_i x_i + \sum_{j=m+1}^{n} c_j x_j = \sum_{i=1}^{m} c_i b'_i - \sum_{i=1}^{m}\sum_{j=m+1}^{n} c_i a'_{ij} x_j + \sum_{j=m+1}^{n} c_j x_j = \sum_{i=1}^{m} c_i b'_i + \sum_{j=m+1}^{n} (c_j - \sum_{i=1}^{m} c_i a'_{ij}) x_j
$$

令$z_0 = \sum_{i=1}^{m} c_i b'_i$，可得：

$$
z_j = \sum_{i=1}^{m} c_i a'_{ij}, \sigma_j = c_j - z_j, j = m+1, m+2, \cdots, n
$$

则：

$$
z = z_0 + \sum_{j=m+1}^{n} (c_j - z_j) x_j = z_0 + \sum_{j=m+1}^{n} \sigma_j x_j
$$

于是目标函数只含有非基变量。即问题变为：

$$
\max z = z_0 + \sum_{j=m+1}^{n} \sigma_j x_j \tag{1-13}
$$

$$
\text{s. t.}\begin{cases} x_i = b'_i - \sum_{j=m+1}^{n} a'_{ij} x_j, i = 1, 2, \cdots, m \\ x_j \geqslant 0, j = 1, 2, \cdots, n \end{cases} \tag{1-14}
$$

式(1-13)、式(1-14)也称为典式。显然典式与原线性规划问题同解。典式在单纯形法求解时非常重要。

(1)典式的约束条件为基变量用非基变量表达的形式，令非基变量取0，可以直接看出对应的基本可行解$(b'_1, \cdots, b'_m, 0, \cdots, 0)^{\mathrm{T}}$和对应的目标函数值$z_0 = \sum_{i=1}^{m} c_i b'_i$。由此还可以解释，线性规划问题的标准形式要求约束条件为等式约束，并且要求右侧常数项非负。因为只有等式约束才能变形为基变量用非基变量表达的形式，只有右侧常数项非负，该典式对应的基本解才满足非负条件，才是基本可行解。

(2)由于典式目标函数不含基变量，只含有非基变量，而非基变量是一定条件下(因为非基变量的取值必须满足约束条件且不能破坏所有变量的非负性)的自由变量。由于当前基本可行解满足该约束条件，故最优性检验和解的情况分析只需根据典式中关于非基变量的目标函数进行分析即可。

(3)单纯形法所包含的基本操作,无论是最优解判别及解的情况分析,还是基变换都是针对典式分析的。

根据上面的分析,可得出以下结论:

(1)最优解判别定理。

如果典式目标函数中,一切 $j=m+1,\cdots,n$ 都有 $\sigma_j \leqslant 0$,则非基变量 x_j 取 0,对应的典式目标函数必取最大值,故 $\boldsymbol{X}'=(b_1',\cdots,b_m',0,\cdots,0)^{\mathrm{T}}$ 为原线性规划问题最优解。证明略。

可以用 σ_j 来检验 $\boldsymbol{X}'$ 是否为最优解,称 σ_j 为检验数(reduced cost,其他变量取值不变时,x_j 改变 1 个单位时目标函数的改变量)。σ_j 实际上就是典式中目标函数非基变量的系数,由于典式的目标函数中基变量已经被消元,所以基变量的检验数为 0。

(2)无穷多最优解判别定理。

若 $\boldsymbol{X}'=(b_1',\cdots,b_m',0,\cdots,0)^{\mathrm{T}}$ 为一基本可行解,且满足最优性条件,并且存在某个非基变量的检验数 σ_{m+k} 为 0,则该线性规划问题有无穷多最优解。

这个定理容易理解,由于 σ_{m+k} 为 0,则其对应的变量 x_{m+k} 取任意值(当然仍不能破坏基变量的非负性),其他非基变量取 0,目标函数值都相同,都为最优解。我们也可以进行如下证明。

证明:由于 $\boldsymbol{X}'$ 为最优解,将 $\boldsymbol{X}'$ 的非基变量 x_{m+k} 入基(其他非基变量仍为 0),可以得到一个新的基本可行解 $\boldsymbol{X}''$。由于 $\sigma_{m+k}=0$,新的典式中目标函数没有改变,故 $\boldsymbol{X}''$ 也是最优解。由凸集性质可知,$\boldsymbol{X}'$、$\boldsymbol{X}''$ 连线段上的点都是最优解。

(3)无界解判别定理。

若 $\boldsymbol{X}'=(b_1',\cdots,b_m',0,\cdots,0)^{\mathrm{T}}$ 为一基本可行解,有某个非基变量的检验数 $\sigma_{m+k}>0$,并且对所有 $i=1,2,\cdots,m$ 有 $a'_{i,m+k}\leqslant 0$,那么该线性规划问题具有无界解(或称无最优解)。

这个定理可以理解为:典式目标函数中 $\sigma_{m+k}>0$,则将对应的 x_{m+k} 增大可使目标函数值增大,如果 x_{m+k} 能无限增大而不至于破坏其他变量(这里指基变量,因为其他非基变量继续取 0)的非负性,则典式目标函数值就可以无限增大,即原线性规划问题目标函数值可以无限增大,即无界解。证明如下。

证明:构造一个新解 $\boldsymbol{X}''$。

$$x''_{m+k}=\lambda$$

$$x''_j=0,j=m+1,\cdots,n \text{ 且 } j\neq m+k$$

$$x''_i=b_i'-\lambda\, a'_{i,m+k},\lambda>0,i=1,2,\cdots,m$$

因为 $a'_{i,m+k}\leqslant 0$,所以对任意 $\lambda>0$,$\boldsymbol{X}''$ 都是可行解。把 $\boldsymbol{X}''$ 代入目标函数可得,$z=z_0+\lambda\sigma_{m+k}$,因为 $\sigma_{m+k}>0$,故当 $\lambda\to\infty$ 时,$z\to\infty$,故该问题的目标函数具有无界解。

1.3.3 基变换

当线性规划问题已变换为典式(1-13)和典式(1-14),并且已判别出当前基本可行解不是最优解时,存在 $\sigma_j>0$。此时需要找一个目标函数值更优的新的基可行解,这个过程称为基变换。为了简化,每次只将一个非基变量变为基变量,称为入基变量,该入基变量取值从 0 变为非负;同时将一个基变量变为非基变量,称为出基变量,该出基变量取值从非负变为 0。要先确定入基变量,再确定出基变量。

(1)入基变量的确定。

由于当前基本可行解不是最优解,故存在某个非基变量x_j的检验数$\sigma_j>0$,将x_j变为基变量,取值从0增大,显然能使目标函数值增大,也就是说,要选检验数$\sigma_j>0$的非基变量作为入基变量。若有两个以上的$\sigma_j>0$,则为了使目标函数增加得更大些,一般选σ_j最大者对应的非基变量为入基变量,即:

$$\max_j\{\sigma_j>0\}=\sigma_k$$

σ_k对应的x_k为入基变量,但也可以任选检验数$\sigma_j>0$对应的非基变量作为入基变量。

(2)出基变量的确定。

在确定入基变量后,要在原来的基变量中确定一个出基变量。

从目标函数看,入基变量增加得越大越好,但入基变量增大后仍需满足式(1-14)。假定x_k为入基变量,其他非基变量x_j,$j=m+1,\cdots,n$且$j\neq k$在下一个基本可行解中仍为非基变量,仍取0。将$x_j=0$,$j=m+1,\cdots,n$且$j\neq k$代入式(1-14)得:

$$x_i=b_i'-a_{ij}'x_k,i=1,2,\cdots,m \tag{1-15}$$

入基变量x_k增大后,原来的基变量按式(1-15)变化。入基变量x_k增大必须满足$x_i=b_i'-a_{ij}'x_k\geqslant 0,i=1,2,\cdots,m$,即:

$$x_k\leqslant\theta_i=\frac{b_i'}{a_{ik}'},a_{ik}'>0$$

即x_k最大可以增大到$\min\left\{\theta_i=\frac{b_i'}{a_{ik}'}\mid a_{ik}'>0,i=1,2,\cdots,m\right\}=\theta_l=\frac{b_l'}{a_{lk}'}$,当$x_k$增大到$\theta_l$时,$x_l$刚好变成了0,变成了非基变量,即$x_l$是出基变量,同时称系数矩阵中$a_{lk}'$为主元素(pivot element)。这里的$\theta_l$是按最小比值来确定的,称为最小比值原则。显然,最小比值原则是为了防止在基变换时破坏其他变量的非负性,从而确保基变换得到的新基本解也是可行解。

1.3.4 转轴运算

确定主元素a_{lk}'后,要将问题转化为新的典式,先必须把约束条件变形成新的基变量用非基变量表示的形式。此操作称为转轴运算或旋转运算。设转轴运算前约束条件增广矩阵为:

$$\begin{array}{cccccccccc|c} x_1 & \cdots & x_l & \cdots & x_m & x_{m+1} & \cdots & x_k & \cdots & x_n & \boldsymbol{b} \end{array}$$
$$\left(\begin{array}{ccccccccc|c} 1 & & & & a_{1,m+1}' & \cdots & a_{1k}' & \cdots & a_{1n}' & b_1' \\ & \ddots & & & & & & & & \\ & & 1 & & a_{l,m+1}' & \cdots & [a_{lk}'] & \cdots & a_{ln}' & b_l' \\ & & & \ddots & & & & & & \\ & & & 1 & a_{m,m+1}' & \cdots & a_{mk}' & \cdots & a_{mn}' & b_m' \end{array}\right) \tag{1-16}$$

转轴运算就是将式(1-16)的主元素a_{lk}'变为1,主元素所在列的其他系数变为0。方法为高斯消去法,变换步骤如下:

(1)将式(1-16)中的第l行除以$a_{l,k}'$,则第l行变为:

$$\left(0,\cdots,0,\frac{1}{a_{lk}'},0,\cdots,0,\frac{a_{l,m+1}'}{a_{lk}'},\cdots,1,\cdots,\frac{a_{ln}'}{a_{lk}'}\middle|\frac{b_l'}{a_{lk}'}\right) \tag{1-17}$$

(2)将式(1-17)乘以$a'_{ik}(i\neq l)$,用式(1-16)的第$i(i\neq l)$行去减,得到新的第i行:

$$\left(0,\cdots,0,-\frac{a'_{ik}}{a'_{lk}},0,\cdots,0,a'_{i,m+1}-\frac{a'_{l,m+1}}{a'_{lk}}a'_{ik},\cdots,0,\cdots,a'_{in}-\frac{a'_{ln}}{a'_{lk}}a'_{ik}\;\middle|\;b'_i-\frac{b'_l}{a'_{lk}}a'_{ik}\right) \tag{1-18}$$

即变换后系数矩阵各元素的变换关系式为:

$$a''_{ij}=\begin{cases}a'_{ij}-\dfrac{a'_{lj}}{a'_{lk}}a'_{ik},i\neq l\\[2ex]\dfrac{a'_{lj}}{a'_{lk}},i=l\end{cases}$$

$$b''_i=\begin{cases}b'_i-\dfrac{a'_{ik}}{a'_{lk}}b'_l,i\neq l\\[2ex]\dfrac{b'_l}{a'_{lk}},i=l\end{cases}$$

a''_{ij},b''_i为变换后的新元素。

设$\boldsymbol{e}_i$表示第i个元素为1、其他元素为0的m维单位列向量。令$\boldsymbol{E}=(\boldsymbol{e}_1,\cdots\boldsymbol{e}_{l-1},\boldsymbol{\xi},\boldsymbol{e}_{l+1},\cdots,\boldsymbol{e}_m)$,其中$\boldsymbol{\xi}=(\xi_1,\xi_2,\cdots,\xi_m)^{\mathrm{T}}$:

$$\xi_i=\begin{cases}-\dfrac{a'_{ik}}{a'_{lk}},i\neq l\\[2ex]\dfrac{1}{a'_{lk}},i=l\end{cases}$$

由线性变换性质可知,对式(1-16)进行转轴运算,等价于左乘矩阵$\boldsymbol{E}$。

1.3.5 单纯形表

为了便于理解计算关系,将单纯形法每一次迭代得出的典式设计成计算表,称为单纯形表,其功能与增广矩阵类似,见表1-6其中RHS为右端向量。

单纯形表　　表1-6

$c_j\to$		c_1	…	c_m	c_{m+1}	…	c_n	RHS	θ_i
$\boldsymbol{C_B}$	$\boldsymbol{X_B}$	x_1	…	x_m	x_{m+1}	…	x_n	$\boldsymbol{B}^{-1}\boldsymbol{b}$	
c_1	x_1	1	…	0	$a_{1,m+1}$	…	a_{1n}	b_1	θ_1
c_2	x_2	0	…	0	$a_{2,m+1}$	…	a_{2n}	b_2	θ_2
⋮	⋮	⋮	…	⋮	⋮	…	⋮	⋮	⋮
c_m	x_m	0	…	1	$a_{m,m+1}$	…	a_{mn}	b_m	θ_m
$\sigma_j\to$		0	…	0	$c_{m+1}-\sum_{i=1}^{m}c_ia_{i,m+1}$	…	$c_n-\sum_{i=1}^{m}c_ia_{in}$	$-z_0=-\sum_{i=1}^{m}c_ib_i$	

表中第一行c_j为原模型目标函数中各变量价值系数,$\boldsymbol{X_B}$列中填入当前基变量;$\boldsymbol{C_B}$列对应$\boldsymbol{X_B}$列基变量在原模型目标函数中的价值系数;单纯形表中间加粗黑框部分为当前典式的约束方程组增广矩阵。为了统一描述,表1-6中以及后面的算法描述中仍用a_{ij}表示当前约束方程系数,仍用$\boldsymbol{b}_i$表示当前右侧常数项。但该增广矩阵实际上为初始增广矩阵经过一系列换基运算后的增广矩阵。θ_i按下式计算:

$$\theta_i = \frac{b_i}{a_{ik}}, a_{ik} > 0$$

其中，k 为入基变量下标。

加粗黑框下面一行为检验数行，基变量检验数为0，非基变量检验数按下式计算：

$$\sigma_j = c_j - \sum_{i=1}^{m} c_i a_{ij}$$

在$B^{-1}b$ 的下方填入 $-z_0$。$-z_0$为典式目标函数常数项的相反数，亦为当前基本可行解对应的目标函数值的相反数，计算公式为：

$$-z_0 = -\sum_{i=1}^{m} c_i b_i$$

显然，$-z_0$与σ_j在表格中的计算方法相似，中间迭代过程的目标函数值计算意义不大，通常仅在最终的最优单纯形表中计算 $-z_0$。可见加粗黑框下面一行体现了当前典式目标函数。

1.3.6 计算步骤

用单纯形法求解线性规划问题的具体步骤如下：

(1)找出初始可行基，初始基 B 为单位矩阵，确定初始基可行解，建立初始单纯形表。

(2)计算各非基变量x_j的检验数$\sigma_j = c_j - \sum_{i=1}^{m} c_i a_{ij}$，对于最大化问题，若$\sigma_j \leqslant 0, j = m+1, \cdots, n$(对于最小化问题，若$\sigma_j \geqslant 0, j = m+1, \cdots, n$)，则已经找到了最优解，停止计算，否则转到步骤(3)。

(3)对于最大化问题，在所有$\sigma_j > 0$(对于最小化问题，$\sigma_j < 0$)中，若有一个σ_k对应的变量x_k的系数列向量的每个分量$a_{ik} \leqslant 0, i = 1,2,\cdots,m$，则此问题具有无界解，停止计算；否则转到步骤(4)。

(4)对于最大化问题，根据$\max\limits_j \{\sigma_j > 0\} = \sigma_k$(对于最小化问题，根据 $\max\{|\sigma_j|, |\sigma_j| < 0\} = \sigma_k$)确定$x_k$为入基变量；根据 θ 规则：

$$\theta = \min\left\{\frac{b_i}{a_{ik}} \middle| a_{ik} > 0, i = 1,2,\cdots,m\right\} = \frac{b_l}{a_{lk}}$$

确定相应的出基变量，并得到主元素a_{lk}。转到步骤(5)。

(5)以a_{lk}为主元素按式(1-17)、式(1-18)进行转轴运算，得到新的单纯形表，转到步骤(2)。

例 1.8 试以例 1.1 的标准型来说明上述计算步骤。

(1)根据例 1.1 的标准型，选松弛变量x_3、x_4、x_5作为初始基变量，对应的单位矩阵为基，将有关数字填入表中，得到初始单纯形表，见表 1-7。

初始单纯形表 表 1-7

$c_j \rightarrow$		2	3	0	0	0	RHS	θ_i
C_B	X_B	x_1	x_2	x_3	x_4	x_5	$B^{-1}b$	
0	x_3	1	2	1	0	0	8	4
0	x_4	4	0	0	1	0	16	
0	x_5	0	[4]	0	0	1	12	3
$\sigma_j \rightarrow$		2	3	0	0	0	0	

(2)从这张单纯形表可以看出,对应的基本可行解是$(0,0,8,16,12)^{\mathrm{T}}$,根据$\sigma_j = c_j - \sum_{i=1}^{m} c_i a_{ij}$计算出非基变量$x_1, x_2$的检验数。因为$x_1, x_2$的检验数都大于0,$\max\{\sigma_1, \sigma_2\} = 3 = \sigma_2$,故$x_2$为入基变量($k=2$),计算$\theta_i = \dfrac{b_i}{a_{ik}}, a_{ik} > 0, \theta = \min\{\theta_1, \theta_2, \theta_3\} = 3 = \theta_3$,$\theta_3$所在行对应的基变量$x_3$为出基变量($l=3$),$a_{2,3}=4$为主元素,以$a_{2,3}$为主元素进行旋转运算,并将$\boldsymbol{X_B}$列中的$x_5$换成$x_2$,将$\boldsymbol{C_B}$列中对应的价格系数更换,得到第二张单纯形表,见表1-8。

第二张单纯形表 表1-8

$c_j \to$		2	3	0	0	0	RHS	θ_i
$\boldsymbol{C_B}$	$\boldsymbol{X_B}$	x_1	x_2	x_3	x_4	x_5	$\boldsymbol{B}^{-1}\boldsymbol{b}$	
0	x_3	[1]	0	1	0	−1/2	2	2
0	x_4	4	0	0	1	0	16	4
3	x_2	0	1	0	0	1/4	3	
$\sigma_j \to$		2	0	0	0	−3/4	−9	

同样的方法,可得到第三张和第四张单纯形表,分别见表1-9和表1-10。

第三张单纯形表 表1-9

$c_j \to$		2	3	0	0	0	RHS	θ_i
$\boldsymbol{C_B}$	$\boldsymbol{X_B}$	x_1	x_2	x_3	x_4	x_5	$\boldsymbol{B}^{-1}\boldsymbol{b}$	
2	x_1	1	0	1	0	−1/2	2	
0	x_4	0	0	−4	1	[2]	8	4
3	x_2	0	1	0	0	1/4	3	12
$\sigma_j \to$		0	0	−2	0	1/4	−13	

第四张单纯形表 表1-10

$c_j \to$		2	3	0	0	0	RHS	θ_i
$\boldsymbol{C_B}$	$\boldsymbol{X_B}$	x_1	x_2	x_3	x_4	x_5	$\boldsymbol{B}^{-1}\boldsymbol{b}$	
2	x_1	1	0	0	1/4	0	4	
0	x_5	0	0	−2	1/2	1	4	
3	x_2	0	1	1/2	−1/8	0	2	
$\sigma_j \to$		0	0	−3/2	−1/8	0	−14	

表1-10中,所有检验数都已为非正数,表明已经找到了最优解,最优解为$\boldsymbol{X}^* = \boldsymbol{X}^{(3)} = (4,2,0,0,4)^{\mathrm{T}}$,对应的最优值为$z^* = 14$。

补充说明一点:单纯形表中的价格系数($c_j \to$)行也可以用前面单纯形表(简称前表)的检验数行代替,因为检验数本质上是典式目标函数中变量的系数,而典式目标函数是原目标函数变形得到的,因此两者同解。但有两点要注意:一是必须将新单纯形表(新表)左侧$\boldsymbol{X_B}$列对应的价格系数列$\boldsymbol{C_B}$也写成前表中相应的检验数;二是由于新单纯形表中没有填写前表中目标函数的常数项,所以新表的检验数行的$\boldsymbol{B}^{-1}\boldsymbol{b}$列位置(目标函数常数项的相反数)要修正。

1.4 人工变量法

前面有关单纯形法的讨论中,所求的线性规划问题必须为典式,即具有单位矩阵作为初始可行基,但一般的线性规划问题显然不具备这一条件,并且很难通过将约束增广矩阵通过初等变换获得初始可行基。为了使约束条件的系数矩阵包含一个单位矩阵作为初始可行基,常常在等式约束方程中人为地增加非负变量,称为人工变量(artificial variable),这样就得到一个人造基。因为人工变量是强制加入原约束条件中的虚拟变量,所以必须采取措施促使人工变量最终为非基变量(取值为0)。人工变量法有大M法和两阶段法两种。

1.4.1 大M法

在等式约束中添加非负人工变量后,为了使强制加入的人工变量最终为0,在原模型目标函数中加上人工变量乘以一个系数,当原问题是最大化问题时,系数为 $-M$;当原问题是最小化问题时,系数为 M。这里 M 是一个很大的正数。在求这个构造出来的线性规划问题时,要使目标函数最大化,必须把人工变量从基变量中换出,即人工变量取值变为0。如果最终单纯形表中仍含有非0的人工变量作为基变量,说明原问题的等式约束必须加上一个非0的人工变量才成立,即原问题有约束不成立,原问题无可行解。

例1.9 解下列线性规划问题。

$$\min z = -3x_1 + x_2 + x_3$$

$$\text{s.t.}\begin{cases} x_1 - 2x_2 + x_3 \leqslant 11 \\ -4x_1 + x_2 + 2x_3 \geqslant 3 \\ -2x_1 + x_3 = 1 \\ x_1, x_2, x_3 \geqslant 0 \end{cases}$$

试用大M法求解。

在上述问题中添加松弛变量x_4、冗余变量x_5、人工变量x_6,x_7,得到:

$$\max z' = 3x_1 - x_2 - x_3 - Mx_6 - Mx_7$$

$$\text{s.t.}\begin{cases} x_1 - 2x_2 + x_3 + x_4 = 11 \\ -4x_1 + x_2 + 2x_3 - x_5 + x_6 = 3 \\ -2x_1 + x_3 + x_7 = 1 \\ x_1, x_2, x_3, x_4, x_5, x_6, x_7 \geqslant 0 \end{cases}$$

用单纯形表进行计算,结果见表1-11。表1-11中的最终结果,人工变量为非基变量:$x_6^* = x_7^* = 0$,最大化问题的最优值z'^*为2。原问题的最优解为:$x_1^* = 4$,$x_2^* = 1$,$x_3^* = 9$,$x_4^* = x_5^* = 0$,$z^* = -3\times4+9+1 = -2$。

单纯形表计算结果 表 1-11

$c_j\to$		3	−1	−1	0	0	−M	−M	RHS	θ_i
C_B	X_B	x_1	x_2	x_3	x_4	x_5	x_6	x_7	$B^{-1}b$	
0	x_4	1	−2	1	1	0	0	0	11	11
−M	x_6	−4	1	2	0	−1	1	0	3	3/2
−M	x_7	−2	0	[1]	0	0	0	1	1	1
$\sigma_j\to$		3−6M	M−1	3M−1	0	−M	0	0		
$c_j\to$		3	−1	−1	0	0	−M	−M	RHS	θ_i
C_B	X_B	x_1	x_2	x_3	x_4	x_5	x_6	x_7	$B^{-1}b$	
0	x_4	3	−2	0	1	0	0	−1	10	
−M	x_6	0	[1]	0	0	−1	1	−2	1	1
−1	x_3	−2	0	1	0	0	0	1	1	
$\sigma_j\to$		1	M−1	0	0	−M	0	1−3M		
$c_j\to$		3	−1	−1	0	0	−M	−M	RHS	θ_i
C_B	X_B	x_1	x_2	x_3	x_4	x_5	x_6	x_7	$B^{-1}b$	
0	x_4	[3]	0	0	1	−2	2	−5	12	4
−1	x_2	0	1	0	0	−1	1	−2	1	
−1	x_3	−2	0	1	0	0	0	1	1	
$\sigma_j\to$		1	0	0	0	−1	1−M	−1−M		
$c_j\to$		3	−1	−1	0	0	−M	−M	RHS	θ_i
C_B	X_B	x_1	x_2	x_3	x_4	x_5	x_6	x_7	$B^{-1}b$	
3	x_1	1	0	0	1/3	−2/3	2/3	−5/3	4	
−1	x_2	0	1	0	0	−1	1	−2	1	
−1	x_3	0	0	1	2/3	−4/3	4/3	−7/3	9	
$\sigma_j\to$		0	0	0	−1/3	−1/3	1/3−M	2/3−M	−2	

补充说明：可以证明在使用大 M 法时，人工变量被换出基后，不会再被换入基中。由于某人工变量被换出基后，其取值已为 0，则删除人工变量后约束方程组仍成立，因此出基后的人工变量所在列不必再参加后续的迭代运算，可以在单纯形表中划去该列。

1.4.2 两阶段法

该方法分两个阶段求解，第一阶段构造一个辅助线性规划问题求基本可行解，构造的线性规划问题约束条件与大 M 法相同，目标函数为人工变量之和，并取最小化。如果辅助线性规划问题目标函数最小值等于零，则所有人工变量都取 0，已经“离基”，则可转入第二阶段继续计算，将第一阶段得到的最终表除去人工变量所在列，得到原问题的一个初始的基本可行解，将目标函数行的系数换成原问题目标函数系数，作为第二阶段的初始表，继续用单纯形法求原问题的最优解；否则说明原问题没有可行解，可停止计算。

现对例 1.9 用两阶段法求解。

先构造如下线性规划问题：

$$\min w = x_6 + x_7$$

$$\text{s. t.}\begin{cases} x_1 - 2x_2 + x_3 + x_4 = 11 \\ -4x_1 + x_2 + 2x_3 - x_5 + x_6 = 3 \\ -2x_1 + x_3 + x_7 = 1 \\ x_1, x_2, x_3, x_4, x_5, x_6, x_7 \geqslant 0 \end{cases}$$

用单纯形法求解第一阶段问题，见表1-12。这里目标函数是最小化，所以用检验数$\sigma_j = c_j - z_j \geqslant 0$来进行最优性检验。

用单线形法求解第一阶段问题　　表1-12

$c_j \to$		0	0	0	0	0	1	1	RHS	θ_i
$\boldsymbol{C_B}$	$\boldsymbol{X_B}$	x_1	x_2	x_3	x_4	x_5	x_6	x_7	$\boldsymbol{B^{-1}b}$	
0	x_4	1	−2	1	1	0	0	0	11	11
1	x_6	−4	1	2	0	−1	1	0	3	3/2
1	x_7	−2	0	[1]	0	0	0	1	1	1
$\sigma_j \to$		6	−1	−3	0	1	0	0		
$c_j \to$		0	0	0	0	0	1	1	RHS	θ_i
$\boldsymbol{C_B}$	$\boldsymbol{X_B}$	x_1	x_2	x_3	x_4	x_5	x_6	x_7	$\boldsymbol{B^{-1}b}$	
0	x_4	3	−2	0	1	0	0	−1	10	
1	x_6	0	[1]	0	0	−1	1	−2	1	1
0	x_3	−2	0	1	0	0	0	1	1	
$\sigma_j \to$		0	−1	0	0	1	0	3		
$c_j \to$		0	0	0	0	0	1	1	RHS	θ_i
$\boldsymbol{C_B}$	$\boldsymbol{X_B}$	x_1	x_2	x_3	x_4	x_5	x_6	x_7	$\boldsymbol{B^{-1}b}$	
0	x_4	3	0	0	1	−2	2	−5	12	
0	x_2	0	1	0	0	−1	1	−2	1	
0	x_3	−2	0	1	0	0	0	1	1	
$\sigma_j \to$		0	0	0	0	0	1	1	0	

由表1-12可知，第一阶段求得的结果是$w = 0$，得到的最优解是$(0,1,1,12,0,0,0)^{\mathrm{T}}$。因为人工变量$x_6 = x_7 = 0$，所以$(0,1,1,12,0)^{\mathrm{T}}$为原线性规划问题的基本可行解，可以进行第二阶段运算。将第一阶段最终表中的人工变量x_6, x_7列删除，并在$c_j \to$处填入原问题目标函数系数，进行第二阶段的计算，用单纯形表求解见表1-13。从表1-13可知，原问题的最优解为$x_1 = 4$，$x_2 = 1$，$x_3 = 9$，目标函数值$z = -2$。

表1-13

$c_j \to$		−3	1	1	0	0	RHS	θ_i
$\boldsymbol{C_B}$	$\boldsymbol{X_B}$	x_1	x_2	x_3	x_4	x_5	$\boldsymbol{B^{-1}b}$	
0	x_4	[3]	0	0	1	−2	12	4
1	x_2	0	1	0	0	−1	1	
1	x_3	−2	0	1	0	0	1	
$\sigma_j \to$		−1	0	0	0	1		

续上表

$c_j \to$		-3	1	1	0	0	RHS	θ_i
$\boldsymbol{C_B}$	$\boldsymbol{X_B}$	x_1	x_2	x_3	x_4	x_5	$\boldsymbol{B}^{-1}\boldsymbol{b}$	
-3	x_1	1	0	0	1/3	-2/3	4	
1	x_2	0	1	0	0	-1	1	
1	x_3	0	0	1	2/3	-4/3	9	
$\sigma_j \to$		0	0	0	1/3	1/3	2	

1.5 单纯形法的进一步讨论

1.5.1 退化*

当线性规划问题的基本可行解中有一个或多个基变量取0时，称此基本可行解为退化解。当线性规划问题存在最优解时，在非退化的情形下，单纯形法经过有限次迭代必达到最优解，但对于退化情形，迭代会出现循环现象。

退化产生的原因：在单纯形法计算中用最小比值原则确定换出变量时，有时存在两个或两个以上相同的最小比值 θ，那么在下次迭代中就会出现一个或者多个基变量等于0。当某个基变量为0，且下次迭代以该基变量作为出基变量时，目标函数并不能因此得到任何改变。基变换以后，前后两个退化的基本可行解的坐标形式完全相同。从几何角度来解释，这两个退化的基本可行解对应线性规划可行域的同一个顶点。Beale 给出了循环现象的例子：

$$\min -\left(\frac{3}{4}x_4+20x_5-\frac{1}{2}x_6+6x_7\right)$$

$$\text{s.t.}\begin{cases} x_1+\dfrac{1}{4}x_4-8x_5-x_6+9x_7=0 \\ x_2+\dfrac{1}{2}x_4-12x_5-\dfrac{1}{2}x_6+3x_7=0 \\ x_3+x_6=1 \\ x_j\geqslant 0, j=1,2,\cdots,7 \end{cases}$$

1974 年，波兰特(Bland)提出一种简便的规则：在最小比值原则计算时，当存在两个及以上相同的最小比值时，选取下标最大的基变量为换出变量，按此方法进行迭代一定能避免循环现象的产生。

1.5.2 单纯形法的矩阵描述

设线性规划问题标准型：

$$\max z=\boldsymbol{CX}$$

$$\text{s.t.}\begin{cases}\boldsymbol{AX}=\boldsymbol{b}\\ \boldsymbol{X}\geqslant \boldsymbol{0}\end{cases}$$

将系数矩阵 $\boldsymbol{A}$ 分为 $(\boldsymbol{B},\boldsymbol{N})$ 两块，其中 $\boldsymbol{B}$ 是基变量的系数矩阵，$\boldsymbol{N}$ 是非基变量的系数矩阵。相应地，将决策变量分为基变量和非基变量 $(\boldsymbol{X}_B,\boldsymbol{X}_N)$，即 $\boldsymbol{X}=\begin{pmatrix}\boldsymbol{X}_B\\ \boldsymbol{X}_N\end{pmatrix}$；将目标函数的系数向量 $\boldsymbol{C}$ 分为 $(\boldsymbol{C}_B,\boldsymbol{C}_N)$，分别对应于基变量 $\boldsymbol{X}_B$ 和非基变量 $\boldsymbol{X}_N$。

这时，线性规划问题可以表示为：

$$\max z=\boldsymbol{C}_B\boldsymbol{X}_B+\boldsymbol{C}_N\boldsymbol{X}_N \tag{1-19}$$

$$\text{s.t.}\begin{cases}\boldsymbol{B}\boldsymbol{X}_B+\boldsymbol{N}\boldsymbol{X}_N=\boldsymbol{b}\\ \boldsymbol{X}_B,\boldsymbol{X}_N\geqslant\boldsymbol{0}\end{cases} \tag{1-20}$$

由式(1-20)得：

$$\boldsymbol{B}\boldsymbol{X}_B=\boldsymbol{b}-\boldsymbol{N}\boldsymbol{X}_N$$

通过一系列行初等变换可将基变量系数矩阵变为单位矩阵，等效于左乘以 $\boldsymbol{B}^{-1}$，对上式两边左乘以 $\boldsymbol{B}^{-1}$，得到：

$$\boldsymbol{X}_B=\boldsymbol{B}^{-1}\boldsymbol{b}-\boldsymbol{B}^{-1}\boldsymbol{N}\boldsymbol{X}_N \tag{1-21}$$

将式(1-21)代入目标函数式(1-19)，得到：

$$z=\boldsymbol{C}_B\boldsymbol{B}^{-1}\boldsymbol{b}+(\boldsymbol{C}_N-\boldsymbol{C}_B\boldsymbol{B}^{-1}\boldsymbol{N})\boldsymbol{X}_N \tag{1-22}$$

令非基变量 $\boldsymbol{X}_N=\boldsymbol{0}$，可得到基可行解 $\boldsymbol{X}_B=\begin{pmatrix}\boldsymbol{B}^{-1}\boldsymbol{b}\\ \boldsymbol{0}\end{pmatrix}$；目标函数 $z=\boldsymbol{C}_B\boldsymbol{B}^{-1}\boldsymbol{b}$，称 $\boldsymbol{C}_B\boldsymbol{B}^{-1}$ 为基 $\boldsymbol{B}$ 的单纯形乘子。

(1)由式(1-22)可知，非基变量检验数矩阵形式为 $\boldsymbol{\sigma}_N=\boldsymbol{C}_N-\boldsymbol{C}_B\boldsymbol{B}^{-1}\boldsymbol{N}$；检验数本质上就是典式目标函数中变量的“系数”，基变量的“系数”为 $\boldsymbol{\sigma}_B=\boldsymbol{0}=\boldsymbol{C}_B-\boldsymbol{C}_B\boldsymbol{B}^{-1}\boldsymbol{B}$，因此非基变量和基变量检验数公式可以统一为 $\boldsymbol{\sigma}_A=\boldsymbol{C}-\boldsymbol{C}_B\boldsymbol{B}^{-1}\boldsymbol{A}$。

(2)用矩阵描述时，θ 的表达式为：

$$\theta=\min\left\{\frac{(\boldsymbol{B}^{-1}\boldsymbol{b})_i}{(\boldsymbol{B}^{-1}\boldsymbol{p}_k)_i}\,\middle|\,(\boldsymbol{B}^{-1}\boldsymbol{p}_k)_i>0\right\}=\frac{(\boldsymbol{B}^{-1}\boldsymbol{b})_l}{(\boldsymbol{B}^{-1}\boldsymbol{p}_k)_l}$$

其中，$(\boldsymbol{B}^{-1}\boldsymbol{b})_i$ 是 $(\boldsymbol{B}^{-1}\boldsymbol{b})$ 的第 i 个元素，入基变量 x_k 对应的系数列向量为 $(\boldsymbol{B}^{-1}\boldsymbol{p}_k)$，$(\boldsymbol{B}^{-1}\boldsymbol{p}_k)_i$ 是 $(\boldsymbol{B}^{-1}\boldsymbol{p}_k)$ 的第 i 个元素，x_l 为出基变量。

(3)从单纯形表可以看出，由于初始单纯形表中初始基为单位矩阵 $\boldsymbol{I}$，其左乘 $\boldsymbol{B}^{-1}$ 后为 $\boldsymbol{B}^{-1}$，所以当前单纯形表中初始基变量对应的那几列系数构成的矩阵即为当前基矩阵的逆矩阵。

(4)矩阵形式的单纯形表见表1-14。

矩阵形式的单纯形表 表1-14

c_j		$\boldsymbol{X}_B$	$\boldsymbol{X}_N$	RHS
$\boldsymbol{C}_B$	$\boldsymbol{X}_B$	$\boldsymbol{I}$	$\boldsymbol{B}^{-1}\boldsymbol{N}$	$\boldsymbol{B}^{-1}\boldsymbol{b}$
$\sigma\to$		$\boldsymbol{0}$	$\boldsymbol{C}_N-\boldsymbol{C}_B\boldsymbol{B}^{-1}\boldsymbol{N}$	$-z_0$

1.5.3 单纯形法的矩阵计算*

用单纯形法解线性规划问题，实际上是通过不断地换基寻找最优基的过程。每一次换基后都要用高斯消去法将新的基变量表示成非基变量的表达式，或者说通过对约束条件增广矩阵进行行初等变换，将新的基变量系数矩阵块变为单位矩阵。当用单纯形表求解线性规划问题时，每步迭代都要计算表中的所有数字，影响了计算效率。计算过程真正用到的数字只有基变量的值、非基变量的检验数和入基变量系数列向量，即$\boldsymbol{B}^{-1}\boldsymbol{b}$、$\boldsymbol{C}_N-\boldsymbol{C}_B\boldsymbol{B}^{-1}\boldsymbol{N}$和$\boldsymbol{B}^{-1}\boldsymbol{p}_k$。其中，最关键的是$\boldsymbol{B}^{-1}$的计算。

根据前面的分析，当前单纯形表中初始基变量对应的那几列系数构成的矩阵即为当前基矩阵的逆，记第 t 次迭代前基逆矩阵为$\boldsymbol{B}_{t-1}^{-1}$，第 t 次迭代后新基的逆矩阵为$\boldsymbol{B}_t^{-1}$，显然，$\boldsymbol{B}_0^{-1}=\boldsymbol{I}$，根据 1.3.4 的分析，对增广矩阵进行转轴运算，等价于左乘以矩阵$\boldsymbol{E}_t$。则：

$$\begin{cases}\boldsymbol{B}_0^{-1}=\boldsymbol{I}\\ \boldsymbol{B}_t^{-1}=\boldsymbol{E}_t\boldsymbol{B}_{t-1}^{-1}\end{cases}$$

其中，$\boldsymbol{E}_t=(\boldsymbol{e}_1,\cdots\boldsymbol{e}_{l-1},\boldsymbol{\xi},\boldsymbol{e}_{l+1},\cdots,\boldsymbol{e}_m)$，$\boldsymbol{e}_i$表示第 i 个元素为 1、其他元素为 0 的 m 维单位列向量。

$$\xi_i=\begin{cases}-\dfrac{a'_{ik}}{a'_{lk}}=-\dfrac{(\boldsymbol{B}_{t-1}^{-1}\boldsymbol{p}_k)_i}{(\boldsymbol{B}_{t-1}^{-1}\boldsymbol{p}_k)_l},i\neq l\\ \dfrac{1}{a'_{lk}}=\dfrac{1}{(\boldsymbol{B}_{t-1}^{-1}\boldsymbol{p}_k)_l},i=l\end{cases}$$

其中，$(\boldsymbol{B}_{t-1}^{-1}\boldsymbol{p}_k)_i$，$(\boldsymbol{B}_{t-1}^{-1}\boldsymbol{p}_k)_l$分别表示$\boldsymbol{B}_{t-1}^{-1}\boldsymbol{p}_k$的第 i 个和第 l 个元素。

这就是单纯形法的矩阵计算基本原理。

例 1.10 试用单纯形法的矩阵计算求解例 1.1。

例 1.1 的标准型为：

$$\max z=2x_1+3x_2$$

$$\text{s.t.}\begin{cases}x_1+2x_2+x_3=8\\ 4x_1+x_4=16\\ 4x_2+x_5=12\\ x_1,x_2,x_3,x_4,x_5\geqslant 0\end{cases}$$

第一步，根据初始基变量$\boldsymbol{X}_{B_0}=\begin{pmatrix}x_3\\x_4\\x_5\end{pmatrix}$，对应系数$\boldsymbol{C}_{B_0}=(0,0,0)$；初始基$\boldsymbol{B}_0=\begin{pmatrix}1&0&0\\0&1&0\\0&0&1\end{pmatrix}$，初始非基变量$\boldsymbol{X}_{N_0}=\begin{pmatrix}x_1\\x_2\end{pmatrix}$，对应系数$\boldsymbol{C}_{N_0}=(2,3)$，计算非基变量检验数：

$$\boldsymbol{\sigma}_{\boldsymbol{N}_0}=\boldsymbol{C}_{\boldsymbol{N}_0}-\boldsymbol{C}_{B_0}\boldsymbol{B}_0^{-1}\boldsymbol{N}_0=(2,3)-(0,0,0)\begin{pmatrix}1&0&0\\0&1&0\\0&0&1\end{pmatrix}\begin{pmatrix}1&2\\4&0\\0&4\end{pmatrix}=(2,3)$$

确定x_2为入基变量，可得：

$$\theta = \min\left\{ \frac{(\boldsymbol{B}_0^{-1}\boldsymbol{b})_i}{(\boldsymbol{B}_0^{-1}\boldsymbol{p}_2)_i} \middle| \boldsymbol{B}_0^{-1}\boldsymbol{p}_2 > 0 = \min\left(\frac{8}{2}, -, \frac{12}{4}\right) = 3 \right\}$$

对应出基变量为x_5，入基变量为x_2，系数向量 $\boldsymbol{p}_2 = \begin{pmatrix} 2 \\ 0 \\ 4 \end{pmatrix}$，4 是主元素，计算出：

$$\boldsymbol{\xi}_1 = \begin{pmatrix} -1/2 \\ 0 \\ 1/4 \end{pmatrix}, \boldsymbol{B}_1^{-1} = \boldsymbol{E}_1\boldsymbol{B}_0^{-1} = (\boldsymbol{e}_1, \boldsymbol{e}_2, \boldsymbol{\xi}_1)\boldsymbol{B}_0^{-1} = \begin{pmatrix} 1 & 0 & -1/2 \\ 0 & 1 & 0 \\ 0 & 0 & 1/4 \end{pmatrix}。$$

基变量$\boldsymbol{X}_{B_1} = \begin{pmatrix} x_3 \\ x_4 \\ x_2 \end{pmatrix}$，非基变量$\boldsymbol{X}_{N_1} = \begin{pmatrix} x_1 \\ x_5 \end{pmatrix}$，将$\boldsymbol{B}_1^{-1}$代入可得：

$$\boldsymbol{B}_1^{-1}\boldsymbol{N}_1 = (\boldsymbol{p}_1' \quad p_5') = \begin{pmatrix} 1 & 0 & -1/2 \\ 0 & 1 & 0 \\ 0 & 0 & 1/4 \end{pmatrix}\begin{pmatrix} 1 & 0 \\ 4 & 0 \\ 0 & 1 \end{pmatrix} = \begin{pmatrix} 1 & -1/2 \\ 4 & 0 \\ 0 & 1/4 \end{pmatrix}$$

$$\boldsymbol{B}_1^{-1}\boldsymbol{b} = \begin{pmatrix} 1 & 0 & -1/2 \\ 0 & 1 & 0 \\ 0 & 0 & 1/4 \end{pmatrix}\begin{pmatrix} 8 \\ 16 \\ 12 \end{pmatrix} = \begin{pmatrix} 2 \\ 16 \\ 3 \end{pmatrix}$$

第二步，计算 $\boldsymbol{\sigma}_{N_1}$：

$$\boldsymbol{\sigma}_{N_1} = \boldsymbol{C}_{N_1} - \boldsymbol{C}_{B_1}\boldsymbol{B}_1^{-1}\boldsymbol{N}_1 = (2,0) - (0,0,3)\begin{pmatrix} 1 & 0 & -\frac{1}{2} \\ 0 & 1 & 0 \\ 0 & 0 & \frac{1}{4} \end{pmatrix}\begin{pmatrix} 1 & 0 \\ 4 & 0 \\ 0 & 1 \end{pmatrix} = \left(2, -\frac{3}{4}\right)$$

确定x_1为入基变量，计算出：

$$\theta = \min\left\{ \frac{(\boldsymbol{B}_1^{-1}\boldsymbol{b})_i}{(\boldsymbol{B}_1^{-1}\boldsymbol{p}_1)_i} \middle| \boldsymbol{B}_1^{-1}\boldsymbol{p}_1 > \boldsymbol{0} \right\} = \min\left(\frac{2}{1}, \frac{16}{4}, 3\right) = 2$$

确定出基变量为x_3，入基变量为x_1，系数向量$\boldsymbol{p}_1' = \boldsymbol{B}_1^{-1}\boldsymbol{p}_1 = \begin{pmatrix} 1 \\ 4 \\ 0 \end{pmatrix}$，1 为主元素，计算出：

$$\boldsymbol{\xi}_2 = \begin{pmatrix} 1 \\ -4 \\ 0 \end{pmatrix}$$

求得：

$$\boldsymbol{B}_2^{-1}=\boldsymbol{E}_2\boldsymbol{B}_1^{-1}=\begin{pmatrix}1&0&0\\-4&1&0\\0&0&1\end{pmatrix}\begin{pmatrix}1&0&-1/2\\0&1&0\\0&0&1/4\end{pmatrix}=\begin{pmatrix}1&0&-1/2\\-4&1&2\\0&0&1/4\end{pmatrix}$$

将 $\boldsymbol{B}_2^{-1}$ 代入可得：

$$\boldsymbol{B}_2^{-1}\boldsymbol{b}=\begin{pmatrix}1&0&-1/2\\-4&1&2\\0&0&1/4\end{pmatrix}\begin{pmatrix}8\\16\\12\end{pmatrix}=\begin{pmatrix}2\\8\\3\end{pmatrix}$$

第三步，计算非基变量检验数：

$$\boldsymbol{\sigma}_{N_2}=\boldsymbol{C}_{N_2}-\boldsymbol{C}_{B_2}\boldsymbol{B}_2^{-1}\boldsymbol{N}_2=(0,0)-(2,0,3)\begin{pmatrix}1&0&-1/2\\-4&1&2\\0&0&1/4\end{pmatrix}\begin{pmatrix}1&0\\0&0\\0&1\end{pmatrix}=(-2,1/4)$$

确定入基变量 x_5，可得：

$$\theta=\min\left\{\frac{(\boldsymbol{B}_2^{-1}\boldsymbol{b})_i}{(\boldsymbol{B}_2^{-1}\boldsymbol{p}_5)_i}\,\middle|\,\boldsymbol{B}_2^{-1}\boldsymbol{p}_5>0=\min\left(-,\frac{8}{2},\frac{3}{1/4}\right)=4\right\}$$

对应的出基变量为 x_4，入基变量 x_5，系数向量 $\boldsymbol{p}_5'=\boldsymbol{B}_2^{-1}\boldsymbol{p}_5=\begin{pmatrix}-1/2\\2\\1/4\end{pmatrix}$，2 为主元素，计算出：

$$\boldsymbol{\xi}_3=\begin{pmatrix}1/4\\1/2\\-1/8\end{pmatrix}$$

求得：

$$\boldsymbol{B}_3^{-1}=\boldsymbol{E}_3\boldsymbol{B}_2^{-1}=\begin{pmatrix}0&1/4&0\\-2&1/2&1\\1/2&-1/8&0\end{pmatrix}$$

计算出：

$$\boldsymbol{\sigma}_{N_3}=\boldsymbol{C}_{N_3}-\boldsymbol{C}_{B_3}\boldsymbol{B}_3^{-1}N_3=\left(-\frac{3}{2},-\frac{1}{8}\right)$$

因为检验数满足最优性条件，故已得最优解：

$$x^*=\boldsymbol{B}_3^{-1}\boldsymbol{b}=\begin{pmatrix}4\\4\\2\end{pmatrix},z^*=\boldsymbol{C}_{B_3}\boldsymbol{B}_3^{-1}\boldsymbol{b}=(2,0,3)\begin{pmatrix}4\\4\\2\end{pmatrix}=14。$$

1.6 应用举例

例 1.11 连续投资问题。

某部门在今后 5 年内考虑给下列项目投资，已知：

项目 A，从第 1 年到第 4 年每年年初需要投资，并于次年末回收本利 115%。

项目B,第3年年初需要投资,到第5年年末能回收本利125%,但规定最大投资额不超过4万元。

项目C,第2年年初需要投资,到第5年年末能回收本利140%,但规定最大投资额不超过3万元。

项目D,5年内每年初可购买公债,于当年年末归还,并加利息6%。

该部门现有资金10万元,它应如何确定这些项目每年的投资额,使到第5年年末拥有的资金的本利总额最大?

(1)确定变量。

这是一个连续投资问题,与时间有关。但这里设法用线性规划方法,静态地处理。以$x_{ij}(i=1,2,\cdots,5;j=A,B,C,D)$表示第$i$年年初给项目A、B、C、D的投资额,它们都是待定的未知变量。根据给定的条件,将变量列于表1-15中。

连续投资问题基础数据

表1-15

项　目	第1年	第2年	第3年	第4年	第5年
A	x_{1A}	x_{2A}	x_{3A}	x_{4A}	
B			x_{3B}		
C		x_{2C}			
D	x_{1D}	x_{2D}	x_{3D}	x_{4D}	x_{5D}

(2)约束条件。

由于项目D每年都可以投资,并且当年年末即能回收本息。所以每年应把资金全部投出去,手中不应当有剩余的呆滞资金。即每年年初投资额应等于上一年年末返回的本息(第一年年初投资总额为现有总资金)。因此,第1年年初:该部门拥有100000元,可以投资项目A和项目D,即$x_{1A}+x_{1D}=100000$。

第1年年末返回本息:因第1年给项目A的投资要到第2年年末才能回收。第1年年末返回本息仅为项目D在第一年回收的本息$1.06x_{1D}$。

第2年年初:第2年年初可投项目A、C、D,投资金额$1.06x_{1D}$,即$x_{2A}+x_{2C}+x_{2D}=1.06x_{1D}$。

第2年年末返回本息:项目A第1年投资及项目D第2年投资中回收的本利总和:$1.15x_{1A}+1.06x_{2D}$。

第3年年初可投资项目x_{3A},x_{3B},x_{3D},即$x_{3A}+x_{3B}+x_{3D}=1.15x_{1A}+1.06x_{2D}$。

与以上分析相同,第3年年末返回本息:$1.15x_{2A}+1.06x_{3D}$。

第4年年初可投资项目x_{4A},x_{4D},即$x_{4A}+x_{4D}=1.15x_{2A}+1.06x_{3D}$。

第4年年末返回本息:$1.15x_{3A}+1.06x_{4D}$。

第5年年初可投项目x_{5D},即$x_{5D}=1.15x_{3A}+1.06x_{4D}$。

此外,由于对项目B、C的投资有限额的规定,即$x_{3B}\leqslant 40000$,$x_{2C}\leqslant 30000$。

第5年年末返回本息:$1.4x_{2C}+1.25x_{3B}+1.15x_{4A}+1.06x_{5D}$。

(3)目标函数。

问题是要求在第5年年末该部门手中拥有的资金额达到最大,显然目标函数$\max z=1.4x_{2C}+1.25x_{3B}+1.15x_{4A}+1.06x_{5D}$。

(4)数学模型。

经过以上分析,这个与时间有关的投资问题可以用以下线性规划模型来描述:

$$\max z = 1.4x_{2C} + 1.25x_{3B} + 1.15x_{4A} + 1.06x_{5D}$$

$$\text{s.t.}\begin{cases} x_{1A} + x_{1D} = 100000 \\ -1.06x_{1D} + x_{2A} + x_{2C} + x_{2D} = 0 \\ -1.15x_{1A} - 1.06x_{2D} + x_{3A} + x_{3B} + x_{3D} = 0 \\ -1.15x_{2A} - 1.06x_{3D} + x_{4A} + x_{4D} = 0 \\ -1.15x_{3A} - 1.06x_{4D} + x_{5D} = 0 \\ x_{3B} \leqslant 40000 \\ x_{2C} \leqslant 30000 \\ x_{iA}, x_{iB}, x_{iC}, x_{iD} \geqslant 0, i = 1,2,3,4,5 \end{cases}$$

(5)用两阶段单纯形法计算得到:

第1年:$x_{1A} = 34783$ 元,$x_{1D} = 65217$ 元

第2年:$x_{2A} = 39130$ 元,$x_{2C} = 30000$ 元,$x_{2D} = 0$

第3年:$x_{3A} = 0$,$x_{3B} = 40000$ 元,$x_{3D} = 0$

第4年:$x_{4A} = 45000$ 元,$x_{4D} = 0$

第5年:$x_{5D} = 0$

另一个投资方案:

第1年:$x_{1A} = 71698$ 元,$x_{1D} = 28300$ 元

第2年:$x_{2A} = 0$,$x_{2C} = 30000$ 元,$x_{2D} = 0$

第3年:$x_{3A} = 42453$ 元,$x_{3B} = 40000$ 元,$x_{3D} = 0$

第4年:$x_{4A} = 0$,$x_{4D} = 0$

第5年:$x_{5D} = 48820$。

到第5年年末该部门拥有资金总额为143750元,即盈利43.75%。

例1.12 多周期动态生产计划问题

某柴油机厂某年1~4季度生产订单分别是3000台、4500台、3500台、5000台。该厂每季度正常生产量为3000台,若加班可以多生产1500台,正常生产成本为5000元/台,加班生产还要追加成本1500元/台,库存成本为每台每季度200元,已知第一个季度初及第四个季度末库存均为0,问该柴油机厂该如何组织生产才能使生产成本最低,试构建其数学模型。

设x_{i1}为第i个季度正常生产柴油机台数;x_{i2}为第i个季度加班生产柴油机台数;x_{i3}为第i个季度初库存柴油机台数,$i = 1,2,3,4$。$x_{13} = 0$,本题严格说来,x_{i1}、x_{i2}都应该取整数。这里只对问题建模。

分析问题的优化目标和约束条件可得,本题模型为:

$$\min z = 5000(x_{11} + x_{21} + x_{31} + x_{41}) + 6500(x_{12} + x_{22} + x_{32} + x_{42}) + 200(x_{23} + x_{33} + x_{43})$$

$$
\text{s.t.}\begin{cases}
x_{11}+x_{12}-x_{23}=3000\\
x_{21}+x_{22}+x_{23}-x_{33}=4500\\
x_{31}+x_{32}+x_{33}-x_{43}=3500\\
x_{41}+x_{42}+x_{43}=5000\\
x_{i1}\leqslant 3000, i=1,2,3,4\\
x_{i2}\leqslant 1500, i=1,2,3,4\\
x_{i1},x_{i2}\geqslant 0, i=1,2,3,4
\end{cases}
$$

习题

1.1 消费者购买某一时期需要的营养物甲、乙、丙(如大米、猪肉、牛奶等),希望获得其中的营养成分A、B、C、D(如蛋白质、脂肪、维生素等)。设市面上现有这3种营养物,分别含有的各种营养成分数量,以及各营养物价格和根据医生建议消费者这段时间至少需要的各种营养成分的数量(省略单位),见表1-16。

题目1.1数据 表1-16

营养成分	营养物			需要的营养成分数量
	甲	乙	丙	
A	4	6	20	≥80
B	1	1	2	≥65
C	1	0	3	≥70
D	21	7	35	≥450
价格	25	20	45	—

问:消费者怎样购买营养物,才能既获得必要的营养成分又花钱最少?只建立模型,不用计算。

1.2 将下列线性规划问题化为标准型

$\min z=-3x_1-5x_2+4x_3-2x_4$

$$
\text{s.t.}\begin{cases}
2x_1+6x_2-x_3+3x_4\leqslant 18\\
x_1-3x_2+2x_3-2x_4\geqslant 13\\
-x_1+4x_2-3x_3-5x_4=-9\\
x_1,x_2\geqslant 0, 2\leqslant x_4\leqslant 6
\end{cases}
$$

1.3 已知线性规划问题

$\max z=2x_1+x_2$

$$
\text{s.t.}\begin{cases}
3x_1+5x_2\leqslant 15\\
6x_1+2x_2\leqslant 24\\
x_1,x_2\geqslant 0
\end{cases}
$$

(1)写出其标准型;

(2)用图解法求之；

(3)写出其基本解，并分析哪些为基可行解。指出基可行解与图解法中可行域的顶点之间的对应关系；

(4)用单纯形法求解该线性规划问题。

1.4　表1-17是求最大化线性规划问题计算得到的单纯形表。

题目1.4的单纯形表　　表1-17

X_B	x_1	x_2	x_3	x_4	x_5	$B^{-1}b$
x_3	4	a_1	1	0	0	d
x_4	−1	−5	0	1	0	2
x_5	a_2	−3	0	0	1	3
$\sigma_j \to$	c_1	c_2	0	0	0	

问表中a_1、a_2、c_1、c_2、d满足什么条件时：

(1)表中基本解为唯一最优解；

(2)表中基本解为无穷多最优解之一；

(3)表中基本解为退化的可行解；

(4)下一步迭代将以x_1为入基变量，x_5为出基变量；

(5)该问题具有无界解。

1.5　表1-18为用单纯形法求解一最大化线性规划问题的初始表和中间某步的计算表。在初始表中，如选x_3作为入基变量，则出基变量应该选________；中间表中系数子矩阵A'_{2-4} = ________，右侧常数列向量b' = ________，检验数σ_1 = ________，σ_2 = ________；从初始表到中间表，约束矩阵经历了一系列行初等变换，相当于左乘矩阵B^{-1}，B^{-1} = ________。该中间表中解是否为最优解，为什么？________本题最优解x^* = ________，最优值z^* = ________。

题目1.5的单纯形表　　表1-18

$c_j \to$		1	−1	2	0	0	0	RHS	θ_i
C_B	X_B	x_1	x_2	x_3	x_4	x_5	x_6	$B^{-1}b$	
0	x_4	1	1	3	1	0	0	30	
0	x_5	2	−1	1	0	1	0	5	
0	x_6	−1	1	1	0	0	1	10	
				…					
0	x_4	1	A'_{2-4}			−1	−2	b'	
2	x_3	1/2				1/2	1/2		
−1	x_2	−3/2				−1/2	1/2		
$\sigma_j \to$		σ_1	σ_2	0	0	−3/2	−1/2		

1.6　思考题：单纯形表中第一行价格系数行c_j和左侧基变量的价格系数列C_B同时使用上次迭代典式中的价格系数(检验数)，对单纯形表的计算是否有影响？

1.7　判断题。

(1)用单纯形法求解最大化线性规划问题时引入的松弛变量在目标函数中的系数为1。

(2)线性规划问题可行域顶点与基本解一一对应。

(3)单纯形法中确定出基变量的最小比值原则本质上是保证变量非负。

(4)线性规划问题的任一可行解均可用其基本可行解凸组合表示。

(5)使用人工变量法求解最大化线性规划问题时,当所有的检验数均小于或等于0时,在基变量中仍含有非零的人工变量,表明该线性规划问题无解。

1.8 试用大M法或两阶段法求下述线性规划问题的最优解和最优值:

$$\min z = 5x_1 + 2x_2 + 4x_3$$

$$\begin{cases} 3x_1 + x_2 + 2x_3 \geqslant 4 \\ 6x_1 + 3x_2 + 5x_3 \geqslant 10 \\ x_1, x_2, x_3 \geqslant 0 \end{cases}$$

1.9 某公司是一家在同行业中处于领先地位的计算机和外围设备的制造商。公司的主导产品分类如下:大型计算机、小型计算机、个人计算机和打印机,生产不同产品所需空间和劳动时间见表1-19。已知公司下季度的需求预测见表1-20。公司有3个生产工厂A、B、C,各工厂生产能力所受工厂规模和劳动力的限制见表1-21。公司的两个主要市场需求台数是M和N,各工厂产品销往不同产地的利润不同,见表1-22。根据以上信息,试建立该公司制订各工厂生产计划的数学模型(忽略单位)。

单位产品资源消耗　　表1-19

产　　品	空　间	劳动时间
大型计算机	17.48	79.0
小型计算机	17.48	31.5
个人计算机	3	6.9
打印机	5.3	5.6

需 求 预 测　　表1-20

产　　品	M	N
大型计算机	962	321
小型计算机	4417	1580
个人计算机	48210	15400
打印机	15540	6850

工厂的生产能力　　表1-21

工　　厂	空　间	劳动时间
A	540710	277710
B	201000	499240
C	146900	80170

单位利润贡献　　表1-22

单位利润	大型计算机		小型计算机		个人计算机		打印机	
	M	N	M	N	M	N	M	N
A	16136.46	13694.03	8914.47	6956.23	1457.18	1037.57	1663.51	1345.43
B	17358.14	14709.96	9951.04	7852.36	1395.35	1082.49	1554.55	1270.16
C	15652.68	13216.34	9148.55	7272.89	1197.52	1092.61	1478.9	1312.44

第2章
对偶理论与灵敏度分析

2.1 对偶理论

2.1.1 对偶问题的提出

这里的对偶是指同一事物从不同角度观察，有两种拟似对立的表述，如平面中矩形的面积与周长的关系，可分别表述为：周长一定，面积最大的矩形是正方形；面积一定，周长最小的矩形是正方形。线性规划中普遍存在配对现象，即每个线性规划问题都存在另一个与它密切关系的线性规划问题。以第1章例1.1生产计划问题为例，该模型为：

$$\max z = 2x_1 + 3x_2$$

$$\text{s.t.}\begin{cases} x_1 + 2x_2 \leqslant 8 \\ 4x_1 \leqslant 16 \\ 4x_2 \leqslant 12 \\ x_1, x_2 \geqslant 0 \end{cases}$$

如果我们换一个角度，考虑另外一种经营问题。如果有人向工厂购买这3种资源，问该对这3种资源如何定价，所有的资源总计至少要卖多少元才合算？或者说这个人至少要花多少元才能购买到？这里合算的意思是出售资源不会比生产产品所获利润少。

这个问题可以进行如下建模，假设设备、材料A、材料B的定价分别为 y_1、y_2、y_3，出售生产一件产品的资源的收入应不低于生产该产品所获利润。因此可以得到如下模型：

$$\min 8y_1 + 16y_2 + 12y_3$$

$$\text{s.t.}\begin{cases} y_1 + 4y_2 \geqslant 2 \\ 2y_1 + 4y_3 \geqslant 3 \\ y_1, y_2, y_3 \geqslant 0 \end{cases}$$

称这个线性规划问题是第1章例1.1生产计划问题的对偶问题。一般地，对称形式的对偶问题定义如下。

定义2.1 设有线性规划问题（Ⅰ）

$$\max z = \boldsymbol{CX}$$

$$\text{s.t.}\begin{cases} \boldsymbol{AX} \leqslant \boldsymbol{b} \\ \boldsymbol{X} \geqslant \boldsymbol{0} \end{cases}$$

另一个线性规划问题（Ⅱ）

$$\min w = \boldsymbol{Yb}$$

$$\text{s.t.}\begin{cases} \boldsymbol{YA} \geqslant \boldsymbol{C} \\ \boldsymbol{Y} \geqslant \boldsymbol{0} \end{cases}$$

则称问题（Ⅱ）是问题（Ⅰ）对称形式的对偶问题（DP），问题（Ⅰ）称为原问题（LP）。

对称形式的对偶问题与原问题数学模型有如下对应关系：

（1）两个问题的系数矩阵互为转置。

（2）一个问题变量的个数等于另一个问题的约束条件的个数。

（3）一个问题的右端常数是另一个问题的目标函数的系数。

（4）若一个问题的目标为“max”，约束为“≤”类型，则另一个问题的目标为“min”，约束为“≥”类型。

任何线性规划问题都有对偶问题，而且都有相应的意义。一般形式的对偶问题可以通过转换为对称形式的对偶问题来处理。比如标准形式的线性规划问题模型如下：

$$\max z = \boldsymbol{CX}$$

$$\text{s.t.}\begin{cases} \boldsymbol{AX} = \boldsymbol{b} \\ \boldsymbol{X} \geqslant \boldsymbol{0} \end{cases}$$

将其转化为定义中线性规划问题（Ⅰ）的形式：

$$\max z = \boldsymbol{CX}$$

$$\text{s.t.}\begin{cases} \boldsymbol{AX} \leqslant \boldsymbol{b} \\ -\boldsymbol{AX} \leqslant -\boldsymbol{b} \\ \boldsymbol{X} \geqslant \boldsymbol{0} \end{cases}$$

根据问题的约束条件定义对偶变量，设 $\boldsymbol{Y}'$，$\boldsymbol{Y}''$ 分别为约束条件对应的对偶变量。根据对称形式的对偶问题转换规则，其对偶问题为：

$$\min w = \boldsymbol{Y}'\boldsymbol{b} - \boldsymbol{Y}''\boldsymbol{b}$$

$$\text{s. t.}\begin{cases}\boldsymbol{Y'A}-\boldsymbol{Y''A}\geqslant \boldsymbol{C}\\ \boldsymbol{Y'},\boldsymbol{Y''}\geqslant \boldsymbol{0}\end{cases}$$

令 $\boldsymbol{Y}=\boldsymbol{Y'}-\boldsymbol{Y''}$,上式可变为:

$$\min w = \boldsymbol{Yb}$$

$$\text{s. t.}\begin{cases}\boldsymbol{YA}\geqslant \boldsymbol{C}\\ \boldsymbol{Y}\text{ 无符号限制}\end{cases}$$

可见,若原规划中有等式约束,则与之对应的对偶变量无非负限制;根据对偶规划的对称性,若原规划某个变量无非负限制,则与之对应的对偶约束为等式约束。

综上所述,线性规划的原问题与对偶问题的变换形式可归纳为表2-1所示的对应关系。

线性规划的原问题与对偶问题的变换形式 表2-1

原问题(或对偶问题)	对偶问题(或原问题)
目标函数 $\max z$	目标函数 $\min w$
变量 $\begin{cases}n\text{ 个}\\ \geqslant 0\\ \leqslant 0\\ \text{无约束}\end{cases}$	$\left.\begin{matrix}n\text{ 个}\\ \geqslant\\ \leqslant\\ =\end{matrix}\right\}$ 约束条件
约束条件 $\begin{cases}m\text{ 个}\\ \leqslant\\ \geqslant\\ =\end{cases}$	$\left.\begin{matrix}m\text{ 个}\\ \geqslant 0\\ \leqslant 0\\ \text{无约束}\end{matrix}\right\}$ 变量
约束条件右端项	目标函数变量系数
目标函数变量系数	约束条件右端项

例2.1 写出下列线性规划问题的对偶问题。

$$\min z = -3x_1 + x_2 + x_3$$

$$\text{s. t.}\begin{cases}x_1 - 2x_2 + x_3 \leqslant 11\\ -4x_1 + x_2 + 2x_3 \geqslant 3\\ -2x_1 + x_3 = 1\\ x_1,x_2,x_3 \geqslant 0\end{cases}$$

首先对应于3个约束条件定义3个对偶变量 y_1,y_2,y_3,综合运用对偶转换规则得:

$$\max w = 11y_1 + 3y_2 + y_3$$

$$\text{s. t.}\begin{cases}y_1 - 4y_2 - 2y_3 \leqslant -3\\ -2y_1 + y_2 \leqslant 1\\ y_1 + 2y_2 + y_3 \leqslant 1\\ y_1 \leqslant 0, y_2 \geqslant 0, y_3\text{ 无符号限制}\end{cases}$$

2.1.2 对偶问题的基本性质

定理2.1 (对称性定理) 对偶问题的对偶问题就是原问题。

证明:设原问题:$\max z = \boldsymbol{CX}$;$\boldsymbol{AX}\leqslant \boldsymbol{b}$;$\boldsymbol{X}\geqslant \boldsymbol{0}$;根据定义2-1,其对偶问题为:

$$\min w = \boldsymbol{Yb};\boldsymbol{YA} \geqslant \boldsymbol{C};\boldsymbol{Y} \geqslant 0$$

该对偶问题可变为：

$$\max -w = -\boldsymbol{Yb};\ -\boldsymbol{YA} \leqslant -\boldsymbol{C};\boldsymbol{Y} \geqslant 0$$

根据定义2.1，该对偶问题的对偶问题为：

$$\min w' = -\boldsymbol{CX};\ -\boldsymbol{AX} \geqslant -\boldsymbol{b};\boldsymbol{X} \geqslant 0$$

即：

$$\max z = \boldsymbol{CX};\boldsymbol{AX} \leqslant \boldsymbol{b};\boldsymbol{X} \geqslant 0$$

定理2.2（弱对偶定理） 若$\bar{\boldsymbol{X}},\bar{\boldsymbol{Y}}$是互为对偶问题中的任意可行解，则$\boldsymbol{C}\bar{\boldsymbol{X}} \leqslant \bar{\boldsymbol{Y}}\boldsymbol{b}$。

证明：由于$\bar{\boldsymbol{X}}$是原问题的任意可行解，所以$\boldsymbol{A}\bar{\boldsymbol{X}} \leqslant \boldsymbol{b}$；两边同时乘以$\bar{\boldsymbol{Y}}(\bar{\boldsymbol{Y}} \geqslant 0)$，$\bar{\boldsymbol{Y}}\boldsymbol{A}\bar{\boldsymbol{X}} \leqslant \bar{\boldsymbol{Y}}\boldsymbol{b}$，又由于$\bar{\boldsymbol{Y}}$是对偶问题的任意可行解，所以$\bar{\boldsymbol{Y}}\boldsymbol{A} \geqslant \boldsymbol{C}$，即$\boldsymbol{C}\bar{\boldsymbol{X}} \leqslant \bar{\boldsymbol{Y}}\boldsymbol{A}\bar{\boldsymbol{X}} \leqslant \bar{\boldsymbol{Y}}\boldsymbol{b}$。

由定理2.2可以得出以下推论，证明略。

推论1 若$\boldsymbol{X}$为原问题的任一可行解，则$\boldsymbol{CX}$为其对偶问题的一个下界；若$\boldsymbol{Y}$为其对偶问题的任一可行解，则$\boldsymbol{Yb}$为原问题的一个上界。

推论2 若原问题（对偶问题）为无界解，则其对偶问题（原问题）无可行解。

注意这个推论不存在逆。存在原问题与对偶问题都无可行解的情形，即当原问题无解时，对偶问题可能为无解或有无界解。

推论3 若原问题有可行解，对偶问题无可行解，则原问题无上界。同理，若对偶问题有可行解，原问题无可行解，则对偶问题无下界。

推论4 （最优准则）若$\boldsymbol{X}^*,\boldsymbol{Y}^*$分别是原问题与原问题的可行解，且$\boldsymbol{CX}^* = \boldsymbol{Y}^*\boldsymbol{b}$，则$\boldsymbol{X}^*$，$\boldsymbol{Y}^*$分别是原问题与对偶问题的最优解。

推论5 原问题与对偶问题同时有最优解的充要条件是原问题与对偶问题同时有可行解。

定理2.3 （对偶定理）若原问题或对偶问题中有一个有最优解，则另一个也有最优解，且最优值相等。

仍以对称形式的原问题和对偶问题为例证明。

设$\boldsymbol{X}^*$是原问题的最优解，基矩阵记为$\boldsymbol{B}$，则检验数$\boldsymbol{\sigma}_{\mathrm{N}} = \boldsymbol{C}_{\mathrm{N}} - \boldsymbol{C}_{\mathrm{B}}\boldsymbol{B}^{-1}\boldsymbol{N} \leqslant \boldsymbol{0}$，$\boldsymbol{\sigma}_{\mathrm{B}} = \boldsymbol{C}_{\mathrm{B}} - \boldsymbol{C}_{\mathrm{B}}\boldsymbol{B}^{-1}\boldsymbol{B} = \boldsymbol{0}$，综合起来得，满足最优性条件$\boldsymbol{\sigma}_{\mathrm{A}} = \boldsymbol{C} - \boldsymbol{C}_{\mathrm{B}}\boldsymbol{B}^{-1}\boldsymbol{A} \leqslant \boldsymbol{0}$，令$\boldsymbol{Y}^* = \boldsymbol{C}_{\mathrm{B}}\boldsymbol{B}^{-1}$，则$\boldsymbol{Y}^*\boldsymbol{A} \geqslant \boldsymbol{C}$；又由于原问题中松弛变量检验数$\boldsymbol{\sigma}_s = \boldsymbol{0} - \boldsymbol{C}_{\mathrm{B}}\boldsymbol{B}^{-1}\boldsymbol{I} = -\boldsymbol{C}_{\mathrm{B}}\boldsymbol{B}^{-1} = -\boldsymbol{Y}^* \leqslant 0$，故$\boldsymbol{Y}^* \geqslant 0$，即$\boldsymbol{Y}^*$为对偶问题的可行解。$\boldsymbol{Y}^*$对应的目标函数值为$\boldsymbol{Y}^*\boldsymbol{b} = \boldsymbol{C}_{\mathrm{B}}\boldsymbol{B}^{-1}\boldsymbol{b}$，与原问题目标函数值相等，由推论4可知，$\boldsymbol{Y}^*$为对偶问题的最优解，且最优值相等。

可见，上述证明不但证明了如果原问题有最优解，则对偶问题也有最优解，而且在已知原问题最优基$\boldsymbol{B}$时求出了对偶问题最优解$\boldsymbol{Y}^* = \boldsymbol{C}_{\mathrm{B}}\boldsymbol{B}^{-1}$。同时说明了：单纯形法在求出线性规划原问题最优解的同时，也求出了其对偶问题的最优解。

定理2.1、定理2.2及推论1～推论5、定理2.3虽然由对称形式的对偶问题推导出来，但也可以推广到一般形式的对偶问题。例如，定理2.2中的原问题可以推广到一般的max型问题。

定理2.4 （互补松弛定理）设原问题标准型为$\max z = \boldsymbol{CX};\boldsymbol{AX} + \boldsymbol{X}_{\mathrm{s}} = \boldsymbol{b};\boldsymbol{X},\boldsymbol{X}_{\mathrm{s}} \geqslant 0$，其对偶问题标准型为$\min w = \boldsymbol{Yb};\boldsymbol{YA} - \boldsymbol{Y}_{\mathrm{s}} = \boldsymbol{C};\boldsymbol{Y},\boldsymbol{Y}_{\mathrm{s}} \geqslant \boldsymbol{0}$。若$\hat{\boldsymbol{X}}$、$\hat{\boldsymbol{Y}}$分别是原问题与对偶问题的可行解，

那么$\hat{Y}X_s=0$和$Y_s\hat{X}=0$当且仅当$\hat{X}$、$\hat{Y}$为最优解。

证明:将原问题目标函数的系数向量$\boldsymbol{C}$用$YA-Y_s$代替,得$z=(YA-Y_s)X=YAX-Y_sX$;同理,将对偶问题目标函数的系数向量$\boldsymbol{b}$用$AX+X_s$代替,得$w=Y(AX+X_s)=YAX+YX_s$。

若$\hat{Y}X_s=Y_s\hat{X}=0$,则$\hat{Y}b=\hat{Y}A\hat{X}=C\hat{X}$,$\hat{X}$、$\hat{Y}$为最优解。

若$\hat{X}$、$\hat{Y}$为最优解,则$\hat{Y}b=\hat{Y}A\hat{X}+\hat{Y}X_s=\hat{Y}A\hat{X}-Y_s\hat{X}=C\hat{X}$,由于$\hat{X}$、$\hat{Y}$、$X_s$、$Y_s$都非负,所以$\hat{Y}X_s=Y_s\hat{X}=0$。

定理2.5[1] 设原问题标准型为$\max z=CX;AX+X_s=b;X,X_s\geqslant 0$;其对偶问题标准型为$\min w=Yb;YA-Y_s=C;Y,Y_s\geqslant 0$。则原问题单纯形表的检验数行对应其对偶问题的一个基解,其对应关系见表2-2。

定理2.5示意表 表2-2

原问题X_{B_1}	X_{N_1}	$X_s=(X)_{B_2},(X_{N_2})$
检验数$\mathbf{0}$	$C_{N_1}-C_BB^{-1}N_1$	$-C_BB^{-1}=(\mathbf{0},-C_BB^{-1}N_2)$
对偶问题$-Y_{s_1}$	$-Y_{s_2}$	$-Y$

定理2.5也说明:线性规划问题的最优性条件恰好是其对偶问题的可行性条件,当原问题已求得最优解时,其检验数行满足$\leqslant 0$,则对偶问题基本解满足非负条件,即此时检验数行对应对偶问题的一个基可行解,由定理2.3可知,该基可行解为对偶问题的最优解。

例2.2 已知例2.2中的原问题最终单纯形表见表2-3(注意该问题是最小化问题),其中x_4、x_5分别为第1、2个约束条件的松弛变量和剩余变量,x_6、x_7为第2、3个约束条件的人工变量,试根据对偶定理求其对偶问题的最优解。

---

[1] 证明:设B是原问题的一个可行基,用X_B、X_N分别表示基矩阵B对应的基变量组和非基变量组,本题中X和松弛变量X_s被拆分进入了X_B、X_N。X_{B_1}、X_{N_1}指的是X_B、X_N剔除X_s后的基变量组和非基变量组,$X=\begin{pmatrix}X_{B_1}\\X_{N_1}\end{pmatrix}$,其维数之和为原问题变量维数$n$,$X_s=\begin{pmatrix}X_{B_2}\\X_{N_2}\end{pmatrix}$,$X_B=\begin{pmatrix}X_{B_1}\\X_{B_2}\end{pmatrix}$,$X_N=\begin{pmatrix}X_{N_1}\\X_{N_2}\end{pmatrix}$,$B=(B_1,B_2)$,$N=(N_1,N_2)$,$A=(B_1,N_1)$,$(B_2,N_2)=I$。表2-2将$X_s$单独成列的原因有两点:一是为了直观地显示$X_s$检验数的矩阵表示;二是由对偶性质可知,松弛变量$X_s$对应对偶变量$Y$,而$X$对应对偶问题剩余变量$Y_s$,由$X=\begin{pmatrix}X_{B_1}\\X_{N_1}\end{pmatrix}$,将$X_{B_1}$、$X_{N_1}$对应的对偶问题约束条件剩余变量记为$Y_{s_1}$、$Y_{s_2}$。这样能直观地将检验数行和对应对偶变量基本解分块一一对应。相应地,X_{B_1}、X_{N_1}对应的价格系数分别为C_{B_1}、C_{N_1},$C=(C_{B_1},C_{N_1})$,X_{B_1}、X_{N_1}对应的系数矩阵分别为B_1、N_1,X_{B_1}、X_{N_1}的检验数分别为$\sigma_{B_1}=C_{B_1}-C_BB^{-1}B_1=0$,记为$-Y_{s_1}$,$\sigma_{N_1}=C_{N_1}-C_BB^{-1}N_1$,记为$-Y_{s_2}$。令$Y=C_BB^{-1}$,显然$Y$为$X_s$检验数的相反数,于是$YB-Y_{s_1}=C_{B_1}$,$YB-Y_{s_2}=C_{N_1}$。即解$(Y,Y_{s_1},Y_{s_2})$也就是检验数行的相反数满足对偶问题约束条件。对偶问题变量个数为对偶变量个数m加上剩余变量个数n,即为$(m+n)$个,约束条件个数为n。在解(Y,Y_{s_1},Y_{s_2})中有m个分量取值为0,故该解为对偶问题的一个基本解,其中X_B的m个检验数对应的分量为对偶问题的非基变量。

最终单纯形表 表 2-3

$c_j\to$		-3	1	1	0	0	M	M	RHS	θ_i
$\boldsymbol{C}_{\mathbf{B}}$	$\boldsymbol{X}_{\mathbf{B}}$	x_1	x_2	x_3	x_4	x_5	x_6	x_7	$\boldsymbol{B}^{-1}\boldsymbol{b}$	
-3	x_1	1	0	0	1/3	-2/3	2/3	-5/3	4	
1	x_2	0	1	0	0	-1	1	-2	1	
1	x_3	0	0	1	2/3	-4/3	4/3	-7/3	9	
$\sigma_j\to$		0	0	0	1/3	1/3	$M-1/3$	$M-2/3$	2	

由定理2.3可知,对偶问题最优解为:

$$\boldsymbol{Y}^* = \boldsymbol{C}_{\mathbf{B}}\boldsymbol{B}^{-1} = (-3 \quad 1 \quad 1)\begin{pmatrix} \frac{1}{3} & \frac{2}{3} & -\frac{5}{3} \\ 0 & 1 & -2 \\ \frac{2}{3} & \frac{4}{3} & -\frac{7}{3} \end{pmatrix} = \left(-\frac{1}{3} \ \frac{1}{3} \ \frac{2}{3}\right)$$

本题其实不必计算,单纯形终表中,如原问题已有最优解,对偶变量 $\boldsymbol{Y}^*$ 的各个分量与原问题对应约束条件的松弛变量(或剩余变量、人工变量)的检验数有对应关系。❶例2.3中,y_1^* 对应第一个约束条件("≤"约束),该约束松弛变量为 x_4,所以 y_1^* 是对应 x_4 的检验数的相反数 $-\frac{1}{3}$;y_2^* 对应第二个约束条件("≥"约束),该约束剩余变量为 x_5,y_2^* 对应 x_5 的检验数 $\frac{1}{3}$;y_3^* 对应第三个约束条件("="约束),该约束人工变量为 x_7,x_7 的检验数删除人工变量目标函数中的系数 M(min 问题)或 $-M$(max 问题)后,剩余的部分为 $-\frac{2}{3}$,恰好是 y_3^* 的相反数;显然,y_2^* 也等于人工变量 x_6 的检验数删除人工变量目标函数中的系数 M 或 $-M$ 后剩余的部分取相反数。由对偶关系还可知,x_1,x_2 分别对应对偶问题的第一、二个约束条件,故 x_1,x_2 的检验数的相反数为对偶问题的第一、二个约束条件的剩余变量的最优解。

例2.3 将本章开始的生产计划问题与资源定价问题转换为如下标准形式:

$$\max z = 2x_1 + 3x_2$$

$$\text{s.t.}\begin{cases} x_1 + 2x_2 + x_{s_1} = 8 \\ 4x_1 + x_{s_2} = 16 \\ 4x_2 + x_{s_3} = 12 \\ x_1, x_2, x_{s_1}, x_{s_2}, x_{s_3} \geqslant 0 \end{cases} \qquad (\text{LP})$$

❶记 $\boldsymbol{Y}^*$ 的第 i 个分量为 y_i^*,显然 $y_i^* = \boldsymbol{C}_{\mathbf{B}}\boldsymbol{B}^{-1}\boldsymbol{e}_i$,其中 $\boldsymbol{e}_i$ 表示第 i 个分量为1,其他分量为0的单位向量。变量 y_i 对应于原问题的第 i 个约束条件,如原问题的第 i 个约束为"≤"约束,则其松弛变量系数列向量为 $\boldsymbol{e}_i$,其检验数为 $\sigma_i^* = 0 - \boldsymbol{C}_{\mathbf{B}}\boldsymbol{B}^{-1}\boldsymbol{e}_i = -y_i^*$,此时 $y_i^* \geqslant 0$;如原问题的第 i 个约束为"≥"约束,则其剩余变量系数列向量为 $-\boldsymbol{e}_i$,其检验数为 $\sigma_i^* = 0 - \boldsymbol{C}_{\mathbf{B}}\boldsymbol{B}^{-1}(-\boldsymbol{e}_i) = \boldsymbol{C}_{\mathbf{B}}\boldsymbol{B}^{-1}\boldsymbol{e}_i = y_i^*$,此时 $y_i^* \leqslant 0$;如原问题的第 i 个约束为"="约束,则需添加人工变量,该人工变量在目标函数中的系数为 $-M$(max 问题),其检验数为 $\sigma_i^* = -M - \boldsymbol{C}_{\mathbf{B}}\boldsymbol{B}^{-1}(-\boldsymbol{e}_i) = -M - \boldsymbol{C}_{\mathbf{B}}\boldsymbol{B}^{-1}\boldsymbol{e}_i$,$\sigma_i^*$ 去掉 $-M$ 后为 $-\boldsymbol{C}_{\mathbf{B}}\boldsymbol{B}^{-1}\boldsymbol{e}_i = -y_i^*$,此时 y_i^* 无符号限制。注意,在对偶单纯形法中,由于已将"≥"约束变为"≤"约束,剩余变量初始系数列向量也为 $\boldsymbol{e}_i$,故其对应的对偶变量 $y_i^* = \boldsymbol{C}_{\mathbf{B}}\boldsymbol{B}^{-1}\boldsymbol{e}_i = -\sigma_i^*$。

其对偶问题标准形式为：

$$\min 8y_1 + 16y_2 + 12y_3$$

$$\text{s.t.}\begin{cases} y_1 + 4y_2 - y_{s_1} = 2 \\ 2y_1 + 4y_3 - y_{s_2} = 3 \\ y_1, y_2, y_3, y_{s_1} y_{s_2} \geqslant 0 \end{cases} \quad \text{(DP)}$$

现用图解法求得原问题的最优解为(4,2)。下面根据互补松弛定理求对偶问题的最优解。

由互补松弛条件可知，由于 $x_1=4,x_2=2$，都大于0，所以$y_{s_1}=y_{s_2}=0$；又将 $x_1=4,x_2=2$ 代入原问题约束条件，可知 $x_{s_3}=4>0$，所以 $y_3=0$。将 y_{s_1},y_{s_2},y_3 的值代入(LD)的约束条件，可解得 $y_1=\frac{3}{2},y_2=\frac{1}{8}$。故对偶问题的解为$\left(\frac{3}{2},\frac{1}{8},0,0,0\right)$。

2.1.3 对偶问题的经济意义(影子价格)

根据例2.4的计算结果，第3种资源的定价 $y_3=0$。这似乎与常理矛盾。事实上，资源的定价是由市场决定的。而例2.4模型中的价格指的是所谓的影子价格(shadow price)。

根据对偶理论，如果线性规划问题有最优解，则当 $\boldsymbol{B}$ 是其最优基时，最优值$z^*=w^*=\sum_{i=1}^{m}y_i^*b_i^*$。

注意，这里z^*指最优目标函数值，因为只有最优目标函数值才满足$z^*=w^*$，y_i^*指对偶问题的最优解，b_i^*为常数，指第 i 种资源的当前供应量。我们要分析某种资源b_i对最优目标函数值z^*的边际价值，可将z^*视为 y_i和b_i的函数，用b_i表示第 i 种资源的供应变量，求z^*关于b_i的偏导数，有$\frac{\partial z^*}{\partial b_i}=y_i^*$。由偏导数定义可知，$y_i^*$表示当$b_i$在$b_i^*$处发生微小变化，且其余资源$b_j=b_j^*\ (j\neq i)$不变时，最优目标函数值的改变量$\Delta z^*$与该微小变化$\Delta b_i$的比值，即单位资源转换成目标函数值的效率。当目标函数 z 表示产值时，称 y_i^* 为第 i 种资源的影子价格。当目标函数 z 表示利润时，称 y_i^* 为第 i 种资源的影子利润，有时统称为影子价格。

由于 $z^*=\boldsymbol{C}_{\mathrm{B}}\boldsymbol{B}^{-1}\boldsymbol{b}=\boldsymbol{Y}^*\boldsymbol{b}$，所以影子价格的矩阵形式为$\frac{\partial z^*}{\partial \boldsymbol{b}}=\boldsymbol{C}_{\mathrm{B}}\boldsymbol{B}^{-1}=\boldsymbol{Y}^*$。由对偶理论可知，从单纯形终表可以直接看出各资源的影子价格。

影子价格有以下特点或经济意义：

(1)影子价格反映资源对目标函数最优值的边际贡献，即最优资源配置时资源转换成经济效益的效率。

例2.4中，$y_1^*=\frac{3}{2},y_2^*=\frac{1}{8},y_3^*=0$，这说明在其他条件不变的情况下，若资源1(设备)增加1个单位，该厂按最优生产计划安排生产，生产计划由原来的 $x_1=4,x_2=2$ 变为 $x_1=4,x_2=2.5$，目标函数由原来的14元变为$z^*=2\times4+3\times2.5=15.5$ 元，多获利1.5元，这多获利的1.5元从资源配置角度看是因为设备增加了1个单位形成的，即设备的影子价格 y_1^* 为每单位1.5元。值得注意的是，此时资源3(原材料B)的实际消耗量由原来的8增加到了10。同理可以分析出资源2(原材料A)的影子价格为每单位0.125元。

由于资源3(原材料B)在最优配置时有剩余($x_{s_3}=4>0$)，因此在现有量的基础上出售(出售量少于 4 个单位)该资源,目标函数值不会改变,如果从市场上购入该资源,目标函数也不会改变(只是资源最优配置时,该资源就剩余更多了)。也就是说,资源 3 的边际使用价值为 0,即影子价格 y_3^* 为 0。

(2)影子价格反映了资源在系统内部的稀缺程度。

由互补松弛定理可知,在某项经济活动中,在资源得到最优配置的条件下:①若第 i 种资源供大于求,即 $\sum_{j=1}^{n} a_{ij}x_j^* < b_i$,则 $y_i^* = 0$,即该项资源的影子价格为 0;②若第 i 种资源供求平衡,即 $\sum_{j=1}^{n} a_{ij}x_j^* = b_i$,则 $y_i^* \geqslant 0$,即该项资源的影子价格大于或等于 0。

影子价格越大,说明一个单位的这种资源对目标增益的影响越大,这种资源越是相对紧缺。因此对影子价格越大的资源越要重点管理,降低消耗、及时补充;影子价格越小,说明这种资源相对不紧缺;如果最优生产计划下某种资源有剩余,这种资源的影子价格一定等于 0。

(3)影子价格的取值与系统状态有关。

影子价格有赖于资源利用情况,因为企业生产任务、产品的结构等发生变化,资源的影子价格也可能随之改变。由后面的灵敏度分析还可以知道,当资源拥有量 b_i 发生改变时,只要最优基不变,则影子价格不变。

2.2 对偶单纯形法

根据前面的分析,原问题单纯形表的 $\boldsymbol{b}$ 所在列对应原问题的一个基本可行解,检验数行对应其对偶问题的一个基解,原问题的最优性条件实际上是对偶问题的可行性条件。称满足原问题最优性条件的解为原问题的对偶可行基本解。

单纯形法的基本思路是从一个基本可行解出发,逐步进行换基迭代,迭代过程始终保持基变量值可行性条件,通过迭代改善目标函数值和检验数最优性条件,直到完全满足最优性条件,求得最优解或判断无最优解(无界解)。

根据问题的对偶性,也可以这样考虑:从原问题的一个对偶可行基本解出发,然后检验原问题的基本解是否可行,如可行则已找到最优解,否则进行迭代,将基变量中不满足可行性条件的变量取出(出基变量),在非基变量中选择一个变为基变量,即确保下一个基本解仍满足对偶可行的同时通过迭代改善可行性条件,直到完全满足可行性条件求出最优解或判断无法满足可行性条件无可行解。这就是对偶单纯形法。

可见:①对偶单纯形法是求原问题的一种方法,而不是求对偶问题的方法。②对偶单纯形法求解过程始终满足基本解对偶可行。③对偶单纯形法必须首先找到一个对偶可行基本解。④尽管对偶单纯形法是求原问题的一种方法,但由对偶性质可知,如果求出了原问题最优解,单纯形终表隐含着求出了对偶问题最优解。

对于线性规划问题:

$$\max z = \boldsymbol{CX}$$

$$\text{s.t.} \begin{cases} \boldsymbol{AX} = \boldsymbol{b} \\ \boldsymbol{X} \geqslant \boldsymbol{0} \end{cases}$$

对偶单纯形法求解步骤如下：

(1)假定已找到其对偶可行基本解。初始基 $\boldsymbol{B}$ 为单位矩阵,不失一般性,设基变量为 $\boldsymbol{X}_{\mathrm{B}}=(x_1,x_2,\cdots,x_m)^{\mathrm{T}}$,基变量检验数 $\boldsymbol{\sigma}_{\mathrm{B}}=\boldsymbol{0}$,非基变量检验数 $\boldsymbol{\sigma}_{\mathrm{N}}<\boldsymbol{0}$;

(2)检查 $\boldsymbol{b}$ 列常数(这里指经历了若干次换基变换后相当于左乘了$\boldsymbol{B}^{-1}$的 $\boldsymbol{b}$ 列常数),若都为非负,则已得到最优解,停止计算;若至少还有一个负变量,则转下一步。

(3)确定出基变量。按 $\min\{b_i \mid b_i<0\}=b_l$,单纯形表中 b_l 所在行基变量 x_l为出基变量。

(4)确定入基变量。

在单纯形表中检查 x_l所在行各系数$a_{lj}(j=1,2,\cdots,n)$。若所有的$a_{lj}\geqslant 0$,则无可行解,停止计算;否则计算 $\theta=\min\limits_j\left(\dfrac{\sigma_j}{a_{lj}}\,\middle|\, a_{lj}<0\right)=\dfrac{\sigma_k}{a_{lk}}$,按 θ 规则,所对应的列的非基变量 x_k为入基变量,这样才能保证所得的基本解仍对偶可行。

(5)以a_{lk}为主元素,进行转轴运算,得到新的单纯形表,转到步骤(2)。

下面举例说明具体算法。

例 2.4 用对偶单纯形求解以下函数：

$$\max z=-x_2-2x_3$$

$$\text{s.t.}\begin{cases} x_2+x_3\leqslant 5 \\ 2x_2+x_3\leqslant 5 \\ -4x_2-6x_3\leqslant -9 \\ x_2,x_3\geqslant 0 \end{cases}$$

将不等式约束化为等式约束,得：

$$\text{s.t.}\begin{cases} x_1+x_2+x_3=5 \\ 2x_2+x_3+x_4=5 \\ -4x_2-6x_3+x_5=-9 \\ x_1,x_2,x_3,x_4,x_5\geqslant 0 \end{cases}$$

通过观察,选 x_1,x_4,x_5为初始基变量,初始基本解为对偶可行解。得到初始单纯形表,见表2-4。

初始单纯形表 表2-4

$c_j\rightarrow$		0	−1	−2	0	0	RHS
$\boldsymbol{C}_{\mathrm{B}}$	$\boldsymbol{X}_{\mathrm{B}}$	x_1	x_2	x_3	x_4	x_5	$\boldsymbol{B}^{-1}\boldsymbol{b}$
0	x_1	1	1	1	0	0	5
0	x_4	0	2	1	1	0	5
0	x_5	0	[−4]	−6	0	1	−9
$\sigma_j\rightarrow$		0	−1	−2	0	0	

x_5为出基变量,计算 $\theta=\min\left\{\dfrac{-1}{-4},\dfrac{-2}{-6}\right\}=\dfrac{1}{4}$,入基变量为 x_2。$a_{2,3}=-4$ 为主元素。用高斯

消去法进行转轴运算后,得到第二张单纯形表,见表 2-5。

第二张单纯形表

表 2-5

$c_j \to$		0	−1	−2	0	0	RHS
C_B	X_B	x_1	x_2	x_3	x_4	x_5	$B^{-1}b$
0	x_1	1	0	−1/2	0	1/4	11/4
0	x_4	0	0	−2	1	−1/2	1/2
−1	x_2	0	1	3/2	0	−1/4	9/4
$\sigma_j \to$		0	0	−1/2	0	−1/4	

此时,可行性条件已满足,故已得到最优解 $X^* = \left(\frac{11}{4}, \frac{9}{4}, 0, \frac{1}{2}, 0\right)$。

必须说明的是,对于大多数线性规划问题,初始对偶可行基本解很难得到,需构造一个扩充问题(这里不再介绍),这使得对偶单纯形法在求解线性规划问题时很少单独使用。在灵敏度分析及用分支定界法和割平面法解整数规划问题时,有时要用到对偶单纯形法。以互补松弛定理为基础,有一种融合单纯形法和对偶单纯形法思想的原始对偶方法,常常用于求解一些组合优化问题。

2.3 灵敏度分析

"灵敏度"一词的含义是指系统周边条件发生改变时响应量变化的敏感程度。线性规划问题中,假定a_{ij}、b_i、c_j都是常数,在建模时这些系数有可能采用的是估计值或预测值。既然是估计,就很难做到十分准确,常常存在某些不确定的或不可控的因素,如市场条件的变化就会影响价值系数c_j,因此需要研究数据的变化对最优解产生的影响。当这些系数有一个或几个发生改变时,已求得的最优解是否有变化,如有变化,新的最优解能否在原最终单纯形表的基础上修改继续求解?这就是灵敏度分析(sensitivity analysis)的内容。

对于线性规划问题:

$$\max z = CX$$

$$\text{s.t.} \begin{cases} AX = b \\ X \geqslant 0 \end{cases}$$

最优解的判别有两个条件:一是可行性条件,即求出来的基本解必须是非负的,可行性条件为 $X_B = B^{-1}b \geqslant 0$;二是最优性条件,即检验数要满足最优性条件,最优性条件为 $\sigma_N = C_N - C_B B^{-1} N \leqslant 0$。

2.3.1 资源数量 b 发生变化

设资源数量 b 变为 $b + \Delta b$,其他系数不变,检验数 $\sigma_N = C_N - C_B B^{-1} N$ 不变,即最优性条件满足,$X_B = B^{-1}b$ 会改变,重新计算 $X_B' = B^{-1}(b + \Delta b)$,如 X_B 依旧满足非负性,则 X_B'即为新解,如 X_B 不满足非负性,则此时的基本解为对偶可行基本解,用对偶单纯形法继续计算。

例 2.5 第 1 章例 1.1 所示线性规划问题,第 1 章例 1.8 已经用单纯形表计算出来,最终单纯形表见表2-6。x_3、x_4、x_5分别为3个资源约束松弛变量。

最终单纯形表 表2-6

$c_j \to$		2	3	0	0	0	RHS	θ_i
C_B	X_B	x_1	x_2	x_3	x_4	x_5	$B^{-1}b$	
2	x_1	1	0	0	1/4	0	4	
0	x_5	0	0	−2	1/2	1	4	
3	x_2	0	1	1/2	−1/8	0	2	
$\sigma_j \to$		0	0	−3/2	−1/8	0	−14	

(1)试根据最终表求原材料A(第二个约束条件对应资源)的影子价格。

(2)若该厂从其他处抽调了4台时用于生产产品Ⅰ和产品Ⅱ,求该厂新的最佳生产计划。

(1)根据对偶性质,原问题取得最优解时,单纯形终表检验数行对应对偶问题的最优解,所以原材料A的影子价格应为x_4的检验数的相反数,即$\frac{1}{8}$。

(2)从初始单纯形表到最终单纯形表,增广矩阵相当于左乘$\boldsymbol{B}^{-1}$,从最终单纯形表可以看出:

$$\boldsymbol{B}^{-1}=\begin{pmatrix}0 & 1/4 & 0\\ -2 & 1/2 & 1\\ 1/2 & -1/8 & 0\end{pmatrix}$$

$$\boldsymbol{X}'_{\mathbf{B}}=\boldsymbol{B}^{-1}(\boldsymbol{b}+\Delta\boldsymbol{b})=\begin{pmatrix}0 & 1/4 & 0\\ -2 & 1/2 & 1\\ 1/2 & -1/8 & 0\end{pmatrix}\begin{pmatrix}12\\16\\12\end{pmatrix}=\begin{pmatrix}4\\-4\\4\end{pmatrix}$$

即原最终单纯形表变为表2-7。

单纯形表 表2-7

$c_j \to$		2	3	0	0	0	RHS
C_B	X_B	x_1	x_2	x_3	x_4	x_5	$B^{-1}b$
2	x_1	1	0	0	1/4	0	4
0	x_5	0	0	[−2]	1/2	1	−4
3	x_2	0	1	1/2	−1/8	0	4
$\sigma_j \to$		0	0	−3/2	−1/8	0	

由于$\boldsymbol{B}^{-1}\boldsymbol{b}$列中有负数,故用对偶单纯形法求新的最优解,计算结果见表2-8,即该厂新的最优生产方案为:生产4件产品Ⅰ、3件产品Ⅱ,获利$z^*=4\times2+3\times3=17$(元)。

新的最优解计算结果 表2-8

$c_j \to$		2	3	0	0	0	RHS
C_B	X_B	x_1	x_2	x_3	x_4	x_5	$B^{-1}b$
2	x_1	1	0	0	1/4	0	4
0	x_3	0	0	1	−1/4	−1/2	2
3	x_2	0	1	0	0	1/4	3
$\sigma_j \to$		0	0	0	−1/2	−3/4	

例 2.6 试分析资源向量 $\boldsymbol{b}$ 的变化(其他不变)是否引起影子价格改变。

影子价格 $\boldsymbol{Y}^* = \boldsymbol{C}_B\boldsymbol{B}^{-1}$,其中 $\boldsymbol{B}$ 为最优基。由于价格系数不变,所以只要最优基不变,则影子价格不变。资源向量 $\boldsymbol{b}$ 改变,不改变原最优解的最优性条件,但可能改变原最优解的可行性条件。当资源向量 $\boldsymbol{b}$ 改变为 $\boldsymbol{b}'$,$\boldsymbol{B}^{-1}\boldsymbol{b}'$有负分量时,最优基必须重新计算,此时影子价格可能会改变;当$\boldsymbol{B}^{-1}\boldsymbol{b}'$的非负性没有破坏时,最优基不必重新计算,此时影子价格不会改变。

2.3.2 价值系数 c_j 变化

以下从 c_j 对应变量为非基变量和基变量两种情形来讨论。

(1)若c_j是非基变量 x_j对应的价格系数,c_j变化,基本解 $\boldsymbol{X}_B = \boldsymbol{B}^{-1}\boldsymbol{b}$ 不变,由$\sigma_j = c_j - \boldsymbol{C}_B\boldsymbol{B}^{-1}\boldsymbol{p}_j$ 可知,c_j变化只影响对应变量 x_j的检验数变化,其他变量的检验数不变;如 x_j的检验数最优性条件仍满足,则最优解不变,如该检验数最优性条件破坏,则在最终单纯形表基础上继续进行单纯形搜索。

(2)若c_r是基变量 x_r对应的价格系数,由于 x_r为基变量,根据$\sigma_j = c_j - \boldsymbol{C}_B\boldsymbol{B}^{-1}\boldsymbol{p}_j$,$\boldsymbol{C}_B$的变化对所有非基变量的检验数都有影响。如非基变量检验数最优性条件仍满足,则最优解不变,如检验数最优性条件破坏,则运用单纯形法在最终单纯形表的基础上继续进行单纯形搜索。

例 2.7 第 1 章例 1.1 所示生产计划问题,设基变量 x_2 的系数c_2 变化量为 Δc_2,在原最优解不变的条件下,确定 Δc_2 的变化范围。

将c_2 改为$c_2 + \Delta c_2$,则原最终单纯形表变为表 2-9。

单 纯 形 表 表 2-9

$c_j \to$		2	$3+\Delta c_2$	0	0	0	RHS
$\boldsymbol{C}_B$	$\boldsymbol{X}_B$	x_1	x_2	x_3	x_4	x_5	$\boldsymbol{B}^{-1}\boldsymbol{b}$
2	x_1	1	0	0	1/4	0	4
0	x_5	0	0	-2	1/2	1	4
$3+\Delta c_2$	x_2	0	1	1/2	-1/8	0	2
$\sigma_j \to$		0	0	$-3/2-\Delta c_2/2$	$\Delta c_2/8-1/8$	0	

要使最优解不变,必须满足最优性条件,即 $-\frac{3}{2}-\frac{\Delta c_2}{2}\leqslant 0,\frac{\Delta c_2}{8}-\frac{1}{8}\leqslant 0$,解之得 Δc_2 的变化范围为:$-3\leqslant \Delta c_2 \leqslant 1$。

2.3.3 技术系数 $\boldsymbol{p}_j$ 变化

非基变量的系数列向量 $\boldsymbol{p}_j$ 变化,基本解 $\boldsymbol{X}_B = \boldsymbol{B}^{-1}\boldsymbol{b}$ 不变,可行性不变,重新计算 $\boldsymbol{B}^{-1}\boldsymbol{p}_j$,再重新计算检验数$\sigma_j = c_j - \boldsymbol{C}_B\boldsymbol{B}^{-1}\boldsymbol{p}_j$,如$\sigma_j$仍满足最优性条件,则最优解不变,如检验数最优性条件破坏,则运用单纯形法在最终单纯形表基础上继续进行单纯形搜索。

对于基 $\boldsymbol{B}$ 中的元素发生改变的情形,情况比较复杂,甚至可能出现原来的基矩阵线性相关,即使线性无关,它的逆也变化较大,一般不去修改其最优表,而是重新计算。

技术系数 $\boldsymbol{p}_j$ 变化,有两种特殊情形:一种是增加一个变量 x_j,其价格系数为c_j,技术系数为 $\boldsymbol{p}_j$,则在原单纯形终表增加相应的c_j和一列系数$\boldsymbol{B}^{-1}\boldsymbol{p}_j$,计算检验数$c_j - \boldsymbol{C}_B\boldsymbol{B}^{-1}\boldsymbol{p}_j$是否满足最优性

条件,如满足则最优基、最优解、最优值都不变,如不满足则用单纯形法继续计算。二是减少一个非基变量,在原单纯形表删除相应的列,最优基、最优解、最优值都不变;如减小一个基变量 x_r,则将 x_r 的价格系数用 $-M$(最大化问题)代替,重新计算检验数,用单纯形法将 x_r 迭代出基,一旦出基,则可删除该列。

例 2.8 第 1 章例 1.1 所示生产计划问题,现该厂除了能生产产品Ⅰ和产品Ⅱ外,还可以生产新产品Ⅲ,已知每生产一件产品Ⅲ,需消耗原料 A、B 各 6kg、3kg,使用设备 2 台时,每件获利 5 元,该厂生产计划该如何改变?

设生产产品Ⅲ x_6 件,其技术系数向量为 $\boldsymbol{p}_6=(2,6,3)^{\mathrm{T}}$,左乘 $\boldsymbol{B}^{-1}$,得:

$$\boldsymbol{B}^{-1}\boldsymbol{p}_6=\begin{pmatrix}0 & 1/4 & 0\\ -2 & 1/2 & 1\\ 1/2 & -1/8 & 0\end{pmatrix}\begin{pmatrix}2\\6\\3\end{pmatrix}=\begin{pmatrix}1.5\\2\\0.25\end{pmatrix}$$

计算 x_6 的检验数 $\sigma_6=c_6-\boldsymbol{C}_{\mathrm{B}}\boldsymbol{B}^{-1}\boldsymbol{p}_6=5-(2\quad 0\quad 3)\begin{pmatrix}1.5\\2\\0.25\end{pmatrix}=1.25>0$,将这些数据填入原最终单纯形表,得表 2-10。

单 纯 形 表 表 2-10

$c_j\to$		2	3	0	0	0	5	RHS
$\boldsymbol{C}_{\mathrm{B}}$	$\boldsymbol{X}_{\mathrm{B}}$	x_1	x_2	x_3	x_4	x_5	x_6	$\boldsymbol{B}^{-1}\boldsymbol{b}$
2	x_1	1	0	0	1/4	0	1.5	4
0	x_5	0	0	-2	1/2	1	[2]	4
3	x_2	0	1	1/2	-1/8	0	0.25	2
$\sigma_j\to$		0	0	-3/2	-1/8	0	1.25	

可行性条件不变,最优性条件不满足,以 x_6 为入基变量,x_5 为出基变量,进行迭代,求出最优解。计算结果见表 2-11。

计 算 结 果 表 2-11

$c_j\to$		2	3	0	0	0	5	RHS
$\boldsymbol{C}_{\mathrm{B}}$	$\boldsymbol{X}_{\mathrm{B}}$	x_1	x_2	x_3	x_4	x_5	x_6	$\boldsymbol{B}^{-1}\boldsymbol{b}$
2	x_1	1	0	1.5	-1/8	-3/4	0	1
5	x_6	0	0	-1	1/4	1/2	1	2
3	x_2	0	1	3/4	-3/16	-1/8	0	1.5
$\sigma_j\to$		0	0	-1/2	-0.4375	-0.625	0	-16.5

最优解为:$x_1=1$,$x_2=1.5$,$x_6=2$,总的利润为 16.5 元。

*2.3.4 增加或删除约束条件

(1)增加一个不等式约束。

方法 a:将增加的不等式约束改为"≤"约束,添加松弛变量变为等式约束,然后将约束添加到单纯形终表的最后一行,并在单纯形表中添加一个新变量列(新增松弛变量),系数列向量为 $(0,0,\cdots,1)^{\mathrm{T}}$,即该松弛变量为新增基变量,用高斯消去法将新增行的其他基变量系数变为0,由于新增松弛变量目标函数中的系数为0,故所有变量的检验数都不变,仍满足最优性条件,如新增行右侧常数项≥0,则说明最优解不变,新增约束为不起作用约束;如新增约束右侧常数项≤0,则用对偶单纯形法继续求解。

例如,第1章例1.1所示线性规划问题增加约束条件$x_1+x_2\leq3$,可以在单纯形表上按表2-12和表2-13操作,并在表2-13的基础上继续用对偶单纯形法求解。

单纯形表1 表2-12

$c_j\rightarrow$		2	3	0	0	0	0	RHS	θ_i
C_B	X_B	x_1	x_2	x_3	x_4	x_5	x_6	$B^{-1}b$	
2	x_1	1	0	0	1/4	0	0	4	
0	x_5	0	0	-2	1/2	1	0	4	
3	x_2	0	1	1/2	-1/8	0	0	2	
0	x_6	1	1	0	0	0	1	3	
$\sigma_j\rightarrow$		0	0	-3/2	-1/8	0	0	-14	

单纯形表2 表2-13

$c_j\rightarrow$		2	3	0	0	0	0	RHS	θ_i
C_B	X_B	x_1	x_2	x_3	x_4	x_5	x_6	$B^{-1}b$	
2	x_1	1	0	0	1/4	0	0	4	
0	x_5	0	0	-2	1/2	1	0	4	
3	x_2	0	1	1/2	-1/8	0	0	2	
0	x_6	0	0	-1/2	-1/8	0	1	-3	
$\sigma_j\rightarrow$		0	0	-3/2	-1/8	0	0	-14	

方法b:方法a中表2-12、表2-13,实际上是将约束条件$x_1+x_2\leq3$消去基变量x_1,x_2,从而变成$-\frac{1}{2}x_3-\frac{1}{8}x_4\leq-3$,方法b将其继续变形为$\frac{1}{2}x_3+\frac{1}{8}x_4\geq3$,然后添加剩余变量和人工变量,用单纯形大M法继续求解(求解过程略)。

(2)增加一个等式约束。

由于增加等式约束必须添加人工变量为基变量,人工变量在目标函数中的系数不为0,因此肯定会改变所有变量的检验数,此时必须确保$\boldsymbol{B}^{-1}\boldsymbol{b}$的非负性不被破坏,这样才能应用原单纯形终表计算。故需先将基变量表达式代入新增的等式约束,消去等式约束中的基变量,此时等式约束右侧常数项如为负数,则需将该等式两端同时乘以-1,将等式约束右侧常数变为非负后,再添加人工变量。

例如,上题增加等式约束$x_1+x_2=3$,可先将基变量x_1,x_2的表达式代入,等式约束变为$\frac{1}{2}x_3+\frac{1}{8}x_4=3$,然后将此约束添加人工变量,此人工变量为基变量,基本解满足非负性,不满足最优性条件,继续用单纯形大M法求解(过程略)。

(3)删除一个约束条件。

删除一个约束条件并不是将该约束对应行去掉即可,因为该约束的影响可能已通过高斯消去法添加到了其他行。若约束条件是对当前最优解$\boldsymbol{X}^*$不起作用的约束,即其对应的松弛变量、剩余变量不为0,去掉这个约束条件对最优解无影响。反之,则使最优解发生变化,将该约束对应的松弛变量或剩余变量或人工变量系数为主元素进行换基运算,将松弛变量或剩余变量或人工变量强制转为基变量后,再删除该约束。

2.4 Matlab 求解线性规划问题

单纯形法是求解线性规划问题的一种非常实用的经典算法。大量的研究表明,其平均计算工作量为 $O(m^4+mn)$。但是单纯形法不是一种多项式时间算法。1972 年,Klee 和 Minty 设计了一个线性规划问题,该问题需要2^m-1 次迭代才能得到最优解。求解线性规划问题的多项式时间算法是 1984 年印度数学家 Karmarkar 提出的内点法(interior point)。单纯形法是沿可行域顶点搜索,内点法是在可行域内部进行搜索。很多学者对内点法进行了改进和完善,现已出现了大量的改进方法。此外,1980 年前后形成了求解线性规划等约束优化问题的有效集法(active-set)。Matlab 2012a 版本求解线性规划问题有 3 种算法:内点法、下山单纯形法(simplex)和有效集法,默认的是原始对偶内点法。下山单纯形法虽然文件名叫"simplex",但并不是指单纯形法,该方法由 Nelder 和 Mead 发现(1965 年),linprog 使用的是 Paula M. J. HARRIS 于 1975 年在文献 *Pivot Selection Methods of The Deve LP Code* 中提出的一种改进算法。一般认为,内点法适合求解大规模优化问题,下山单纯形法和有效集法只能求解中等规模的最优化问题。

调用 Matlab 优化工具箱,安装 Matlab 时,在选择需要安装的产品时,必须勾选 optimization toolbox,安装完后安装目录的 toolbox 下面有 optim 目录,optim 目录下有线性规划问题求解函数,文件名为 linprog. m。

linprog. m 用于求解问题(用代码表示):

$$\min \ f'x$$

$$\text{s.t.}\begin{cases} Ax \leqslant B \\ Aeqx = Beq \\ lb \leqslant x \leqslant ub \end{cases}$$

该函数完整的调用格式为:

[x,fval,exitflag,output,lambda] = linprog(f,A,B,Aeq,Beq,lb,ub,x_0,options)。

输入参数:

x_0:初始迭代点,只有内点法和有效集法才需要。

Options:struct(结构体)类型的参数,不同 Matlab 版本所包括的域(字段)有所不同,一般包含 Diagnostics,Display,LargeScale,Simplex,MaxIter,TolFun。Options 可以调用 optimset 或用赋值的方法产生字段值。

Diagnostics:设置为"off"或"on",表示是否调用 diagnose 函数诊断。

Display:表示在 Matlab 命令窗口显示内容的情况,"off"表示不在 Matlab 命令窗口显示,"final"表示显示最终结果,"Item"表示显示每一步迭代中间结果。

LargeScale:表示是否使用大型优化算法。

Simplex:表示是否使用 simplex 算法。如 LargeScale 设置为"on",不论 Simplex 设置如何,

都调用算法为内点法(子程序名 lipsol. m);如 LargeScale 设置为“off”,Simplex 设置为“on”,则调用下山单纯形法(simplex. m),此时会忽略前面参数 x_0 的设置值,如 Simplex 设置为“off”,则调用有效集法(qpsub. m)。

MaxIter:用于设置最大迭代次数。

TolFun:用于设置收敛精度参数。

输出变量说明:

x,fval:最优解向量和最优目标函数值;

exitflag:函数退出条件;

exitflag = 1,表示收敛于最优解 x;

exitflag = 0,表示已达到最大迭代次数;

exitflag = −2,没有找到可行解;

exitflag = −3,问题无界,没有有限最优解;

exitflag = −4,计算过程中遇到了空值;

exitflag = −5,原始对偶问题没有可行解;

exitflag = −7,搜索方向太小,优化迭代没有明显变化;

output 是一结构体形式的输出,包含 6 个字段,主要描述选用算法名称、迭代次数等信息;

Lamda 是返回 x 处的拉格朗日乘子。由对偶理论可知,Lamda 乘子即为对偶变量。

linprog 还有其他调用格式,具体可以参看 Matlab 在线帮助。

Matlab 调用线性规划求解函数 linprog. m 有两种方法:一种是基于命令语句,一种是基于 2006 年 9 月在 Matlab7. 2 版本中的图形用户界面(Graphical User Interface,GUI)。GUI 优化工具(optimtool)对 Matlab 提供的函数优化问题求解方法进行了整合,求解问题包括线性问题和非线性问题、无约束问题和约束优化问题,求解算法除了经典算法外还提供了遗传算法、粒子群算法、模拟退火算法等全局优化工具。但是在 2015—2018 年的各版本中,启动 optimtool 时,系统都会提示“optimization app will be removed in a future release see release notes for details”,表明后续版本将会移除该项应用。

在命令行输入 optimtool,就可以启动 GUI 界面。GUI 界面没有汉化,共分三块,左边为“Problem Setup and Results”(优化问题描述与计算结果显示),中间为“options”(优化选项设置),右边为“Quick Reference”(帮助)。进入 GUI 界面后在求解器(Solver)下拉框里选择“linprog-linear progamming”,然后选择算法,输入问题参数,如求解例 1. 1,在描述组合框中的 f 输入代码[−2 −3],约束组合框中 A 输入代码[1 2 4 0 0 4]、b 输入代码[8 16 12],其余参数默认,点击 start 运行,就可以输出计算结果。

GUI 界面的文件(File)菜单下有 3 个常用的命令:一个产生代码(Generate Code)命令,但产生的代码实际上是设定 GUI 求解器(Solver)选项以及“options”(优化选项)选项的代码。例如,把设置内容生成一个名为“linprogGUItest”的代码如下:

```
function [x,fval,exitflag,output,lambda] = linprogGUItest(f,Aineq,bineq,lb)
%% This is an auto generated MATLAB file from Optimization Tool.
%% Start with the default options
options = optimoptions('linprog');
%% Modify options setting
```

```
options = optimoptions(options,'Display','off');
options = optimoptions(options,'Algorithm','interior-point-legacy');
[x,fval,exitflag,output,lambda] = ...
linprog(f,Aineq,bineq,[],[],lb,[],[],options);
```

(File)菜单下另外两个常用命令:一个是输出到工作空间(Export to Workspace)命令,可以将参数设置内容输出;还有一个是输入问题(Import Problem…)命令,在下次调用时,不必再输入参数,直接将问题导入。

GUI 方式调用 Linprog 比较简单。若基于命令语句求解,则需编写程序。

求解例 1.1 的程序代码如下:

Matlab 命令窗口输出结果为:

```
clc;clear;
f=[ -2  -3];n=size(f,2);a=[12 40 04];b=[8 16 12];
lb=zeros(n,1); ub=inf*ones(n,1);
options=optimset('LargeScale','off','Simplex','on','Diagnostics','off',...
        'MaxIter',[], 'Display','on','TolFun',[]);
[x,fval,exitflag,output,lambda]=linprog(f,a,b,[],[],lb,ub,[],options)
```

(此处将命令窗口输出结果删除了空行和一些空格)

```
x =
    4
    2
fval =
  -14
exitflag =
    1
output =
        iterations: 3
        algorithm: 'medium scale: simplex'
        cgiterations: []
        message: 'Optimization terminated.'
        constrviolation: 0
        firstorderopt: 0。
lambda =
        ineqlin: [3x1 double]
        eqlin: [0x1 double]
        upper: [2x1 double]
        lower: [2x1 double]
```

显然,这里选用的是 simplex 算法。我们还可以发现 lambda. ineqlin 取值为[1.5,0.125,0],正是对偶变量的取值。

补充说明:以上代码在 Matlab R2012b 版本运行,在更新的版本(如 R2016a)会出现警告信息,但求解结果完全相同。因为 R2016a 版本中 linprog. m 增加了求解算法,同时输入 options 结构体字段增多,其中增加了一个选用算法名称字段"Algorithm",当 LargeScale 和 Simplex 组合设置算法与字段 Algorithm 取值不相符时,会出现警告信息。

习题

2.1 写出下列线性规划问题的对偶问题:

$$\max z = 2x_1 + x_2 + 3x_3 + x_4$$

$$\text{s. t.} \begin{cases} x_1 + x_2 + x_3 + x_4 \leqslant 5 \\ 2x_1 - x_2 + 3x_3 = -4 \\ x_1 - x_3 + x_4 \geqslant 1 \\ x_1, x_3 \geqslant 0, x_2, x_4 \text{ 无约束} \end{cases}$$

2.2 第 1 章例 1.3 运输问题模型如下:

$$\min z = 6x_{11} + 4x_{12} + 6x_{13} + 6x_{21} + 5x_{22} + 5x_{23}$$

$$\text{s. t.} \begin{cases} x_{11} + x_{12} + x_{13} = 200 \\ x_{21} + x_{22} + x_{23} = 300 \\ x_{11} + x_{21} = 150 \\ x_{12} + x_{22} = 150 \\ x_{13} + x_{23} = 200 \\ x_{ij} \geqslant 0, i = 1,2; j = 1,2,3 \end{cases}$$

该模型有 5 个等式约束,上面两个为产量约束,下面 3 个为销量约束。定义两个产量约束对应的对偶变量为u_1, u_2,3 个销量约束对应的对偶变量为v_1, v_2, v_3。

(1)写出其对偶问题。

(2)若用c_{ij}表示产地 i 到销地 j 的单位运价,x_{ij}对应的检验数记为σ_{ij},试用对偶变量u_i, v_j表示检验数σ_{ij}。

2.3 已知线性规划问题如下:

$$\max z = x_1 + 3x_2$$

$$\begin{cases} 5x_1 + 10x_2 \leqslant 50 \\ x_1 + x_2 \geqslant 1 \\ x_2 \leqslant 4 \\ x_1, x_2 \geqslant 0 \end{cases}$$

(1)试写出其对偶问题。

(2)用单纯形表求出原问题最优解,并根据最终单纯形表写出对偶问题最优解。

(3)已知该问题的解为(2,4),利用对偶性质写出对偶问题的最优解。

2.4 判断题。

(1)(　　)线性规划原问题存在可行解,则对偶问题必定也存在可行解。

(2)(　　)线性规划原问题不存在可行解,则对偶问题必定也不存在可行解。

(3)(　　)如果线性规划原问题和对偶问题都有可行解,则该线性规划问题必有最优解。

(4)(　　)对偶单纯形法指的是用单纯形法求解原线性规划问题的对偶问题。

(5)(　　)最优生产计划制订时,如某项资源有剩余,则该资源的影子价格必为0。

(6)(　　)在进行线性规划问题灵敏度分析时,如果目标函数系数发生改变,可能破坏原最优解的最优性条件。如最优性条件破坏,则可在原最优表基础上用对偶单纯形法继续求解。

(7)(　　)若某种资源的影子价格为 k,在其他条件不变的情况下,当该资源增加5个单位时,目标函数增大 $5k$。

(8)(　　)某线性规划问题有最优解 $\boldsymbol{X}^*$ 和影子价格 $\boldsymbol{Y}^*$,如果价格系数向量 $\boldsymbol{C}$ 增大2倍,其他不变,则线性规划问题最优解增大 $2\boldsymbol{X}^*$,影子价格也增大为 $2\boldsymbol{Y}^*$。

(9)(　　)某线性规划问题有最优解,将其某一约束条件两端同时乘以一正数 λ,则该约束条件对应的影子价格变为原来的 $\dfrac{1}{\lambda}$。

2.5　用对偶单纯形法求解:

$$\min w = 15x_1 + 24x_2 + 5x_3$$
$$\begin{cases} 6x_2 + x_3 \geqslant 2 \\ 5x_1 + 2x_2 + x_3 \geqslant 1 \\ x_1, x_2, x_3 \geqslant 0 \end{cases}$$

2.6　已知线性规划的标准形式为:

$$\max z = -x_1 + 2x_2 + x_3$$
$$\text{s.t.} \begin{cases} x_1 + x_2 + x_3 + x_4 = 6 \\ 2x_1 - x_2 + x_5 = 4 \\ x_1, x_2, x_3, x_4, x_5 \geqslant 0 \end{cases}$$

(1)当 c_1 由 -1 变为4时,求新问题的最优解。

(2)讨论 c_2 在什么范围内变化时,原有的最优解仍是最优解。

2.7　已知线性规划问题:

$$\max z = -x_1 - x_2 + 4x_3$$
$$\text{s.t.} \begin{cases} x_1 + x_2 + 2x_3 \leqslant 9 \\ x_1 + x_2 - x_3 \leqslant 2 \\ -x_1 + x_2 + x_3 \leqslant 4 \\ x_1, x_2, x_3 \geqslant 0 \end{cases}$$

其最优单纯形表见表2-14。

线性规划问题最优单纯形表　　表2-14

$c_j \rightarrow$		-1	-1	4	0	0	0	RHS
$\boldsymbol{C}_B$	$\boldsymbol{X}_B$	x_1	x_2	x_3	x_4	x_5	x_6	$\boldsymbol{B}^{-1}\boldsymbol{b}$
-1	x_1	1	-1/3	0	1/3	0	-2/3	
0	x_5	0	2	0	0	1	1	
4	x_3	0	2/3	1	1/3	0	1/3	
$\sigma_j \rightarrow$		0	-4	0	-1	0	-2	

(1)请将表中 $\boldsymbol{B}^{-1}\boldsymbol{b}$ 列补充完整。

(2)右端列向量 $\boldsymbol{b}=\begin{pmatrix}9\\2\\4\end{pmatrix}$ 变为 $\begin{pmatrix}3\\2\\3\end{pmatrix}$,求新问题的最优解。

(3)$\boldsymbol{b}$ 不变,增加一个新变量 x_7,且 $c_7=3$,$\boldsymbol{p}_7=(3,1,-3)^{\mathrm{T}}$,求新问题的最优解。

2.8 已知线性规划的标准形式为:

$$\max z=2x_1-x_2+x_3$$

$$\text{s.t.}\begin{cases}x_1+x_2+x_3\leqslant 6\\-x_1+2x_2\leqslant 4\\x_1,x_2,x_3\geqslant 0\end{cases}$$

用单纯形法求解,得到最终单纯形表,见表 2-15。

最终单纯形表 表 2-15

$c_j\to$		2	-1	1	0	0	RHS
$\boldsymbol{C}_{\mathbf{B}}$	$\boldsymbol{X}_{\mathbf{B}}$	x_1	x_2	x_3	x_4	x_5	$\boldsymbol{B}^{-1}\boldsymbol{b}$
2	x_1	1	1	1	1	0	6
0	x_5	0	3	1	1	1	10
$\sigma_j\to$		0	-3	-1	-2	0	

试说明发生如下变化时,新的最优解是什么?

(1)目标函数变为 $\max z=2x_1+3x_2+x_3$。

(2)约束条件右端项由 $\begin{pmatrix}6\\4\end{pmatrix}$ 变为 $\begin{pmatrix}3\\4\end{pmatrix}$。

(3)增添一个新的约束 $-x_1+2x_3\geqslant 2$。

2.9 某最小化线性规划问题单纯形终表(最优表)见表 2-16。其中 x_4,x_5 为原问题的两个"$\leqslant$"约束对应的松弛变量,其初始系数矩阵为单位矩阵。

某最小化线性规划问题单纯形终表 表 2-16

$c_j\to$		c_1	c_2	c_3	c_4	c_5	RHS
$\boldsymbol{C}_{\mathbf{B}}$	$\boldsymbol{X}_{\mathbf{B}}$	x_1	x_2	x_3	x_4	x_5	$\boldsymbol{B}^{-1}\boldsymbol{b}$
c_1	x_1	1	0	-1	3	-1	1
c_2	x_2	0	1	2	-1	1	2
$\sigma_j\to$		0	0	3	3	1	

(1)求 c_1,c_2,c_3,c_4,c_5。

(2)求两约束条件影子价格。

(3)从初始单纯形表到最终单纯形表,相当于左乘最优基矩阵的逆矩阵 $\boldsymbol{B}^{-1}$,求 $\boldsymbol{B}^{-1}$。

(4)设该线性规划问题右端常数项为 $\boldsymbol{b}$,$\Delta\boldsymbol{b}_1$,$\Delta\boldsymbol{b}_2$ 为 $\boldsymbol{b}$ 的两个分量增量,试分别对两个增量进行灵敏度分析,即分别求出使最优基不变的 $\Delta\boldsymbol{b}_1$,$\Delta\boldsymbol{b}_2$ 的取值范围。

2.10 某工厂生产甲、乙两种产品,需消耗煤、电、油 3 种资源,有关数据见表 2-17,拟定使收入最大的生产方案。已知单纯形终表见表 2-18。表 2-17 中,x_1,x_2 分别为甲、乙产量,x_3,x_4,

x_5为煤、电、油资源约束松弛变量。

(1)根据表2-18求最优生产方案。

(2)电的影子价格是多少？

(3)求最优基[基变量顺序为(x_1,x_2,x_3)]的逆矩阵。

(4)说明使最优基不变的电量范围(其他数据不变)。

有关数据　　表2-17

资源	甲	乙	限量
煤	9	4	360
电	4	5	200
油	3	10	300
单位利润	7	12	

单纯形终表　　表2-18

C_B	X_B	$B^{-1}b$	x_1	x_2	x_3	x_4	x_5
0	x_3	84	0	0	1	-3.12	1.16
7	x_1	20	1	0	0	0.4	-0.2
12	x_2	24	0	1	0	-0.12	0.16
$\sigma_j \to$			0	0	0	-1.36	-0.52

第3章 运输问题

3.1 运输问题模型

在物流活动中，经常会有大综货物的调运问题。如某时期内将各个生产基地的煤、钢铁、粮食等各类物资分别运到需要这些物资的地区，根据各地的生产量和需要量及各地之间的运输费用，如何制订一个运输方案，使总的运输费用最小。这样的问题称为运输问题(transportation problem)。

一般说来，这种物流中的运输问题可以用以下数学语言描述。已知有 m 个供应地点 A_i $(i=1,2,\cdots,m)$ 可供应某种物资，其供应量分别为 $a_i(i=1,2,\cdots,m)$，有 n 个销地 $B_j(j=1,2,\cdots,n)$，其需要量分别为 $b_j(j=1,2,\cdots,n)$，假定供需平衡，即 $\sum\limits_{i=1}^{m}a_i=\sum\limits_{j=1}^{n}b_j$，从 A_i 到 B_j 运输单位物资的运价为 c_{ij}，若用 x_{ij} 表示从 A_i 到 B_j 的运量，那么在供需平衡的条件下，要求得总运费最小的调运方案，可求解以下数学模型：

$$\min z=\sum_{i=1}^{m}\sum_{j=1}^{n}c_{ij}x_{ij}$$

$$\text{s.t.}\begin{cases}\sum\limits_{j=1}^{n}x_{ij}=a_i, i=1,2,\cdots,m\\ \sum\limits_{i=1}^{m}x_{ij}=b_j, j=1,2,\cdots,n\\ x_{ij}\geqslant 0, i=1,2,\cdots,m, j=1,2,\cdots,n\end{cases}$$

这就是供需平衡的运输问题的数学模型。显然,这是一个线性规划模型。一共有 $m \times n$ 个变量,$(m+n)$ 个约束条件,其系数矩阵 $\boldsymbol{A}$ 为:

$$
\begin{array}{c}
\begin{matrix} x_{11} & x_{12} & \cdots & x_{1n} & x_{21} & x_{22} & \cdots & x_{2n} & \cdots & x_{m1} & x_{m2} & \cdots & x_{mn} \end{matrix} \\
\left(\begin{matrix}
1 & 1 & 1 & 1 & & & & & & & & & \\
 & & & & 1 & 1 & 1 & 1 & & & & & \\
 & & & & & & & & \ddots & & & & \\
 & & & & & & & & & 1 & 1 & 1 & 1 \\
1 & & & & 1 & & & & & 1 & & & \\
 & 1 & & & & 1 & & & & & 1 & & \\
 & & \ddots & & & & \ddots & & & & & \ddots & \\
 & & & 1 & & & & 1 & & & & & 1
\end{matrix}\right)
\begin{matrix} \left.\begin{matrix} \\ \\ \\ \\ \end{matrix}\right\} m\text{ 行} \\ \left.\begin{matrix} \\ \\ \\ \\ \end{matrix}\right\} n\text{ 行} \end{matrix}
\end{array}
$$

该系数矩阵中对应于变量 x_{ij} 的系数列向量记为 $\boldsymbol{p}_{ij}$,由于 x_{ij} 只有在第 i 个产量约束和第 j 个销量约束中出现,故 $\boldsymbol{p}_{ij}$ 只有第 i 个和第$(m+j)$个分量为 1,其余的都为 0。即:

$$\boldsymbol{p}_{ij} = (0\cdots1\cdots0\cdots1\cdots0)^{\mathrm{T}} = \boldsymbol{e}_i + \boldsymbol{e}_{m+j}$$

定理 3.1 运输问题约束方程组的系数矩阵 $\boldsymbol{A}$ 和增广矩阵 $\overline{\boldsymbol{A}}$ 的秩都为$(m+n-1)$。

证明:$\overline{\boldsymbol{A}}$的前 m 行之和与后 n 行之和相等,故其秩小于或等于$(m+n-1)$,说明有一个约束条件是多余的。

另外,$\overline{\boldsymbol{A}}$ 中包含$(m+n-1)$阶非奇异的子矩阵。例如,将系数矩阵 $\overline{\boldsymbol{A}}$ 去掉最后一行(去掉一个多余约束),选$(p_{1n},p_{2n},\cdots,p_{mn},p_{11},p_{12},\cdots,p_{1(n-1)})$这些列构成的子矩阵是$(m+n-1)$阶,因为由行列式性质可知其对应的行列式值不为 0。由此可得,运输问题的任意一个基本解中有$(m+n-1)$个分量为基变量,有 $m \times n-(m+n-1)$ 个分量为非基变量。

运输问题可以用一个所谓的运输表来描述,见表 3-1。显然,运输问题的 $m \times n$ 个变量和运输表的 $m \times n$ 个格子相对应。

运 输 表 表 3-1

产地	销地				产量
	B_1	B_2	…	B_n	
A_1	c_{11} x_{11}	c_{12} x_{12}	…	c_{1n} x_{1n}	a_1
A_2	c_{21} x_{21}	c_{22} x_{22}	…	c_{2n} x_{2n}	a_2
⋮			⋮		⋮
A_m	c_{m1} x_{m1}	c_{m2} x_{m2}	…	c_{mn} x_{mn}	a_m
销量	b_1	b_2	…	b_n	

3.2 表上作业法

与一般的线性规划问题不同，产销平衡的运输问题总是存在可行解。由于所有变量有界，故产销平衡的运输问题必有最优解，通常用表上作业法来求解。表上作业法本质上是单纯形法，但其具体计算和术语有所不同。表上作业法的基本步骤如下：

（1）求初始基本可行解（初始调运方案），即在$(m \times n)$格的产销平衡表上按一定的规则，给出$(m+n-1)$个数字，称为数字格，它们就是初始基变量的取值。

（2）求空格检验数并判断是否得到最优解。常用求检验数的方法有闭回路法和位势法。当非基变量的检验数σ_{ij}全都非负时得到最优解，若存在检验数$\sigma_{lk}<0$，说明还没有达到最优，转到步骤（3）。

（3）用闭回路法调整运量，即换基。对原运量进行调整得到新的基本可行解，转到步骤（2）。

以上运算都可以在表3-1所示的运输表上完成，下面通过例子分析表上作业法的计算步骤。

例3.1 某公司从3个产地A_1,A_2,A_3将物品运往4个销地B_1,B_2,B_3,B_4，各产地的产量、各销地的销量和各产地运往各销地每件物品的运费见表3-2，如何调运可使总运输费用最小？

表上作业法解题结果见表3-2。

例3.1 数据 表3-2

产　地	销　地				产　量
	B_1	B_2	B_3	B_4	
A_1	3	11	3	10	7
A_2	1	9	2	8	4
A_3	7	4	10	5	9
销量	3	6	5	6	

3.2.1 确定初始基本可行解

确定初始基本可行解常用的方法有最小元素法、左上角法（西北角法）、元素差额法［伏格尔（Vogel）近似法］等。

1.最小元素法

最小元素法的基本思想是就近供应，即优先满足运价最小的供求关系，然后满足次小的供求关系。以例3.1为例进行分析。先按运输表3-1的格式表示例3.1，见表3-3，然后按以下步骤表上作业。

第一步，首先从表3-3中找出最小运价1，对应的格子(A_2,B_1)，先将A_2的产品供应给B_1。假设$a_2=4,b_1=3,a_2>b_1$，A_2除满足B_1的全部需要外，还可多余1个单位的产品。在表3-3的

(A_2,B_1)的交叉格处填上 3，表示 $x_{21}=3$，称为数字格或基格，并将B_1 列划去（表示B_1 列销量已完成），将A_2 产量变为 1（表示A_2 产量还剩余 1），操作见表 3-3①。

第二步，在未划去的格子中找到最小运价 2，对应的格子为(A_2,B_3)，确定将A_2 剩余的 1 个单位供应给B_3，在(A_2,B_3)的交叉格处填上 1，表示 $x_{23}=1$，将A_2 行划去，将B_3 列销量变为 $5-1=4$，见表 3-3②。

第三步，在未划去的格子中找到最小运价 3，确定A_1 提供 4 个单位供应给B_3，在(A_1,B_3)的交叉格处填上 4，将B_3 列划去，将A_1 行产量变为 3，见表 3-3③。

第四步，在未划去的格子中找到最小运价 4，确定A_3 提供 6 个单位供应给B_2，在(A_3,B_2)的交叉格处填上 6，将B_2 列划去，将A_3 行产量变为 3，见表 3-3④。

第五步，在未划去的格子中找到最小运价 5，确定A_3 提供 3 个单位供应给B_4，在(A_3,B_4)的交叉格处填上 3，将A_3 行划去，将B_4列销量变为 3，见表 3-3⑤。

第六步，此时表 3-3 中只剩下一个格子(A_1,B_4)没有被划去，由于供需平衡，这个格子对应的产量和销量相等，都为 3，在格子(A_1,B_4)中填上 3，并同时划掉A_1 行和B_4列。操作过程及最终结果见表 3-3。

操作过程及最终结果 表 3-3

产地	销地				产量	
	B_1	B_2	B_3	B_4		
A_1	3	11	3 ③ 4	10 ⑥ 3	~~7~~ 3	⑥
A_2	1 ① 3	9	2 ② 1	8	~~4~~ 1	②
A_3	7	4 ④ 6	10	5 ⑤ 3	~~9~~ 3	⑤
销量	3	6	~~5~~ 4	~~6~~ 3		
	①	④	③	⑥		

从最小元素法确定初始基本可行解的过程可以看出：

（1）运输表中一共有 m 行 n 列，每产生一个数字格，则删除一行或一列，产生最后一个数字格时，同时删除一行和一列，因此一共产生了$(m+n-1)$个数字格。

（2）最小元素法求得的初始方案一定是一个基本可行解，其中$(m+n-1)$数字格为基变量，空格为非基变量。

证明：显然所得初始方案为一可行解，故只需证明这$(m+n-1)$个数字格对应的系数列向量线性独立。设运输表中确定的第一个基变量为 x_{i_1,j_1}，它对应的系数列向量为$\boldsymbol{p}_{i_1,j_1}=\boldsymbol{e}_{i_1}+\boldsymbol{e}_{m+j_1}$，因为在给定 x_{i_1,j_1}后，划去了i_1 行或j_1 列。即其后的系数列向量中不可能出现$\boldsymbol{e}_{i_1}$或$\boldsymbol{e}_{m+j_1}$，因此$\boldsymbol{p}_{i_1,j_1}$不能用解中其他向量的线性组合表示。类似地，$\boldsymbol{p}_{i_1,j_1}$之外的向量也不能用解中其他向量的线性组合表示，于是得证。同理可以证明，后面讲述的西北角法、伏格尔法求得的初始方案都是一个基本可行解。

（3）用最小元素法产生初始基本可行解时，有可能在运输表中填入一个数字后，同时去掉一行和一列,这时出现退化,有关退化问题将在后面讲述。

(4)在运输表中,任意产生$(m+n-1)$个大于0的数字格(其他为空格),且满足产量约束条件和销量约束条件,所得的解并不一定能作为初始基本可行解。因为数字格的系数列向量可能线性相关,这一点在后面讲述退化问题时进一步做出解释。

2. 西北角法

西北角法又称左上角法,其基本思想是优先满足运输表中左上角(西北角)的供销需求,即优先满足运价表上编号最小的产地和销地之间的运输业务。例3.1用西北角法确定初始基本可行解的操作过程及结果,见表3-4。

操作过程及结果

表3-4

产地	销地				产量
	B_1	B_2	B_3	B_4	
A_1	3 ① 3	11 ② 4	3	10	~~7~~ 4 ②
A_2	1	9 ③ 2	2 ④ 2	8	~~4~~ 2 ④
A_3	7	4	10 ⑤ 3	5 ⑥ 6	~~9~~ 6 ⑥
销量	3 ①	~~6~~ 2 ③	~~5~~ 3 ⑤	6 ⑥	

3. 伏格尔法

最小元素法的缺点是:为了节省一处的费用,有时造成在其他处要花几倍的运费。伏格尔法考虑到,一产地的产品假如不能按最小运费就近供应,就考虑次小运费,这就有一个差额,差额越大,说明不能按最小运费调运时,运费增加越多,因而对差额最大处,就应当采用最小运费调查。

伏格尔法步骤如下:

第一步,分别计算出各行各列的最小运费和次小运费的差额,并填入运输表的最右列和最下行,见表3-5。

第二步,从行或列差额中选出最大者,选择它所在行或列的最小元素,在表3-5中B_2列是最大差额所在列。B_2列中最小元素为4,对应格子为(A_3, B_2),可确定A_3的产品先供应B_2的需要。在(A_3, B_2)格子处填上数字6,将A_3产量减6即变为3,同时将运价表中的B_2列划去。

接下来,对表中未划去的元素再分别进行计算,算出各行、各列的最小运费和次小运费的差额,并填入该表的最右列和最下行,转第二步,直到给出初始解为止。用此方法可算出初始解结果见表3-5。

初始解结果　　　　表3-5

产地		销地 B₁	销地 B₂	销地 B₃	销地 B₄	产量	行罚数 1	2	3	4	5
A_1		3	11	3 ④ 5	10 ⑥ 2	~~7~~ 2	0	0	0	7	0 ⑥
A_2		1 ③ 3	9	2	8 ⑤ 1	~~4~~ 1	1	1	1	6	0 ⑤
A_3		7	4 ① 6	10	5 ② 3	~~9~~ 3	1	2	②		
销量		3	6	5	~~6~~ ~~3~~ 2						
列罚数	1	2	5	1	3						
	2	2	①	1	3						
	3	2		1	2						
	4	③		1	2						
	5			④	2 ⑥						

一般来说,用伏格尔法确定的初始可行解比用最小元素法确定的初始可行解更接近最优解。

3.2.2　最优解判别

求出一组基本可行解后,要通过计算非基变量(空格)检验数来判断是否为最优解,记 x_{ij} 的检验数为 σ_{ij},由第1章知,求最小值的运输问题的最优判别准则是:所有非基变量的检验数都非负,则运输方案最优(为最优解)。求检验数的方法有两种,即闭回路法和位势法。

1. *闭回路法*

在给定初始方案的运输表上,从空格(非基变量所在格)出发,沿数字格找一条闭回路。闭回路以空格为起点,沿垂直或水平方向前进;在前进的过程中可穿过数字格,也可穿过空格,在某个适当的数字格内转弯(90°),经过这样若干次转向后回到出发点,形成一个闭回路。

闭回路法有以下特点:

(1)闭回路的顶点只有一个是空格,其他都是数字格。

(2)每个顶点都是转角点(中间穿过的点不是闭回路顶点),都有两条边与之相接,一条是水平的,一条是垂直的;与之相邻的两个顶点,分别在它的水平方向和垂直方向。

(3)如果运输表中的某一行(或列)有闭回路的顶点,则必恰好出现一对;闭回路上的顶点总数是偶数。

可以证明,每一个空格都有并且只有一条闭回路(存在且唯一)。例如,例3.1由最小元素法产生的方案中,空格(A_1,B_1)(不妨记为 $x_{1,1}$)有且只有一条闭回路 $x_{1,1},x_{1,3},x_{2,3},x_{2,1},x_{1,1}$,见表3-6。

闭回路示意图　　表 3-6

产地	销地				产量
	B_1	B_2	B_3	B_4	
A_1	(3) +	(11)	(3) 4 −	(10) 3	7
A_2	(1) − 3	(9)	(2) 1 +	(8)	4
A_3	(7)	(4) 6	(10)	(5) 3	9
销量	3	6	5	6	

由起点(空格)开始,分别在闭回路的顶点上交替标上代数符号(空格符号为正,相邻顶点符号相反)+、-、+、-……以这些符号分别乘以相应格子的运价c_{ij},其代数和就是这个非基变量的检验数。如$x_{1,1}$的检验数$\sigma_{1,1}$为:

$$\sigma_{1,1}=3-3+2-1=1$$

闭回路法计算检验数可解释如下:

将闭回路上的唯一空格(非基变量)x_{ij}增加一个单位的运量,为了保持产量平衡条件和销量平衡条件,闭回路上其他顶点(基变量)依次应分别为-、+、-、+……一个单位的运量。闭回路以外的其他格子运量不变。这种改变在线性规划典式中可表示为将某个非基变量x_{ij}加1,其他非基变量不变(继续取0),相关的基变量(闭回路上的数字格)由等式约束(平衡条件)发生相应变化,由于典式目标函数中只含非基变量,故目标函数改变量就是该非基变量x_{ij}的系数,即为该非基变量的检验数。显然,目标函数(总运费)的改变量就是闭回路的顶点上的符号分别乘以相应格子的运价c_{ij}的代数和。

用闭回路法求出所有空格的闭回路及检验数见表3-7。

闭回路及检验数　　表 3-7

空格	闭回路	检验数
$x_{1,1}$	$x_{1,1}-x_{1,3}-x_{2,3}-x_{2,1}-x_{1,1}$	1
$x_{1,2}$	$x_{1,2}-x_{1,4}-x_{3,4}-x_{3,2}-x_{1,2}$	2
$x_{2,2}$	$x_{2,2}-x_{2,3}-x_{1,3}-x_{1,4}-x_{3,4}-x_{3,2}-x_{2,2}$	1
$x_{2,4}$	$x_{2,4}-x_{2,3}-x_{1,3}-x_{1,4}-x_{2,4}$	-1
$x_{3,1}$	$x_{3,1}-x_{3,4}-x_{1,4}-x_{1,3}-x_{2,3}-x_{2,1}-x_{3,1}$	10
$x_{3,3}$	$x_{3,3}-x_{3,4}-x_{1,4}-x_{1,3}-x_{3,3}$	12

当检验数还有负数时,说明方案还不是最优解,要继续改进。

2. 位势法

用闭回路法求检验数,需要给每一个空格找一条闭回路,当产销点较多时,找闭回路很烦琐,有时甚至找一条闭回路也不容易。位势法求检验数是根据对偶理论推导出来的一种方法。

设运输问题:

$$\min z=\sum_{i=1}^{m}\sum_{j=1}^{n}c_{ij}x_{ij}$$

$$
\text{s. t.}\begin{cases}\sum_{j=1}^{n}x_{ij} = a_i, i = 1,2,\cdots,m\\ \sum_{i=1}^{m}x_{ij} = b_j, j = 1,2,\cdots,n\\ x_{ij} \geqslant 0, i = 1,2,\cdots,m, j = 1,2,\cdots,n\end{cases}
$$

显然,变量 x_{ij}的检验数$\sigma_{ij}=c_{ij}-\boldsymbol{C}_{\mathbf{B}}\boldsymbol{B}^{-1}\boldsymbol{p}_{ij}$。其中,$\boldsymbol{p}_{ij}=(0\cdots1\cdots0\cdots1\cdots0)^{\mathrm{T}}=\boldsymbol{e}_i+\boldsymbol{e}_{m+j}$。

设前 m 个产地约束对应的对偶变量为$u_i(i=1,2,\cdots,m)$,后 n 个销地约束对应的对偶变量为$v_j(j=1,2,\cdots,n)$,u_i,v_j无符号限制,根据对偶理论,$\boldsymbol{C}_{\mathbf{B}}\boldsymbol{B}^{-1}=(u_1,u_2,\cdots,u_m,v_1,v_2,\cdots,v_n)$,所以,$\sigma_{ij}=c_{ij}-\boldsymbol{C}_{\mathbf{B}}\boldsymbol{B}^{-1}\boldsymbol{p}_{ij}=c_{ij}-(u_1,u_2,\cdots,u_m,v_1,v_2,\cdots,v_n)(0\cdots1\cdots0\cdots1\cdots0)^{\mathrm{T}}=c_{ij}-(u_i+v_j)$。

此即为检验数的对偶变量表示式,根据基变量的检验数为0,代入检验数的对偶变量表达式可以列出$(m+n-1)$个关于u_i,v_j的方程。例如,根据表3-3 所得初始基本可行解可以建立以下方程组:

$$
\begin{cases}\sigma_{2,3} = c_{2,3} - (u_2 + v_3) = 2 - (u_2 + v_3) = 0\\ \sigma_{3,4} = c_{3,4} - (u_3 + v_4) = 5 - (u_3 + v_4) = 0\\ \sigma_{2,1} = c_{2,1} - (u_2 + v_1) = 1 - (u_2 + v_1) = 0\\ \sigma_{3,2} = c_{3,2} - (u_3 + v_2) = 4 - (u_3 + v_2) = 0\\ \sigma_{1,3} = c_{1,3} - (u_1 + v_3) = 3 - (u_1 + v_3) = 0\\ \sigma_{1,4} = c_{1,4} - (u_1 + v_4) = 10 - (u_1 + v_4) = 0\end{cases}
$$

以上6个方程7个未知数,其原因是原问题有冗余等式约束,对偶问题就多了一个多余的等式约束对应的对偶变量,该方程组为不定方程组,有无穷多组解,该方程组的每一组解称为"位势"。

将u_1 看成常数,可求得$u_2=u_1-1$,$u_3=u_1-5$,$v_1=2-u_1$,$v_2=9-u_1$,$v_3=3-u_1$,$v_4=10-u_1$。将求得的u_i,v_j回代到非基变量的检验数计算公式,可求出所有非基变量检验数。例如,$\sigma_{1,1}=c_{1,1}-(u_1+v_1)=3-(u_1-1+3-u_1)=1$。可见,检验数中不含$u_1$,即只需求出一组解即可。因此,计算$u_i$,$v_j$时,直接令$u_1=0$,这些计算可以直接在表格中进行。计算过程见表3-8。

计 算 过 程 表3-8

产地	销地				
	B_1	B_2	B_3	B_4	u_i
A_1	(1) 3	(2) 11	3; 4 +	10; 3 −	0
A_2	1; 3	(1) 9	2; 1	(−1) 8 +	−1
A_3	(10) 7	4; 6	(12) 10	5; 3	−5
V_j	2	9	3	10	

表3-8中,每个单元格右上角数字为单位运价c_{ij},左下角数字为数字格,即基变量取值(非基变量取0,不填写)。左上角数字为非基变量检验数(基变量检验数为0,不填写),为了防止混淆,将非基变量检验数加括号。该方法实际上是将检验数用对偶变量表示,所以位势法又称为对偶变量法、$U-V$法等。

3.2.3 闭回路调整法

如果运输表中所有空格的检验数都大于或等于0,则该调运方案是最优方案。如有空格检验数小于0,则说明还可以改进。如有多个空格检验数小于0,则可任选一个负检验数空格为调入格(入基变量),但一般选其中最小的负检验数空格为调入格。

闭回路法常被用于运输表的调整。其基本思想体现在用闭回路法求空格检验数的过程中。首先选定一个负检验数空格,做出其闭回路,在该负检验数空格处标上"+",表明该检验数对应的变量是增大调整,然后依次在闭回路的其他顶点上交替标上代数符号 -、+、-、+、-……表明这些顶点对应的变量分别是减小调整(对应"-")或增大调整(对应"+")。为了不破坏"-"格数字的非负性,显然标有"-"的顶点(数字格)的数字的最小值即为调整量(θ)。

现对表3-8所示方案进行调整,$x_{2,4}$为待调入负检验数空格,在表3-8做出其闭回路,并从$x_{2,4}$开始沿闭回路依次标好"+""-"。标有"-"的顶点最小运量值即为调整量$\theta=\min\{3,1\}=1$,调整完后,$x_{2,4}=1$,$x_{1,4}=3-1=2$,$x_{1,3}=4+1=5$,$x_{2,3}=1-1=0$;空格$x_{2,4}$变为数字格,数字格$x_{2,3}$变为空格。

闭回路法调整,相当于换基运算。必须强调的是,闭回路法调整后所有的空格的检验数都有可能改变,都必须重新计算。下面再用位势法重新计算检验数,调整后结果及检验数见表3-9。此时,表中所有空格检验数都非负,因此,此方案为最优解,总费用是85。

调整后结果及检验数

表3-9

产地	销地				u_i
	B_1	B_2	B_3	B_4	
A_1	(0) 3	(2) 11	3 5	10 2	0
A_2	1 3	(2) 9	(1) 2	8 1	-2
A_3	(9) 7	4 6	(12) 10	5 3	-5
v_j	3	9	3	10	

如果运输问题的产量和销量都为整数,则用最小元素法确定的初始基本可行解为纯整数解,用闭回路法调整量也为整数,故此时运输问题必存在纯整数的最优解。

3.2.4 解的情况分析

1. 无穷多个最优解

产销平衡的运输问题必定有最优解,当求得最优解后,如果有空格的检验数为0,则该问题有无穷多个最优解。事实上,对检验数为0的空格做闭回路,沿闭回路对各顶点依次加减调整量θ(θ取值不使数字格数字调整后变为负数),得到的新方案也是最优解。

2. 退化情形

第1章讲过,当线性规划问题的基本可行解中有一个或多个基变量取0值时,称此基本可行解为退化解。采用表上作业法时,$(m+n-1)$个数字格表示基变量,因此,当基变量恰好取值为0,即出现退化时,必须在相应的格中填写一个0,从而确保数字格个数为$(m+n-1)$。

(1)在确定初始基本可行解时,若$a_i=b_j$,则在(i,j)格填入数字后,运输表上的第i行和第j列都已满足,应划去,这时需要在划去的第i行和第j列任一空格处填一个"0",这样才能保证运输表上有$(m+n-1)$个数字格。

(2)在用闭回路法调整时,下调顶点出现两个或两个以上的相等的最小值,这时多于一个基变量变为0,只能将一个变为0的数字格变为空格(退出基),其他数字格要变为等于0的数字格。这样才能保证运输表上有$(m+n-1)$个数字格。

(3)当运输问题出现退化时,运输表中任意产生$(m+n-1)$个大于0的数字格(其他为空格),且满足产量约束条件和销量约束条件,所得的解并不一定能作为初始基本可行解。表3-10所示的解不能作为初始基本可行解。因为$x_{11},x_{12},x_{21},x_{22}$系数列向量线性相关。该运输问题产生初始基本可行解时,应将$x_{11},x_{12},x_{21},x_{22}$中的一个变为空格,同时在$A_3$行或$B_3$列任意位置添加一个为0的数字格。

不能作为初始基本可行解的解　　表3-10

产　地	销　地			产　量
	B_1	B_2	B_3	
A_1	4	3		7
A_2	4	3		7
A_3			6	6
销量	8	6	6	

3.3　产销不平衡运输问题

我们前面讨论的运输问题,都是产销平衡的问题,即满足$\sum_{i=1}^{m}a_i=\sum_{j=1}^{n}b_j$。实际中,产销往往是不平衡的,下面分两种情况讨论。

1. 产量大于销量

当$\sum_{i=1}^{m}a_i>\sum_{j=1}^{n}b_j$时,数学模型为:

$$\min z=\sum_{i=1}^{m}\sum_{j=1}^{n}c_{ij}x_{ij}$$

$$\text{s.t.}\begin{cases}\sum_{j=1}^{n}x_{ij} \leqslant a_i, i = 1,2,\cdots,m \\ \sum_{i=1}^{m}x_{ij} = b_j, j = 1,2,\cdots,n \\ x_{ij} \geqslant 0, i = 1,2,\cdots,m, j = 1,2,\cdots,n\end{cases}$$

添加松弛变量 $x_{i,n+1} \geqslant 0, i = 1,2,\cdots,m$,将该模型化为线性规划问题的标准形式,即:

$$\min z = \sum_{i=1}^{m}\sum_{j=1}^{n} c_{ij}x_{ij}$$

$$\text{s.t.}\begin{cases}\sum_{j=1}^{n+1}x_{ij} = a_i, i = 1,2,\cdots,m \\ \sum_{i=1}^{m}x_{ij} = b_j, j = 1,2,\cdots,n \\ x_{ij} \geqslant 0, i = 1,2,\cdots,m, j = 1,2,\cdots,n,n+1\end{cases}$$

于是模型就转变为产销平衡的运输问题。事实上也可以这样理解,增加一个假设的销地 B_{n+1},每个产地A_i运往B_{n+1}的运价分别为$c_{i,n+1} = 0$(松弛变量在目标函数中的系数为0),运量分别为 $x_{i,n+1}$,每个产地A_i运往B_{n+1}的销量之和为$\sum_{i=1}^{m}a_i - \sum_{j=1}^{n}b_j = \sum_{i=1}^{m}x_{i,n+1}$(该约束为多余约束,没有写入模型),因此模型转变为一个产销平衡的运输问题。

2. 销量大于产量

当 $\sum_{i=1}^{m}a_i < \sum_{j=1}^{n}b_j$时,数学模型为:

$$\min z = \sum_{i=1}^{m}\sum_{j=1}^{n} c_{ij}x_{ij}$$

$$\text{s.t.}\begin{cases}\sum_{j=1}^{n}x_{ij} = a_i, i = 1,2,\cdots,m \\ \sum_{i=1}^{m}x_{ij} \leqslant b_j, j = 1,2,\cdots,n \\ x_{ij} \geqslant 0, i = 1,2,\cdots,m, j = 1,2,\cdots,n\end{cases}$$

同理,可以增加一个假设的产地A_{m+1},产地A_{m+1}运往销地B_j的运价为$c_{m+1,j}$,运量为 $x_{m+1,j}$,产地A_{m+1}运往销地B_j的销量之和为$\sum_{j=1}^{n}b_j - \sum_{i=1}^{m}a_i$,因此模型转变为一个产销平衡的运输问题。

3.4 应用举例

例 3.2 有3个产地 A_1, A_2, A_3 和两个销地B_1, B_2,各产地至各销地的单位运价见表3-11,各销地的需求量都为10个单位。由于客观条件的限制和销售需要,产地A_1 至少要发出6个单位的产品,最多只能发出11个单位;A_2 必须发出7个单位;A_3 至少发出4个单位。试将本问题构建成一个产销平衡的运输问题。

各产地至各销地的单位运价 表 3-11

产地	销地		产量
	B_1	B_2	
A_1	2	4	$6 \leqslant a_1 \leqslant 11$
A_2	1	5	7
A_3	3	2	$a_3 \geqslant 4$
销量	10	10	

总销量为$\sum_{j=1}^{2} b_j = 10 + 10 = 20$；$a_2 = 7$；$a_1 = 6$ 时，$a_3 = 20 - 7 - 6 = 7$，故$4 \leqslant a_3 \leqslant 7$；$a_2 = 7$，$a_1 = 11$，$a_3 = 7$，$\sum_{i=1}^{3} a_i = 25 > \sum_{j=1}^{2} b_j$。增加一个虚拟销地$B_3$，产地$A_1$ 至少要发出 6 个单位的产品，最多只能发出 11 个单位，将A_1 拆分为两个产地A_1 和 A_1'。同样，将 A_3 拆分为两个产地 A_3 和 A_3'。于是构建产销平衡的运输表，见表 3-12。

产销平衡的运输表 表 3-12

产地	销地			产量
	B_1	B_2	B_3	
A_1	2 3	4 3	M	6 3
A_1'	2 0	4	0 5	5
A_2	1 7	5	M	7
A_3	3	2 4	M	4
A_3'	3	2 3	0	3
销量	10 3	10 6 3	5	

(1)在表 3-12 上运用最小元素法求出初始基本可行解。

(2)用位势法求出各空格检验数，见表 3-13。

空 格 检 验 数　　　　表 3-13

产 地	销 地			u_i
	B_1	B_2	B_3	
A_1	2 3	4 3	M　M	0
A_1'	2 0	0　4	0 5	0
A_2	1 7	2　5	$M+1$　M	−1
A_3	3　3	2 4	$M+2$　M	−2
A_3'	3　3	2 3	2　0	−2
v_j	2	4	0	

由表 3-13 可知,各空格检验数均大于 0,故已求得最优方案。

有些问题虽然表面上与运输问题没有多大关系,但也可以建立与运输问题相同的数学模型。

例 3.3　某公司从两个产地A_1,A_2将物品运往 3 个销地B_1、B_2、B_3,各产地的产量、各销地的销量和各产地运往各销地每件物品的运费见表 3-14,另 3 个销地单位物资缺货损失费分别为 4、3、7,试建立运输模型,使总费用最小。

例 3.3 数 据　　　　表 3-14

产 地	销 地			产 量
	B_1	B_2	B_3	
A_1	4	5	2	10
A_2	6	8	3	15
销量	8	7	14	

增加一个虚拟产地 A_3,其产量为:

$$\sum_{j=1}^{n} b_j - \sum_{i=1}^{m} a_i = 8 + 7 + 14 - (10 + 15) = 4$$

A_3 到 3 个销地B_1,B_2,B_3 的费用为缺货损失费,则运输表为表 3-15。

运 输 表 表 3-15

产地	销地			产量
	B_1	B_2	B_3	
A_1	4	5	2	10
A_2	6	8	3	15
A_3	4	3	7	4
销量	8	7	14	

例 3.4 生产与存储问题。某厂按合同规定须于当年每个季度末分别提供 10 台、15 台、25 台、20 台同一规格的柴油机。已知该厂各季度的生产能力及生产每台柴油机的成本,如表 3-16 所示。如果生产出来的柴油机当季不交货,每台每积压一个季度需储存、维护等费用 0.15 万元。试求在完成合同的情况下,使该厂全年生产总费用最小的决策方案。

该厂各季度的生产能力及柴油机单位成本 表 3-16

季度	生产能力(台)	单位成本(万元)
第一季度	25	10.8
第二季度	35	11.1
第三季度	30	11.0
第四季度	10	11.3

由于每季度生产出来的柴油机不一定当季交货,设 x_{ij} 为第 i 季度生产的第 j 季度交货的柴油机数目,显然 $x_{ij} \geqslant 0$,当 $i > j$ 时,应满足:

(1)生产约束。

$$x_{11} + x_{12} + x_{13} + x_{14} \leqslant 25$$
$$x_{22} + x_{23} + x_{24} \leqslant 35$$
$$x_{33} + x_{34} \leqslant 30$$
$$x_{44} \leqslant 10$$

(2)交货约束。

$$x_{11} = 10$$
$$x_{12} + x_{22} = 15$$
$$x_{13} + x_{23} + x_{33} = 25$$
$$x_{14} + x_{24} + x_{34} + x_{44} = 20$$

此外还需满足 $x_{ij} \geqslant 0$。

把第 i 季度生产的柴油机数目看作第 i 个生产厂的产量,把第 j 季度交货的柴油机数目看作第 j 个销售点的销量,把第 i 季度生产的柴油机用于第 j 季度销售的数目可看作“产地”至

“销地”的运量，用 D 表示生产能力超出实际生产量的部分，将成本加储存、维护等费用看作运费，可计算出单位运价。则原问题可以构建成一个运输问题，该产销平衡运输问题的目标函数为：

$$\min z = 10.8x_{11} + 10.95x_{12} + 11.1x_{13} + 11.25x_{14} + 11.1x_{22} + 11.25x_{23} + 11.4x_{24} + 11x_{33} + 11.15x_{34} + 11.3x_{44}$$

该产销平衡运输问题产销平衡表和单位运价表见表 3-17，其中 M 为很大的正数。

产销平衡表和单位运价表 表 3-17

季度(产地)	季度(销地)				D(台)	产量(台)
	第一季度	第二季度	第三季度	第四季度		
第一季度	10.80	10.95	11.10	11.25	0	25
第二季度	M	11.10	11.25	11.40	0	35
第三季度	M	M	11.00	11.15	0	30
第四季度	M	M	M	11.30	0	10
销量(台)	10	15	25	20	30	

经表上作业法求解，可得多个最优方案，表 3-18 是最优方案之一，即第一季度生产 25 台，10 台当季交货，15 台第二季度交货；第二季度生产 5 台，用于第三季度交货；第三季度生产 30 台，其中 20 台第三季度交货，10 台第四季度交货；第四季度生产 10 台，第四季度交货。按此方案生产，该厂全年生产总费用(包括储存、维护等)为 773 万元。

最 优 方 案 之 一 表 3-18

季度(产地)	季度(销地)				D(台)	产量(台)
	第一季度	第二季度	第三季度	第四季度		
第一季度	10	15	0			25
第二季度			5		30	35
第三季度			20	10		30
第四季度				10		10
销量(台)	10	15	25	20	30	

习题

3.1 表 3-19 是将产品从 3 个产地运往 4 个销地的运输费用表。

运 输 费 用 表 表 3-19

产 地	销 地				产 量
	B_1	B_2	B_3	B_4	
A_1	9	12	9	6	50
A_2	7	3	7	7	60
A_3	6	5	9	11	50
需求量	40	40	60	20	

(1)分别用最小费用法、西北角法、伏格尔法建立运输计划的初始方案。

(2)分别用闭回路法和位势法求各空格检验数。

(3)求最优解和最优方案的运费。

3.2 思考题:例3.2中表3-12,A_1 到 B_3 的单位运价设置为 M,与单纯形法的大M法目标函数中人工变量系数设定为 M 含义是否一样?

3.3 判断题。

(1)( )表上作业法实际上是求解运输问题的单纯形法。

(2)( )产销平衡表中,从每一个空格出发,沿数字格都能找到且只能找到一条闭回路。

(3)( )m 产地、n 销地的产销平衡的运输问题中,只要任意给出一组含有 $(m+n-1)$ 个非零的 x_{ij},且满足产量约束条件和销量约束条件,则可以作为一个初始基本可行解。

(4)( )产销平衡的运输问题中,某产地往每个销地的单位运价同时增加一个非零常数时,最优调运方案可能会发生改变。

(5)( )"产大于销"的运输问题中,某产地往每个销地的单位运价同时增加一个非零常数时,最优调运方案可能会发生改变。

(6)( )"产小于销"的运输问题中,某产地往每个销地的单位运价同时增加一个非零常数时,最优调运方案可能会发生改变。

(7)( )运输问题的单位运价表的全部元素都乘以一个正常数,最优调用方案不会发生改变。

(8)( )当所有产地产量和销地销量均为整数值时,其任意基本可行解都是整数解。

(9)( )闭回路顶点对应的变量的系数列向量必线性相关。

3.4 已知运输问题的产销平衡表及最优调运方案、单位运价表分别见表3-20和表3-21,试回答以下问题:

产销平衡表及最优调运方案 表3-20

产地	销地				供应量
	B_1	B_2	B_3	B_4	
A_1		5		10	15
A_2	0	10	15		25
A_3	5				5
需要量	5	15	15	10	

单位运价表 表3-21

产地	销地			
	B_1	B_2	B_3	B_4
A_1	10	1	20	11
A_2	12	7	9	20
A_3	2	14	16	18

当其他参数不变时:

(1)A_1 到 B_3 的单位运价满足什么条件时,表中最优方案不发生变化?

(2)A_2 到 B_2 的单位运价满足什么条件时,表中最优方案不发生变化?

(3)A_2 到 B_4 的单位运价变为何值时，本问题有无穷多个最优调运方案？除表中所示最优方案外，请写出另外一个为基本可行解的最优调运方案。

3.5 已知某运输问题的产销平衡表与单位运价表，见表3-22，B_2 地区需要的100单位必须满足，试确定一个最优调拨方案并对解的情况进行分析。

产销平衡表与单位运价表 表3-22

产地	销地			产量
	B_1	B_2	B_3	
A_1	20	15	10	50
A_2	15	40	20	70
A_3	40	35	30	60
需求量	60	100	40	

3.6 某化学公司有甲、乙、丙、丁4个化工厂生产某种产品，产量分别为200、300、400、100(单位:t)，供应Ⅰ、Ⅱ、Ⅲ、Ⅳ、Ⅴ、Ⅵ 6个地区的需要，需求量分别为200、150、400、100、150、150(单位:t)，各工厂每千克产品成本分别为1.2、1.4、1.1、1.5(单位:元)，又由于行情不同，产品送至各地区后的售价分别为2.0、2.4、1.8、2.2、1.6、2.0(单位:元/kg)，已知各工厂运往各销售地每千克产品运价见表3-23，如Ⅲ地区至少供应100t，Ⅳ地区的需求必须全部满足，试求该公司获利最大的产品调运方案。

产销地单位运价表(单位:元/kg) 表3-23

工厂	销地					
	Ⅰ	Ⅱ	Ⅲ	Ⅳ	Ⅴ	Ⅵ
甲	0.5	0.4	0.3	0.4	0.3	0.1
乙	0.3	0.8	0.9	0.5	0.6	0.2
丙	0.7	0.7	0.3	0.7	0.4	0.4
丁	0.6	0.4	0.2	0.6	0.5	0.8

第 4 章

整数线性规划

4.1 问题提出

在许多实际的规划问题中，决策变量仅取整数时才有意义。在一个规划问题中如果要求全部决策变量都为整数，则称为纯整数规划(pure integer programming)；如果要求部分决策变量为整数，则称为混合整数规划(mixed-integer programming)。当变量只能取 0 或 1 两个值时，称 0-1 规划(0-1 integer programming)。当整数规划问题的约束条件和目标函数都是决策变量的线性函数时，就称该问题为整数线性规划(integer linear programming, ILP)，简称整数规划。

例 4.1 装箱问题。某公司拟用集装箱托运甲、乙两种货物，这两种货物每件的体积、重量、可获利润以及托运所受限制，见表 4-1。

甲、乙两种货物相关数据　　表 4-1

货　物	体积(ft^3/件)	重量(100kg/件)	利润(100 元/件)
甲	195	4	2
乙	273	40	3
托运限制	1365	140	

甲种货物至多托运 4 件，那么两种货物各托运多少件，可使利润最大？

设 x_1 ，x_2 分别为甲、乙两种货物托运的件数，建立模型：

$$\max z = 2x_1 + 3x_2$$

$$\text{s.t.}\begin{cases}195x_1 + 273x_2 \leqslant 1365 \\ 4x_1 + 40x_2 \leqslant 140 \\ x_1 \leqslant 4 \\ x_1, x_2 \geqslant 0 \text{ 且为整数}\end{cases}$$

这个模型与线性规划问题的区别仅在于最后的条件要求决策变量取整数，如果不考虑整数条件，相应的线性规划问题称为对应的松弛问题。很容易求得松弛问题的最优解为 $x_1 = 2.44$，$x_2 = 3.26$，目标函数值为 $z_0 = 14.66$，可它显然不符合整数条件。但 z_0 是原问题目标函数的上界。我们尝试把非整数的最优解通过取整，得 $x_1 = 2, x_2 = 3$，目标函数值为 13。但这其实不是原问题的最优解。我们通过图解法可以发现，该整数规划的最优解为 $x_1 = 4, x_2 = 2$，目标函数值为 14。

由上例可以发现，整数规划与一般线性规划比较，具有以下特点：

(1)整数规划可行域为整数集，由于不满足整数条件，整数规划问题的最优解不一定在松弛问题的可行域顶点上达到。

(2)整数规划问题的最优值不优于松弛问题的最优值。

(3)松弛问题最优解的邻近整数解通常不是整数规划问题的最优解，有时甚至是不可行解。

(4)如果松弛问题的可行域有界，则整数规划问题的可行解个数有限，但对于较大规模的整数规划问题来说，整数可行解个数太多，枚举法不可取。

4.2 分支定界法

20 世纪 60 年代初，Land Doig 和 Dakin 等人提出了分支定界法(branch and bound Method)。分支定界法可用于求解纯整数规划问题或混合整数规划问题。分支定界法就其实质而言是一种求解策略而非算法，具体算法要根据实际问题的特点去实现。分支定界法是在枚举法基础上的改进，先求解整数规划对应的松弛问题。根据松弛问题的最优解(值)，用增加约束条件的办法，把相应的松弛问题的可行域分成子区域(称为分支)，每次分支时，都对所得子集计算最优解，如果某个子集的最优解不优于已求整数最优解的界，则抛弃此子集(剪枝)，不再分支；否则继续分支，以探索更好的解，不断缩小整数规划的上下界的距离，最后得整数规划的最优解。现通过一个例题来讲解分支定界法。

例 4.2 用分支定界法求解问题 A：

$$\max z = 3x_1 + 2x_2$$

$$\text{s.t.}\begin{cases}2x_1 + 3x_2 \leqslant 14 \\ 2x_1 + x_2 \leqslant 9 \\ x_1, x_2 \geqslant 0 \text{ 且为整数}\end{cases}$$

(1)先不考虑变量的整数约束，求解相应的线性规划问题 B_0：

$$\max z = 3x_1 + 2x_2$$

$$\text{s.t.}\begin{cases}2x_1 + 3x_2 \leqslant 14\\ 2x_1 + x_2 \leqslant 9\\ x_1, x_2 \geqslant 0\end{cases}$$

得最优解：$X_0^* = (\frac{13}{4},\frac{5}{2})^{\mathrm{T}}$，$z_0 = 14\frac{3}{4}$，最优解为图4-1中点$D$。

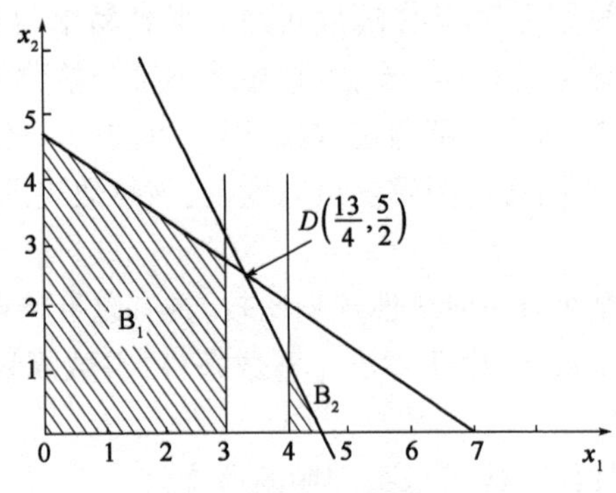

图4-1　可行域

(2)分支。由于x_1，x_2均不满足整数条件，故可由x_1（或x_2）进行分支，将x_1取值范围分成$x_1 \leqslant 3$或$x_1 \geqslant 4$，将$3 < x_1 < 4$的非整数部分割掉。于是问题B_0分成了两个子问题B_1，B_2，B_1，B_2的可行域如图4-1所示，然后分别求出其最优解。

问题B_1：$\max z = 3x_1 + 2x_2$

$$\text{s.t.}\begin{cases}2x_1 + 3x_2 \leqslant 14\\ 2x_1 + x_2 \leqslant 9\\ x_1 \leqslant 3\\ x_1, x_2 \geqslant 0\end{cases}$$

问题B_2：$\max z = 3x_1 + 2x_2$

$$\text{s.t.}\begin{cases}2x_1 + 3x_2 \leqslant 14\\ 2x_1 + x_2 \leqslant 9\\ x_1 \geqslant 4\\ x_1, x_2 \geqslant 0\end{cases}$$

问题B_1最优解：$X_1^* = (3,\frac{8}{3})^{\mathrm{T}}, z_1 = 14\frac{1}{3}$；

问题B_2最优解：$X_2^* = (4,1)^{\mathrm{T}}, z_2 = 14$。$X_2^*$最优解为整数，故分支函数$B_2$已查清。

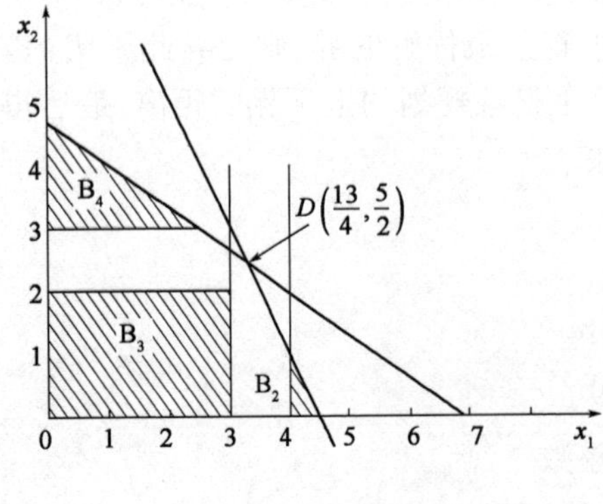

图4-2　可行域

(3)定界：问题B_2已获得整数最优解，可将$z_2 = 14$作为问题A的下界，并将$z_1 = 14\frac{1}{3}$作为问题A的上界。最终的最优值z必满足$z_2 = 14 \leqslant z \leqslant z_1 = 14\frac{1}{3}$。

(4)返回到步骤(2)继续对问题B_1中的x_2进行分支，将x_2取值范围分成$x_2 \leqslant 2$或$x_2 \geqslant 3$，将$2 < x_2 < 3$之间的非整数部分割掉。于是问题B_1又分成了两个子问题：B_3和B_4，其可行域如由图4-2所示，再分别求出其最优解。

问题 B_3：$\max z = 3x_1 + 2x_2$

$$\text{s.t.}\begin{cases}2x_1 + 3x_2 \leqslant 14 \\ 2x_1 + x_2 \leqslant 9 \\ x_1 \leqslant 3 \\ x_2 \leqslant 2 \\ x_1, x_2 \geqslant 0\end{cases}$$

问题 B_4：$\max z = 3x_1 + 2x_2$

$$\text{s.t.}\begin{cases}2x_1 + 3x_2 \leqslant 14 \\ 2x_1 + x_2 \leqslant 9 \\ x_1 \leqslant 3 \\ x_2 \geqslant 3 \\ x_1, x_2 \geqslant 0\end{cases}$$

问题 B_3最优解：$\boldsymbol{X}_3^* = (3,2)^{\mathrm{T}}, z_3 = 13$；

问题 B_4最优解：$\boldsymbol{X}_4^* = (\frac{5}{2},3)^{\mathrm{T}}, z_4 = 13\frac{1}{2}$。

$z_3 = 13$ 和 $z_4 = 13\ 1/2$ 均小于界值 z_2，不可能成为最优值，将被剪掉(剪枝)。由此可得出问题 A 的最优解就是问题 B_2的最优解，即 $\boldsymbol{X}^* = (4,1)^{\mathrm{T}}, z^* = 14$。

整个求解过程可以用图 4-3 所示树状图描述。

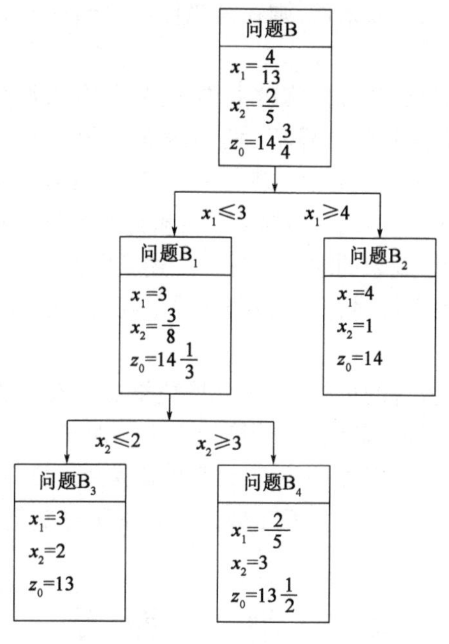

图 4-3 树状图

从以上解题过程可得用分支定界法求解目标函数值最大的整数规划的步骤，我们将求解的整数规划问题称为 A，对应的松弛问题称为 B。

第一步：求解问题 B，可得以下情况之一：

(1) B 没有可行解，则 A 也没有可行解，求解过程停止。

(2) B 有最优解，且符合问题 A 的整数条件，则 B 的最优解即为 A 的最优解，求解过程停止。

(3) B 有最优解，但不符合 A 的整数条件，记其目标函数值为 z_1。

第二步：确定 A 的最优目标函数值 z^* 的上、下界，其上界为 $\bar{z} = z_1$，再用观察法找到 A 的一个整数可行解，求其目标函数值作为 z^* 的下界，记为 $\underline{z}$（或直接令 $\underline{z}$ 为 $-\infty$）；

第三步：将问题分支。在 B 的最优解中选一个不符合整数要求的变量，不妨设此变量为 $x_j^* = b_j$，构造以下两个约束条件：$x_j \leqslant [b_j]$ 和 $x_j \geqslant [b_j]+1$，称 x_j 为分支变量，符号 [ ] 为取整符号。将这两个约束条件分别加入问题 B 的约束条件中，得到 B 的两个分支问题 B_1 和 B_2。对分支问题 B_1 和 B_2 求解；

第四步：求出分支最优解和最优值 z_i，对每个分支进行以下操作：

(1)若该分支无最优解，则剪掉该分支，该分支求解结束，称该分支为"树叶"。

(2)该分支有最优解，但该分支最优值比当前最优整数解目标函数值差，即 $z_i \leqslant \underline{z}$，则剪掉该分支，该分支求解结束，称该分支为"枯枝"。

(3)该分支有最优解且最优值优于当前最优整数解目标函数值，即 $z_i \geqslant \underline{z}$，如有则要区分两种情况：

①若该分支最优解满足整数条件，则该分支求解结束，并修改问题 A 的最优目标函数值 z^* 的下界，将 $\underline{z}$ 更新为 z_i，该分支也称为"树叶"；显然，下界 $\underline{z}$ 是满足整数条件的解并且在求解过程中不断增大。

②若该分支最优解不满足整数条件，则在其最优解中选一个不符合整数要求的变量，对该分支继续分支。

第五步：每求完一对分支，都要考虑修改上界 $\bar{z}$，将所有未被分支的问题的目标函数值中最大的一个作为新的上界，显然新的上界不大于原来的上界。

当所有分支均已查明时(分支为无可行解——"树叶"，或为整数解——"树叶"，或目标函数值不大于下界 $\underline{z}$——"枯枝")，$\bar{z} = \underline{z}$，整数规划最优解即为其目标函数值等于 $\underline{z}$ 的整数可行解。

求目标函数值最小的整数规划的求解步骤与上述步骤基本相似。例 4.2 采用图解法求解各分支松弛问题，用单纯形表求解时，只需在分支前单纯形终表的基础上添加约束条件并用对偶单纯形法继续求解即可。

分支定界法不需要考查所有的可行解，因此比枚举法有效。缺点是分支越多，要求解的子问题越多，且子问题的约束条件不断增多，计算量很大。对于多变量的大型整数规划问题，求解过程烦琐和费时。但由于分支定界法便于计算机求解，所以现在它已是解整数规划问题的重要方法。大多数求解整数规划问题的商用软件就是基于分支定界法编制成的。

4.3 割平面法

割平面法是 1958 年由美国学者高莫利(R. E. Gomory)提出的求解整数规划问题的一种比较简单的方法。其基本思路是：先不考虑整数约束条件，求松弛问题的最优解，如果获得整数最优解即为所求，运算终止。如果所得最优解不满足整数约束条件，则在此非整数解的基础上增加新的约束条件重新求解。这个新增加的约束条件的作用就是去切割相应松弛问题的可行域，即割去松弛问题的部分非整数解，而把所有的整数解都保留下来，故称新增加的约束条件为割平面。当经过多次切割后，就会使被切割后保留下来的可行域上有一个坐标均为整数的顶点，它恰好就是所求问题的整数最优解，即切割后所对应的松弛问题与原整数规划问题具有相同的整数解。

以下述问题为例来分析割平面法：

$$\max z = 3x_1 + 2x_2$$

$$\text{s.t.}\begin{cases}2x_1 + 3x_2 + x_3 = 14\\ 2x_1 + x_2 + x_4 = 9\\ x_1, x_2, x_3, x_4 \geqslant 0 \text{ 且为整数}\end{cases}$$

必须强调的是，这里 x_3、x_4 也必须是整数，若不是整数，在引入松弛变量之前先在约束条件两边同时乘以适当常数，使约束条件两边系数均为整数。

(1)不考虑其整数条件，用单纯形法求解相应的线性规划问题，最终单纯形表见表4-2。

最终单纯形表 表4-2

$c_j \rightarrow$		3	2	0	0	RHS
$\boldsymbol{C}_{\mathbf{B}}$	$\boldsymbol{X}_{\mathbf{B}}$	x_1	x_2	x_3	x_4	$\boldsymbol{B}^{-1}\boldsymbol{b}$
2	x_2	0	1	1/2	-1/2	5/2
3	x_1	1	0	-1/4	3/4	13/4
$\sigma_j \rightarrow$		0	0	-1/4	-5/4	

(2)构造 Gomory 约束(割平面)。在最终单纯形表中，任意选择一个非整数变量(如 x_2)，写出该变量所在行的方程式：$x_2 + \frac{1}{2}x_3 - \frac{1}{2}x_4 = \frac{5}{2}$，将各变量的系数及常数项分解为整数与分数(非负真分数)之和；再将系数为整数的变量移到方程式左端，将系数为分数的变量移到方程式右端，得：$x_2 - x_4 - 2 = \frac{1}{2} - \left(\frac{1}{2}x_3 + \frac{1}{2}x_4\right)$，该式左边为整数，故右边也应为整数，由于 x_3、x_4为非负整数，故 $\frac{1}{2} - \left(\frac{1}{2}x_3 + \frac{1}{2}x_4\right) \leqslant 0$ 或 $x_2 - x_4 - 2 \leqslant 0$(这两个约束条件等价，但前者不再需用高斯消去法变形消去 x_2)，此即为所谓的 Gomory 约束。这里 Gomory 约束割去了 $0 \leqslant x_2 - x_4 - 2 \leqslant \frac{1}{2}$ 这一部分非整数解。

(3)将 Gomory 约束化为方程 $-\frac{1}{2}x_3 - \frac{1}{2}x_4 + x_5 = -\frac{1}{2}$(这里 x_5 为整数)，填入最终单纯形表中，见表4-3，继续求问题的最优解。

最终单纯形表 表4-3

$c_j \rightarrow$		3	2	0	0	0	RHS
$\boldsymbol{C}_{\mathbf{B}}$	$\boldsymbol{X}_{\mathbf{B}}$	x_1	x_2	x_3	x_4	x_5	$\boldsymbol{B}^{-1}\boldsymbol{b}$
2	x_2	0	1	1/2	-1/2	0	5/2
3	x_1	1	0	-1/4	3/4	0	13/4
0	x_5	0	0	-1/2	-1/2	1	-1/2
$\sigma_j \rightarrow$		0	0	-1/4	-5/4	0	

该单纯形表中当前解不可行，但所有变量的检验数都没有发生改变，故满足对偶可行性条件，用对偶单纯形法进一步求解，最终单纯形表见表4-4。

最终单纯形表 表 4-4

$c_j \to$		3	2	0	0	0	RHS
C_B	X_B	x_1	x_2	x_3	x_4	x_5	$B^{-1}b$
2	x_2	0	1	0	-1	1	2
3	x_1	1	0	0	1	-1/2	7/2
0	x_3	0	0	1	1	-2	1
$\sigma_j \to$		0	0	0	-1	-1/2	

表中 x_1 仍不满足整数条件，返回到(2)，构造 Gomory 约束(割平面)继续求解。

由 $x_1 + x_4 - \frac{1}{2}x_5 = \frac{7}{2}$ 得，$x_1 + x_4 - x_5 - 3 = \frac{1}{2} - \frac{1}{2}x_5$，故 Gomory 约束为 $\frac{1}{2} - \frac{1}{2}x_5 \leqslant 0$，将该约束化为方程 $-\frac{1}{2}x_5 + x_6 = -\frac{1}{2}$，并插入表 4-4，得表 4-5。

割平面求解结果 表 4-5

$c_j \to$		3	2	0	0	0	0	RHS
C_B	X_B	x_1	x_2	x_3	x_4	x_5	x_6	$B^{-1}b$
2	x_2	0	1	0	-1	1	0	2
3	x_1	1	0	0	1	-1/2	0	7/2
0	x_3	0	0	1	1	-2	0	1
0	x_6	0	0	0	0	-1/2	1	-1/2
$\sigma_j \to$		0	0	0	-1	-1/2	0	

用对偶单纯形法继续求解，最终单纯形表见表 4-6，得到最优解 $X^* = (4,1)^T$，$z^* = 14$。

对偶单纯形法求解结果 表 4-6

$c_j \to$		3	2	0	0	0	0	RHS
C_B	X_B	x_1	x_2	x_3	x_4	x_5	x_6	$B^{-1}b$
2	x_2	0	1	0	-1	0	2	1
3	x_1	1	0	0	1	0	-1	4
0	x_3	0	0	1	1	0	-4	3
0	x_5	0	0	0	0	1	-2	1
$\sigma_j \to$		0	0	0	-1	0	-1	-14

由上例可以看出，割平面法求解整数规划问题，可以按以下步骤进行：

第一步，将原问题模型标准化。

(1)将整数规划约束条件所有非整数系数通过两边同时乘以适当常数化为整数系数，以便于构造割平面方程。

(2)将所有不等式约束化为等式约束，由(1)可知，松弛变量也是整数。

第二步，不考虑变量的整数条件约束，求解相应的线性规划问题，如果该问题无解或最优解满足整数条件，则停止计算，否则转下一步。

第三步，构造割平面方程。

(1)设 x_i 是相应线性规划最优解中取值为分数的一个基变量，由求解线性规划问题的最终单纯形表可得到：

$$x_i + \sum_{k \in N} a_{ik} x_k = b_i$$

其中，$i \in B$；B 为基变量下标集；N 为非基变量下标集。

(2)将 a_{ik} 和 b_i 都分解成整数部分和非负真分数之和，即：

$$b_i = [b_i] + f_i$$

$$a_{ik} = [a_{ik}] + f_{ik}$$

其中，[·]为取整符号。于是：

$$x_i + \sum_{k \in N} [a_{ik}] x_k - [b_i] = f_i - \sum_{k \in N} f_{ik} x_k$$

(3)由于上式左边是整数，右边为真分数 f_i 减去一个非负数，所以上式两边都小于或等于0，即：

$$f_i - \sum_{k \in N} f_{ik} x_k \leqslant 0$$

此即为割平面方程。

第四步，将割平面方程标准化后加到原问题对应的线性规划问题中求解，若所得最优解仍为非整数解，则转到第三步继续进行，直到找到最优整数解为止。

割平面法的关键在于寻求割平面方程，即增加什么样的约束。割平面方程不是唯一的，而且不一定一次就能将整数最优解切割到极点，可能要经过多次切割才能达到目的。

4.4 0-1 整数规划问题

4.4.1 0-1 变量及应用

0-1 变量也称二进制变量，即变量只能取值 0 或 1。0-1 变量应用十分广泛，可描述以下问题。

(1)0-1 变量可以用来描述诸如开与关、取与弃、有与无等决策行为，例如：

$$0\text{-}1\ 变量\ x_i = \begin{cases} 0, 表示不选\ i \\ 1, 表示选\ i \end{cases}$$

(2) 0-1 变量还可以用来描述离散变量间的逻辑关系、顺序关系以及互斥的约束条件。举例如下：

① n 件事情 x_i ($i = 1,2,\cdots,n$)恰好有 $m(m < n)$ 件发生，可以用约束条件表示为：$\sum_{i=1}^{n} x_i = m, x_i = 0$ 或 1。

② n 件事情 x_i ($i = 1,2,\cdots,n$)至多有 $m(m < n)$ 件发生，可以用约束条件表示为：$\sum_{i=1}^{n} x_i \leqslant m, x_i = 0$ 或 1。

③做第 i 件事情的充要条件是做第 j 件事情,可以用约束条件表示为:$x_i = x_j, x_i, x_j = 0$ 或 1。

④只有第 i 件事情发生,第 j 件事情才有可能发生,可以用约束条件表示为:$x_j \leqslant x_i, x_i, x_j = 0$ 或 1。

⑤矛盾约束的处理。

有时我们会碰到相互矛盾的两个约束取其一的情况。例如,$f(x) \leqslant 0$ 和 $f(x) \geqslant 5$ 是相互矛盾的两个约束,不能同时放入一个模型。可如下构造成一个新的约束。

引入 0-1 变量:

$$y = \begin{cases} 1, f(x) \geqslant 5 \\ 0, f(x) \leqslant 0 \end{cases}$$

构造新的约束:

$$\begin{cases} 5 - f(x) \leqslant M(1 - y) \\ f(x) \leqslant My \end{cases}$$

显然,当 $y = 1$ 时,$f(x) \geqslant 5$ 起作用;当 $y = 0$ 时,$f(x) \leqslant 0$ 起作用。

⑥多抉择问题。

r 组约束条件 $a_{i1}x_1 + a_{i2}x_2 + \cdots + a_{in}x_n \leqslant b_i, i = 1,2,\cdots,r$。要求至少有 q 组约束得到满足(起作用),其他 $r-q$ 组约束可以满足,也可以不满足。

引入 0-1 变量 y_i 描述约束条件 $a_{i1}x_1 + a_{i2}x_2 + \cdots + a_{in}x_n \leqslant b_i\ (i=1,2,\cdots,r)$ 是否起作用,可表示为:$a_{i1}x_1 + a_{i2}x_2 + \cdots + a_{in}x_n \leqslant b_i + M_i y_i(\mathrm{i} = 1,2,\cdots,\mathrm{r})$ 。这里 M_i 为一个充分大的常数。

显然,当 $y_i = 0$ 时,约束条件起作用;当 $y_i = 1$ 时,约束条件恒成立,即 $a_{i1}x_1 + a_{i2}x_2 + \cdots + a_{in}x_n \leqslant b_i\ (i=1,2,\cdots,r)$ 不起作用。

因此,该多抉择问题可以表示为

$$\begin{cases} a_{i1}x_1 + a_{i2}x_2 + \cdots + a_{in}x_n \leqslant b_i + M_i y_i, i = 1,2,\cdots,r \\ \sum_{i=1}^{r} y_i \leqslant r - q \end{cases}$$

0-1 整数规划是一种特殊形式的整数规划。0-1 整数规划非常适合描述和解决如线路设计、工厂选址、生产计划安排、旅行购物、人员安排、代码选取、可靠性等人们所关心的多种问题。很多经典的组合优化问题都可以用 0-1 整数规划来描述,实际上,凡是有界变量的整数规划问题都可以转化为 0-1 整数规划问题来处理。

4.4.2 0-1 整数规划模型

例 4.3 某公司计划在东、西、南 3 个区开设若干商业网点,拟在 $A_1,\cdots,A_7$ 7 个地点中选择。规定:东区在 A_1, A_2, A_3 中至多选 2 个,西区在 A_4, A_5 中至少选 1 个,南区在 A_6, A_7 中至少选 1 个。已知在 A_i 建商业网点需投资 b_i ,可获利 c_i ,现共有资金为 B 。如何布局可使总利润最大?

用 0-1 变量 $x_i(i = 1,2,\cdots,7)$ 表示是否选择 A_i ,即:

$$x_i = \begin{cases} 0, 不选 A_i \\ 1, 选中 A_i \end{cases}$$

因此,A_i 的利润可表示为 $c_i x_i$,需投资 $b_i x_i$ 。于是问题可表示为:

$$\max z = \sum_{i=1}^{7} c_i x_i$$

$$\text{s. t.} \begin{cases} \sum_{i=1}^{7} b_i x_i \leqslant B \\ x_1 + x_2 + x_3 \leqslant 2 \\ x_4 + x_5 \geqslant 1 \\ x_6 + x_7 \geqslant 1 \\ x_i = 0, 1 \end{cases}$$

例 4.4 设有 n 种物品,每一种物品数量无限。第 i 种物品每件质量为 w_i,每件价值 c_i。现有一只可装载质量为 W 的背包,求各种物品应各取多少件放入背包,可使背包中物品的价值最高?

这个问题可以用整数规划模型来描述。设第 i 种物品取 x_i 件($i = 1,2,\cdots,n,x_i$ 为非负整数),背包中物品的价值为 z,则问题的数学模型为:

$$\max z = \sum_{i=1}^{n} c_i x_i$$

$$\text{s. t.} \begin{cases} \sum_{i=1}^{n} w_i x_i \leqslant W \\ x_i \geqslant 0 \text{ 且为整数}, i = 1,2,\cdots,n \end{cases}$$

此问题称为(完全)背包问题。如 x_i 只能取 0 或 1,则称为 0-1 背包问题。

例 4.5 多重 0-1 背包问题。假设某人有 3 个背包,容积大小分别为 $r_j,j = 1,2,3$。一共有 $m + n$ 个物品,体积和价值分别为 a_i 和 $c_i,i = 1,2,\cdots,m + n$。其中编号 i 为 $1,2,\cdots,m$ 的物品必须携带,编号 i 为 $m + 1,m + 2,\cdots,m + n$ 的物品是可以选带的物品,则此人应如何搭配装入物品,使得 3 个背包装入物品的价值最大?请思考并试建立其数学规划模型。

作为一类特殊的线性规划问题,整数规划问题的建模步骤同一般的线性规划问题,首先是决策变量的设计。决策变量的设计要能体现问题方案,要能方便地表示优化目标和约束条件。本题中问题方案不是是否携带物品 i,而是物品 i 是否携带到第 j 个背包里。故本题不能用 0-1 变量 x_i 来表示是否携带选带物品 i,还必须考虑将该物品放入哪个背包。因此,用 0-1 变量 x_{ij}($i = 1,2,\cdots,m + n;j = 1,2,3$)来表示第 i 个物品是否放入第 j 个背包。于是问题可建模:

$$\max \sum_{j=1}^{3} \sum_{i=m+1}^{m+n} c_i x_{ij}$$

$$\text{s. t.} \begin{cases} \sum_{i=1}^{m+n} a_i x_{ij} \leqslant r_j, j = 1,2,3 \\ \sum_{j=1}^{3} x_{ij} = 1, i = 1,2,\cdots,m \\ \sum_{j=1}^{3} x_{ij} \leqslant 1, i = m+1,\cdots,m+n \\ x_{ij} = 0 \text{ 或 } 1, i = 1,2,\cdots,m+n, j = 1,2,3 \end{cases}$$

例 4.6 固定费用问题。有 A、B、C3 种资源可以用来生产甲、乙、丙 3 种产品。资源量、单位产品利润和单位产品资源消耗见表 4-7,由于不同产品的生产组织不同,因而涉及的固定费用不同,组织 3 种产品生产的固定费用见表 4-7。现在要求制订一个生产计划,使总收益最大,试建立数学模型。

例 4.6 数 据　　表 4-7

产　品	甲	乙	丙	资 源 量
A	2	4	8	500
B	2	3	4	300
C	1	2	3	100
单位利润	4	5	6	
固定费用	100	150	200	

设 x_i 是第 i 种产品的产量,为了方便地表示目标函数中的固定费用,还必须引入 0-1 变量 y_i:

$$y_i = \begin{cases} 0, \text{不生产第 } i \text{ 种产品}(x_i = 0) \\ 1, \text{生产第 } i \text{ 种产品}(x_i > 0) \end{cases}$$

问题模型为:

$$\max z = 4x_1 + 5x_2 + 6x_3 - 100y_1 - 150y_2 - 200y_3$$

$$\text{s.t.} \begin{cases} 2x_1 + 4x_2 + 8x_3 \leqslant 500 \\ 2x_1 + 3x_2 + 4x_3 \leqslant 300 \\ x_1 + 2x_2 + 3x_3 \leqslant 100 \\ x_1 \leqslant M_1 y_1 \\ x_2 \leqslant M_2 y_2 \\ x_3 \leqslant M_3 y_3 \\ x_i \geqslant 0, i = 1,2,3 \\ y_i = 0 \text{ 或 } 1, i = 1,2,3 \end{cases}$$

其中,常数 M_i 为 x_i 的上界,可取 $M_1 = 100$, $M_2 = 50$, $M_3 = 100/3$。

这里用0-1 变量 y_i 描述非负变量 x_i 是否大于0,约束条件为 $x_i \leqslant M_i y_i$ 。从约束条件看,当 $x_i > 0$ 时, y_i 必须等于1;当 $x_i = 0$ 时, y_i 既可取0 也可取1。但是由于目标函数是最大化,当 $x_i = 0$ 时 , y_i 一定会取0。

例 4.7 集合覆盖模型。某城市共有 6 个区,每个区都可以建消防站。市政府希望设置的消防站个数最少,但必须保证在城市任何地区发生火火警时,消防车要在 15min 内赶到现场。据实地测定,各区之间消防车行驶的时间见表 4-8,试构建消防站规划模型。

各区之间消防车行驶时间(单位:min)　　表 4-8

地　区	地　区					
	1	2	3	4	5	6
1	0	10	16	28	27	20
2	10	0	24	32	17	10
3	16	24	0	12	27	21
4	28	32	12	0	15	25
5	27	17	27	15	0	14
6	20	10	21	25	14	0

用变量 x_i 来表示第 i 区是否设置消防站：

$$x_i = \begin{cases} 0,\text{不选第 } i \text{ 个} \\ 1,\text{选第 } i \text{ 个} \end{cases}, i = 1,2,\cdots,6$$

这个模型实质上是一个集合覆盖问题。例如，根据表中各小区到 x_1 的距离，到 x_1 的距离小于 15min 的有 1 号和 2 号小区，因此要使 x_1 能在 15min 之内由最近的消防站赶到（被覆盖），1 号和 2 号小区至少要设置一个消防站，即 $x_1 + x_2 \geqslant 1$ 。因此，模型构建如下：

$$\min z = x_1 + x_2 + x_3 + x_4 + x_5 + x_6$$

$$\text{s.t.} \begin{cases} x_1 + x_2 \geqslant 1 \\ x_1 + x_2 + x_6 \geqslant 1 \\ x_3 + x_4 \geqslant 1 \\ x_3 + x_4 + x_5 \geqslant 1 \\ x_4 + x_5 + x_6 \geqslant 1 \\ x_2 + x_5 + x_6 \geqslant 1 \\ x_i = 0,1, i = 1,2,\cdots,6 \end{cases}$$

例 4.8 P 值模型。区域内需求点集合记为 N，$j \in N$，第 j 个点的需求量记为 d_j。假定各个候选设施无容量限制，C_{ij} 为设施点 i 到需求点 j 的距离（单位运价），候选施点集合为 M，$i \in M$，现欲选 $P(P < M)$ 个候选设施，使总运费最小。

根据提问设变量 x_i 表示是否选建该候选设施：

设 $x_i = \begin{cases} 0,\text{不选第 } i \text{ 个} \\ 1,\text{选第 } i \text{ 个} \end{cases}$，因为设施容量无限制，则各需求点总是选距离最近的设施接受全部服务。为了方便地表示运费定义 0-1 变量 δ_{ij} 表示需求点 j 是否接受设施点 i 的服务，则问题模型为：

$$\min \sum_{i \in M}\sum_{j \in N} d_j C_{ij} \delta_{ij}$$

$$\text{s.t.} \begin{cases} \sum\limits_{i \in M} \delta_{ij} = 1, j \in N \\ \sum\limits_{i \in M} x_i = P \\ \delta_{ij} \leqslant x_i, i \in M, j \in N \\ x_i \in \{0,1\}, i \in M, \delta_{ij} \in \{0,1\}, i \in M, j \in N \end{cases}$$

例 4.9 某企业在 A_1 地已有一个工厂，其产品的生产能力为 30 千箱，为了扩大生产，打算在 A_2，A_3，A_4，A_5 地中再选择几个地方建厂。已知在 A_2，A_3，A_4，A_5 地建厂的固定成本分别为 175 千元、300 千元、375 千元、500 千元。另外，A_1 产量及 A_2，A_3，A_4，A_5 建厂的产量，销地 B_1，B_2，B_3 的销量以及建成后产地到销地的单位运价（每千箱运费）见表 4-9。问应该在哪几个地方建厂，在满足销量的前提下，使得其总的固定成本和总的运输费用之和最小？

例 **4.9** 数 据(单位:千元/千箱) 表 4-9

产　地	销　地			产量(千箱)
	B_1	B_2	B_3	
A_1	8	4	3	30
A_2	5	2	3	10
A_3	4	3	4	20
A_4	9	7	5	30
A_5	10	4	2	40
销量(千箱)	30	20	20	

根据提问设变量 x_i 表示是否在 A_i 建厂。

$$x_i = \begin{cases} 0, \text{不选第 } i \text{ 个} \\ 1, \text{选第 } i \text{ 个} \end{cases}, i = 2,3,4,5$$

为了便于表示运输费用,还要用一个变量 y_{ij} 来表示从 A_i 运往 B_j 的运输量(单位:千箱),总费用包括建设费用和运输费用,约束条件包括产量约束和销量约束,但要注意只有在 A_i 建厂才有产量,这可以表示为一个整数规划问题:

$$\begin{aligned} \min z = & 175x_2 + 300x_3 + 375x_4 + 500x_5 + 8y_{11} + 4y_{12} + 3y_{13} + \\ & 5y_{21} + 2y_{22} + 3y_{23} + 4y_{31} + 3y_{32} + 4y_{33} + \\ & 9y_{41} + 7y_{42} + 5y_{43} + 10y_{51} + 4y_{52} + 2y_{53} \end{aligned}$$

$$\text{s.t.} \begin{cases} y_{11} + y_{12} + y_{13} \leqslant 30 \\ y_{21} + y_{22} + y_{23} \leqslant 10x_2 \\ y_{31} + y_{32} + y_{33} \leqslant 20x_3 \\ y_{41} + y_{42} + y_{43} \leqslant 30x_4 \\ y_{51} + y_{52} + y_{53} \leqslant 40x_5 \\ y_{11} + y_{21} + y_{31} + y_{41} + y_{51} = 30 \\ y_{12} + y_{22} + y_{32} + y_{42} + y_{52} = 20 \\ y_{13} + y_{23} + y_{33} + y_{43} + y_{53} = 20 \\ y_{ij} \geqslant 0, i = 1,2,3,4,5, j = 1,2,3 \\ x_i = 01, i = 2,3,4,5 \end{cases}$$

4.4.3 0-1 规划问题解法

假定问题含有 n 个 0-1 变量,则该问题一共有 2^n 个变量组合。对于变量个数较大(如 $n > 10$)同时约束条件较多的情形,用穷举法求解几乎不可能。求解 0-1 规划问题的一个常用的方法是隐枚举法(implicit enumeration),即根据已求得的最优值增加一个附加约束条件来剔除比当前最优解差的解,称该附加约束条件为过滤条件(filtering constraint),以减少运算次数。为简化计算,可根据当前阶段的最优解及时改进过滤条件。例如,分支定界法计算时,将已求出来的最优分支整数解目标函数值作为界(定界)来过滤,就是一种隐枚举法。

这里结合例 4.10 介绍纯 0-1 规划问题的隐枚举法的一种改进算法。

例 4.10 解以下模划模型。

$$\max z = 8x_1 - 2x_2 + 5x_3$$

$$\text{s.t.}\begin{cases} x_1 - 2x_2 + 4x_3 \leqslant 4 \\ x_1 - x_2 \leqslant 0 \\ x_1 + x_3 \leqslant 1 \\ x_1, x_2, x_3 = 0 \text{ 或 } 1 \end{cases}$$

第一步：先通过换元将目标函数中各变量系数变为正数；这里令 $x_2' = 1 - x_2$，同时增加一个目标函数过滤条件 $8x_1 + 2x'_2 + 5x_3 - 2 \geqslant \underline{z}$ 作为约束条件，$\underline{z}$ 初值可通过观察取得或直接取一个很小的数 $-M$，则问题变为：

$$\max z = 8x_1 + 2x'_2 + 5x_3 - 2$$

$$\text{s.t.}\begin{cases} 8x_1 + 2x'_2 + 5x_3 - 2 \geqslant \underline{z} & ◎ \\ x_1 + 2x_2' + 4x_3 \leqslant 6 & ① \\ x_1 + x'_2 \leqslant 1 & ② \\ x_1 + x_3 \leqslant 1 & ③ \\ x_1, x_2', x_3 = 0 \text{ 或 } 1 \end{cases}$$

第二步：将解分组排序；取值为 1 的分量个数相同的解组成一组，如本题解 $(1,1,0)^{\mathrm{T}}$、$(1,0,1)^{\mathrm{T}}$、$(0,1,1)^{\mathrm{T}}$ 取值为 1 的分量个数都为 2，为同一组。组与组按取值为 1 的分量个数降序排列，即第一组是分量全为 1 的解构成的组，第二组是有一个分量不为 1 的解构成的组，以此类推。同一组内根据目标函数中各变量系数由大到小的顺序排列变量组合，本例中将变量顺序变为 (x_1, x_3, x_2')，当变量个数较多时，组内目标函数值不一定是单调下降，但组内第一个变量的解必是目标函数值最大者。例 4.10 将编码组合按以下方法排序：

第一组一个，变量全为 1，即 $(1,1,1)^{\mathrm{T}}$；

第二组三个，一个变量为 0，排序为 $(1,1,0)^{\mathrm{T}}$，$(1,0,1)^{\mathrm{T}}$，$(0,1,1)^{\mathrm{T}}$，

第三组三个，两个变量为 0，排序为 $(1,0,0)^{\mathrm{T}}$，$(0,1,0)^{\mathrm{T}}$，$(0,0,1)^{\mathrm{T}}$；

第四组一个，变量全为 0。

编码组合排序结果见表 4-10。

编码组合排序结果 表 4-10

顺序	组号	$(x_1, x_3, x_2')^{\mathrm{T}}$	◎	①	②	③	z
1	Ⅰ	$(1,1,1)^{\mathrm{T}}$	√	×			
2	Ⅱ	$(1,1,0)^{\mathrm{T}}$	√	√	√	×	
3		$(1,0,1)^{\mathrm{T}}$	√	√	×		
4		$(0,1,1)^{\mathrm{T}}$	√	√	√	√	5
5	Ⅲ	$(1,0,0)^{\mathrm{T}}$	√	√	√	√	6
6		$(0,1,0)^{\mathrm{T}}$					
7		$(0,0,1)^{\mathrm{T}}$					
8	Ⅳ	$(0,0,0)^{\mathrm{T}}$					

这样分组具有以下特点:①组内第一个解目标函数值最大,如第Ⅱ组中,(1,1,0)的目标函数值最大(但是如果目标函数中有变量系数相同,可能会出现第一个解后的若干个解的目标函数值等于第一个解目标函数值的情形)。②前面的组的第一个解比后面的组的第一个解目标函数值要大,如第Ⅱ组的第一个解(1,1,0)比第Ⅲ组的第一个解(1,0,0)目标函数值要大。所以每一组的第一个解具有隐含的过滤条件,可以通过计算组的第一个解来减小计算量。a.如果某一组的第一个解不满足过滤条件,则算法终止。b.如果某一组的第一个解满足过滤条件和约束条件,则可知该解为最优解,算法终止。c.如果某一组的第一个解满足过滤条件但不满足约束条件,则继续计算后面的解;如果该组后面出现解满足过滤条件和约束条件,则仍需更新过滤条件后继续试算后面的解及后面的组的解。显然,在判断各解是否满足约束条件时,若不满足前一约束条件则后续约束条件没必要进一步计算。因此,还可以将难以满足的约束条件(如等式约束)放在前面,容易满足的约束条件放在后面。

第三步:根据组号从小到大有序试算。

先计算第Ⅰ组$(1,1,1)^{\mathrm{T}}$,由于第一个约束条件不满足,后续约束条件停止计算。

再计算第Ⅱ组,前面两个解不满足约束条件,第三个组合$(0,1,1)^{\mathrm{T}}$是可行解,对应目标函数值为5,然后将目标函数值大于5,即$z = 8x_1 + 2x'_2 + 5x_3 - 2 > 5$作为过滤条件加入后续计算。

计算第Ⅲ组,第一个解$(1,0,0)^{\mathrm{T}}$满足过滤条件及所有约束条件,求出其目标函数值6,此时可以确定该解为最优解。即最终全局最优解为$(x_1, x_3, x_2') = (1,0,0)^{\mathrm{T}}$,即原问题的最优解为$(1,1,0)^{\mathrm{T}}$,最优目标函数值为6。

如果第Ⅲ组不是第一个解为满足过滤条件及所有约束条件的解,或者要求求出所有最优解,则还需将$\underline{z}$和过滤条件更新,继续计算后面的解和后面的组的解。对于目标函数最小化的情形可以通过类似方法求解,但显然本方法只适合于求解目标函数是线性的纯0-1规划问题。

4.5 指派问题

4.5.1 模型描述

在生产管理中,管理者总是希望能将人员分配得最佳,以发挥其最大的工作效率。这类问题称为指派问题或分配问题(assignment problem)。下面用例4.11进行分析。

例4.11 有一份说明书要分别译成英、日、德、俄4种文字,分别记作任务E、J、G、R,现交给甲、乙、丙、丁4个人去完成,每人完成一种。由于个人的专长不同,翻译成不同文字所需的时间(h)见表4-11,问派哪个人去完成哪个任务,可使总花费时间最少?

人员完成任务时间(h)　　表4-11

人员	任务			
	E	J	G	R
甲	2	15	13	4
乙	10	4	14	15
丙	9	14	16	13
丁	7	8	11	9

标准指派问题的一般描述为：有 n 项任务，指派 n 个人去完成，第 i 个人完成第 j 项任务的效率为 c_{ij} ($i = 1,2,\cdots,n,j = 1,2,\cdots,n$)；要求每个人只能承担一项任务，并且每一项任务都有一个人来承担。问如何分派可以使总的效率达到最高。

建模时需要引入 0-1 变量 x_{ij} ，并令

$$x_{ij} = \begin{cases} 0, \text{不指派第 } i \text{ 人完成第 } j \text{ 项任务} \\ 1, \text{指派第 } i \text{ 人完成第 } j \text{ 项任务} \end{cases}$$

当问题要求最小化时，数学模型是：

$$\min z = \sum_{i=1}^{n}\sum_{j=1}^{n} c_{ij}x_{ij}$$

$$\text{s. t.} \begin{cases} \sum_{i=1}^{n} x_{ij} = 1, j = 1,2,\cdots,n & \text{①} \\ \sum_{j=1}^{n} x_{ij} = 1, i = 1,2,\cdots,n & \text{②} \\ x_{ij} = 0,1 \end{cases}$$

其中，约束条件①说明第 j 项任务只能由 1 人去完成；约束条件②说明第 i 人只能完成1 项任务。将表 4-11 那样的数表用矩阵 $\boldsymbol{C} = (c_{ij})$ 表示，称为效率矩阵或系数矩阵，其元素 $c_{ij} > 0$，$i,j = 1,2,\cdots,n$ 表示指派第 i 人去完成第 j 项任务时的效率(或时间、成本等)。满足约束条件的一组可行解 x_{ij} 可以写成矩阵形式，称为可行解矩阵，该矩阵中有 n 个 1，其余都为 0，而且这 n 个 1 必位于矩阵的不同行不同列上。对应于可行解 x_{ij} 的目标值是这 n 个 c_{ij} 之和。

4.5.2 匈牙利法

指派问题数学模型和运输问题相似，不同的是指派问题要求变量 x_{ij} 取 0 或 1，而运输问题中 x_{ij} 可以连续取值。但由于对应的运输问题的产量或销量都是整数值 1，故该运输问题必存在纯整数最优解，即该运输问题的最优基本解必然也有 x_{ij} 为 0 或 1。可见，指派问题是 0-1 规划的特例，也是运输问题的特例，即 $n = m$ ，$a_i = b_j = 1$ 。

很容易证明：对于指派问题，若从系数矩阵 (c_{ij}) 的一行(列)各元素中分别减去该行(列)的最小元素，得到新的矩阵 (b_{ij}) ，那么以 (b_{ij}) 为系数矩阵求得最优解和用原系数矩阵求得的最优解相同。

利用这个性质，可使原系数矩阵变换为含有很多 0 元素的新系数矩阵，而最优解保持不变。如果可行解矩阵(x_{ij})中的 1 刚好对应 (b_{ij}) 中的 0 元素，将其代入目标函数，得到 $z_b = 0$ ，显然该可行解矩阵为最优解。由约束条件可知，(b_{ij}) 中同行或同列的 0 元素(同一条直线上的 0 元素)不能同时指派为最优解。我们称不同行不同列的 0 元素为独立 0 元素。若能在系数矩阵 (b_{ij}) 中找到 n 个独立 0 元素，则令解矩阵(x_{ij})中对应这 n 个独立的 0 元素取值为 1，其他元素取值为 0。这就是以 (b_{ij}) 为系数矩阵的指派问题的最优解，也就得到了原问题的最优解。

库恩(W. W. Kuhn)于 1955 年提出了指派问题的解法，他引用了匈牙利数学家康尼格(D. Koning)一个关于矩阵中 0 元素的定理：系数矩阵中独立 0 元素的最多个数等于能覆盖所有 0 元素的最少直线数。这个解法称为匈牙利法(Hungarian algorithm)。后来在方法上虽有不断改进，但仍沿用这一名称。下面我们以例 4.11 为例进行分析。

第一步：使指派问题的系数矩阵经变换，在各行各列中都出现 0 元素。采用以下方法实现：

首先从系数矩阵的每行元素中减去该行的最小元素，然后从所得系数矩阵的每列元素中减去该列的最小元素。若某行(列)已有 0 元素，那就不必再减了。例 4.11 的计算为：

$$(c_{ij}) = \begin{pmatrix} 2-2 & 15-2 & 13-2 & 4-2 \\ 10-4 & 4-4 & 14-4 & 15-4 \\ 9-9 & 14-9 & 16-9 & 13-9 \\ 7-7 & 8-7 & 11-7 & 9-7 \end{pmatrix} \rightarrow \begin{pmatrix} 0-0 & 13-0 & 11-4 & 2-2 \\ 6-0 & 0-0 & 10-4 & 11-2 \\ 0-0 & 5-0 & 7-4 & 4-2 \\ 0-0 & 1-0 & 4-4 & 2-2 \end{pmatrix} \rightarrow$$

$$\begin{pmatrix} 0 & 13 & 7 & 0 \\ 6 & 0 & 6 & 9 \\ 0 & 5 & 3 & 2 \\ 0 & 1 & 0 & 0 \end{pmatrix} = (b_{ij})$$

第二步：进行试指派，以寻求最优解。

经第一步变换后，系数矩阵中每行每列都有了 0 元素，但需要找出 n 个独立的 0 元素。若能找出，就以这些独立 0 元素对应解矩阵(x_{ij})中的元素为 1，其余为 0，这就得到了最优解。当 n 较小时，可用观察法、试探法去找出 n 个独立 0 元素；当 n 较大时，就必须按一定的步骤去找，常用的步骤为：

(1)从只有一个 0 元素的行(列)开始，给这个 0 元素加圈，记作◎。这表示对这行所代表的人，只有一种任务可指派；然后划去◎所在列(行)的其他 0 元素，记作 ϕ 。这表示这列所代表的任务已指派完，不必再考虑别人了。

(2)给只有一个 0 元素列(行)的 0 元素加圈，记作◎；然后划去◎所在行的 0 元素，记作 ϕ。

(3)反复进行(1)、(2)两步，直到所有 0 元素都被圈出或划去为止。

若仍存在没有圈出或划去的 0 元素，且同行(列)的 0 元素至少有两个(表示可以从两项任务中指派其一)，可用不同的方案去试探。从剩有 0 元素最少的行(列)开始，比较这行各 0 元素所在列中 0 元素的数目，选择 0 元素少的那列的这个 0 元素加圈；然后划掉同行同列的其他 0 元素。可反复进行，直到所有 0 元素都已圈出或划掉为止。

若◎元素的数目 m 等于矩阵的阶数 n ，那么该指派问题的最优解已得到。若 $m < n$ ，则转入下一步。

将本题的 (b_{ij}) 矩阵按上述步骤进行运算，按步骤(1)，先给 b_{22} 加圈，然后给 b_{31} 加圈，划掉 b_{11}、b_{41} ；按步骤(2)，给 b_{43} 加圈，划掉 b_{44} ，最后给 b_{14} 加圈，得：

$$\begin{pmatrix} \phi & 13 & 7 & ◎ \\ 6 & ◎ & 6 & 9 \\ ◎ & 5 & 3 & 2 \\ \phi & 1 & ◎ & \phi \end{pmatrix}$$

这里 $m = n = 4$ ，故最优解为：

$$(x_{ij}) = \begin{pmatrix} 0 & 0 & 0 & 1 \\ 0 & 1 & 0 & 0 \\ 1 & 0 & 0 & 0 \\ 0 & 0 & 1 & 0 \end{pmatrix}$$

即指定甲译出俄文，乙译出日文，丙译出英文，丁译出德文，所需总时间最少：

$$\min z_b = \sum_i \sum_j b_{ij}x_{ij} = 0$$

$$\min z = \sum_i \sum_j c_{ij}x_{ij} = c_{31} + c_{22} + c_{43} + c_{14} = 28(\mathrm{h})$$

现在先简化列再简化行，对例4.11再计算一次。

第一步，先从系数矩阵的每列元素减去该列的最小元素，然后从所得系数矩阵的每行元素中减去该行的最小元素，计算如下：

$$(c_{ij}) = \begin{pmatrix} 2-2 & 15-4 & 13-11 & 4-4 \\ 10-2 & 4-4 & 14-11 & 15-4 \\ 9-2 & 14-4 & 16-11 & 13-4 \\ 7-2 & 8-4 & 11-11 & 9-4 \end{pmatrix} \to \begin{pmatrix} 0-0 & 11-0 & 2-0 & 0-0 \\ 8-0 & 0-0 & 3-0 & 11-0 \\ 7-5 & 10-5 & 5-5 & 9-5 \\ 5-0 & 4-0 & 0-0 & 5-0 \end{pmatrix} \to$$

$$\begin{pmatrix} 0 & 11 & 2 & 0 \\ 8 & 0 & 3 & 11 \\ 2 & 5 & 0 & 4 \\ 5 & 4 & 0 & 5 \end{pmatrix} = (b'_{ij})$$

第二步，按前述方法将 (b'_{ij}) 矩阵试指派，以寻求最优解。先给 b'_{11} 加圈，划掉 b'_{14}；然后给 b'_{22} 加圈；再给 b'_{33} 加圈，划掉 b'_{34}，得到：

$$\begin{pmatrix} ◎ & 11 & 2 & \phi \\ 8 & ◎ & 3 & 11 \\ 2 & 5 & ◎ & 4 \\ 5 & 4 & \phi & 5 \end{pmatrix}$$

显然，◎元素的数目（$m = 3$）小于矩阵的阶数（$n = 4$），解题没有完成。应按以下步骤继续进行。

第三步，作最少的直线覆盖所有0元素。按以下步骤进行：

①对没有◎的行打√。

②对已打√的行中所有含 ϕ 的列打√。

③再对打√的列中含有◎的行打√。

④重复②、③直到得不出新的打√的行、列为止。

⑤对没有打√的行画横线，有打√的列画纵线，这就得到覆盖所有0元素的最少直线数。

可以证明：覆盖所有0元素的最少直线数即为独立0元素个数。若直线数 l 小于矩阵维数 n，则必须继续变换当前系数矩阵，才能找到 n 个独立0元素；若 $l = n$，而◎元素的数目 $m < n$，则必须返回第二步重新试指派。

现在对矩阵 (b_{ij}') 进行第三步操作，先在第四行打√，接着在第三列打√，然后在第三行打√，经检查不能再打√了，将未打√的行和打√的列画直线，结果如下：

$$\begin{pmatrix} ◎ & 11 & 2 & \varnothing \\ 8 & ◎ & 3 & 11 \\ 2 & 5 & ◎ & 4 \\ 5 & 4 & \varnothing & 5 \end{pmatrix} \begin{matrix} \\ \\ \checkmark \\ \checkmark \end{matrix}$$

$$\qquad\quad\ \ \checkmark$$

第四步,找出未被直线覆盖的元素中的最小元素。对未被直线覆盖的元素所在的行(打√行)中各元素都减去这一最小元素,这样,在未被直线覆盖的元素中势必会出现0元素,但同时却又使已被直线覆盖的元素中出现负元素。为了消除负元素,只要对它们所在的列(或行)中各元素都加上这一最小元素即可。

对上面这个矩阵进行第四步操作如下:先将第3、4行各元素分别减2,再将第3列各元素加2,得:

$$\begin{pmatrix} 0 & 11 & 4 & 0 \\ 8 & 0 & 5 & 11 \\ 0 & 3 & 0 & 2 \\ 3 & 2 & 0 & 3 \end{pmatrix} = (b''_{ij})$$

然后对新系数矩阵试指派,如果已经得到了 n 个独立0元素,则可求得最优解,否则返回到第三步重复进行。

本题按前面第二步对 (b''_{ij}) 试指派:先给 b''_{22} 加圈,然后给 b''_{14} 加圈,划掉 b''_{11};再给 b''_{31} 加圈,划掉 b''_{33};最后给 b''_{43} 加圈,结果如下:

$$\begin{pmatrix} \phi & 11 & 4 & ◎ \\ 8 & ◎ & 5 & 11 \\ ◎ & 3 & \phi & 2 \\ 3 & 2 & ◎ & 3 \end{pmatrix}$$

显然已经得到了 $n=4$ 个独立0元素,已得到最优解,最优解矩阵与第一次计算相同。

画最少的直线覆盖所有0元素时,还有一种方法是将画直线与试指派同时进行。试指派时,如果是按行0元素最少圈0,则将所圈0的列画直线,如果是按列0元素最少圈0,则将所圈0的行画直线,如果圈0的行与列的0元素一样多,画列直线或行直线均可,一般统一画行直线。

匈牙利法的适用前提有3个:

①目标函数是最小化;②系数矩阵是方阵;③系数矩阵中元素非负。当指派问题不满足这3个条件时,就先化为标准指派问题再用匈牙利法求解。下面讲述指派问题的几种特殊情况。

(1)极大值的指派问题。

设有 n 个工作,要由 n 个人来承担,每个工作只能由一个人承担,且每个人只能承担一个工作。c_{ij} 表示第 i 个人做第 j 个工作的收益,求总收益最大的指派方案。

除了目标函数是最大化外,约束条件与标准指派问题相同,引入0-1变量 x_{ij}:

$$x_{ij} = \begin{cases} 0, \text{不指派第 } i \text{ 人完成第 } j \text{ 个工作} \\ 1, \text{指派第 } i \text{ 人完成第 } j \text{ 个工作} \end{cases}$$

模型为:

$$\max z = \sum_{i=1}^{n}\sum_{j=1}^{n} c_{ij}x_{ij}$$

$$\text{s. t.}\begin{cases}\sum_{i=1}^{n} x_{ij} = 1, j = 1,2,\cdots,n\\ \sum_{j=1}^{n} x_{ij} = 1, i = 1,2,\cdots,n\\ x_{ij} = 0,1\end{cases}$$

先把目标函数化为最小化,即:

$$\min -z = \sum_{i=1}^{n}\sum_{j=1}^{n} - c_{ij}x_{ij}$$

这时,系数矩阵元素为 $-c_{ij}$ 为非正数,将系数矩阵每一行同时加上一个较大的正数 M(可取 $\max c_{ij}$),即目标函数变为:

$$\min w = \sum_{i=1}^{n}\sum_{j=1}^{n}(M - c_{ij})x_{ij}$$

显然与原问题同解,并已化为标准指派问题。

(2)不平衡指派问题。

①人数与工作数不等的指派问题。

设有 n 个工作,要由 m 个人来承担,每个工作只能由一个人承担,且每个人只能承担一个工作。c_{ij} 表示第 i 个人做第 j 件事的费用,求总费用最低的指派方案。

例如,现有4份工作,6个人应聘,由于个人的技术专长不同,他们承担各项工作所需时间是给定的,规定每人最多能做一项工作,每一项工作只能由一个人承担,试求使总时间最少的分派方案。

$n < m$ 时,方法为:增加 $(n - m)$ 个虚工作,每个人工作费用相同,从而转化为标准指派问题。$n > m$ 时方法类似。

②一个人可做几件事的指派问题。

设 n 个人中的第 k 个人可同时做 t 件事,则可把第 k 个人视为 t 个相同的人,这 t 个相同的人做同一件事的费用系数都一样,问题化为人数为 $n - 1 + t$ 的指派问题。如果要求每个人至少做一件事时,则每个人的原件做虚工作的费用设置为 M,而这些人的"拷贝件"做虚工作的费用设置为0。

③某人一定不能做某事的指派问题。

如在 $\min z$ 问题中,第 k 个人一定不能做第 t 件事,则可令 $c_{kt} = M$,M 为一很大正数。

4.6 Matlab求解整数线性规划问题

Matlab在R2012版本以前没有直接求解整数线性规划的函数,但有bintprog函数可以用来求解0-1整数规划问题,求解过程比较麻烦,Matlab R2014版本已经遗弃了这个函数,同时提供了一个比较新的、专用于求解整数规划和0-1整数规划的函数——intlinprog,用法与linprog函数相似。intlinprog求解较多的混合整数规划问题(用代码表示)如下:

$$\min f'x$$
$$\text{s.t.}\begin{cases} x(\text{intcon}) \text{ are integers} \\ Ax \leqslant B \\ Aeqx = Beq \\ lb \leqslant x \leqslant ub \end{cases}$$

该函数完整的调用程序代码为：

[x, fval, exitflag, output] = intlinprog(f, intcon, A, b, Aeq, beq, lb, ub, options)

与 linprog 函数相比，有 3 处不同：

(1) intlinprog 多了参数 intcon，intcon 为 x 的整数分量下标集合。

例如，若 x_1、x_3 为整数变量，则 intcon = [1,3]。

(2)混合整数线性规划输入参数没有初始搜索点 x_0，由于混合整数线性规划没有拉格朗日乘子，故输出时没有参数 lamda。

(3)若用完整调用格式，其输入 options 必须调用 optimoptions 产生，不能调用 optimset 产生，optimoptions 是 R2013a 版新引入的函数。options 字段非常多，一般采用默认值，即 options = optimoptions('intlinprog')；或者直接用简化的调用方式。算例如下。

例 4.12 调用 Matlab 优化工具箱求解例 4.2。

程序代码如下：

```
clc;clear;
f=[-3 -2];n=size(f,2);a=[2 3;2 1];b=[14 9];
lb=zeros(n,1); intcon=[1,2];
options=optimoptions('intlinprog');
[x, fval, exitflag, output] =intlinprog(f, intcon, a, b, [], [], lb,[], options)
```

Matlab 命令窗口输出结果为①此为 Matlab R2016a 运行结果；②此处已将命令窗口输出结果删除了空行和一些空格)：

```
LP:                    Optimal objective value is -14.750000.
Cut Generation:   Applied 1 Gomory cut.
                       Lower bound is -14.000000.
                       Relative gap is 0.00%.
Optimal solution found.
Intlinprog stopped at the root node because the objective value is within a gap tolerance of the optimal value,
options.AbsoluteGapTolerance = 0 (the default value). The intcon variables are integer within tolerance, options.IntegerTolerance = 1e-05
(the default value).
x =
    4.0000
    1.0000
fval =
   -14.0000
```

```
exitflag =
    1
output =
      relativegap: 0
        absolutegap: 0
        numfeaspoints: 1
      numnodes: 0
     constrviolation: 1.7764e-15
        message: 'Optimal solution found. …'
```

可见,输出了该整数规划问题对应的松弛问题的解,本例使用的是割平面法。输出了一些收敛控制参数,当然还输出了该整数规划问题的最优解和最优值。由于0-1 规划是整数规划的特例,求解0-1 规划时,只需将0-1 变量的上限值(ub)设为1,调用 Matlab 软件的 intlinprog 函数即可求解。

习题

4.1 某选址问题有8个可供选择的地点,若令:

$$x_i = \begin{cases} 1, \text{选中第 } i \text{ 个点} \\ 0, \text{未选中第 } i \text{ 个点} \end{cases}, i = 1,2,\cdots,8$$

请用 x_i 的线性表达式组表示下列要求:

(1)在第5、6、7、8个地点中最多选择两个。

(2)选了地点3就不能选择地点5。

(3)只有选了地点1,地点2才有被选资格。

4.2 分别用分支定界法和割平面法求解下列整数规划问题。

$$\max z = x_1 + x_2$$

$$\text{s.t.} \begin{cases} 2x_1 + x_2 \leqslant 6 \\ 4x_1 + 5x_2 \leqslant 20 \\ x_1, x_2 \geqslant 0 \text{ 且为整数} \end{cases}$$

4.3 已知最大化纯整数规划问题(松弛变量 x_{s1} 也是整数)求解过程中的单纯形表见表4-12,试写出以 x_1 为源行的割平面方程,并继续求该整数规划问题的最优解。

最大化纯整数规划问题求解过程中的单纯形表 表4-12

X_B	x_1	x_2	x_3	x_4	x_{s1}	$B^{-1}b$
x_2	0	1	0	0	1	3
x_1	1	0	0	1/7	-4/7	32/7
x_3	0	0	1	1/7	-22/7	11/7
$\sigma_j \rightarrow$	0	0	0	-1	-8	-51

4.4　某城市要在市区设置 k 个应急服务中心，经过初步筛选确定了 m 个备选地，现已知共有 n 个居民小区，备选地 i 到小区 j 的距离为 d_{ij}，为了使各小区能及时得到应急服务，要求各小区到最近的服务中心的距离尽可能短，试建立中心选址方案模型。

4.5　某车场有3辆车，分别限载 b_1、b_2、b_3，现有编号为 $1,2,\cdots,n$ 的货物 n 件，质量分别为 $g_1,g_2,\cdots,g_n$，且 $\sum_{i=1}^{n}g_i \geqslant \sum_{j=1}^{3}b_j$，运输利润分别为 $r_1,r_2,\cdots,r_n$，编号为 $1,2,\cdots,m$ 的物品为必装物品（假定能装下），其他物品选装，试建立整数规划模型求装载方案，使装货利润最大。

4.6　某工厂生成甲、乙两种产品，两种产品都可在3种机器的任一台上生产，1、2、3机器生产单位产品甲的时间分别为2h、1h、3h；1、2、3机器生产单位产品乙的时间分别为1h、1h、3h，在任何一种机器上生产各产品利润相同，单位利润分别为3元和2元，3台机器每天可用的生产时间分别为10h、6h、5h，每天第 i 台机器生产第 j 产品需要准备 t_{ij} h，该机器如不生产第 j 产品则不需要该准备时间，问如何制订生产计划才能使利润最大？试建立模型求解。

4.7　某人雇用了4个临时工，每人负责完成A、B、C、D四项任务中的一项。表4-13中显示了每人完成每一项任务所用的时间（单位：天）。

（1）应如何指派，可使总的时间最少？

（2）如果表中的数据为创造的效益，应如何指派才能使总效益最大？

（3）如果在表中增加一个人（一行），完成A、B、C、D工作的时间分别为16天、17天、20天、21天，这时应如何指派才能使总时间最少？

题目4.7数据（单位：天）　　表4-13

工　人	任　务			
	A	B	C	D
甲	20	19	20	28
乙	18	24	27	20
丙	26	16	15	18
丁	17	20	24	19

第5章

线性目标规划

线性规划讨论的是在一组线性约束条件下一个线性目标函数的最优值问题,然而实际决策中,衡量方案优劣要考虑多个目标。例如,拟订生产计划时,不仅考虑总产值,同时要考虑利润、产品质量和设备利用率等。这些指标之间的重要程度(优先级)也不相同。线性规划问题的约束条件过于刚性,不允许有丝毫超差,但实际应用时为了达到更高级的目标,允许约束条件柔性,这是为了满足高级目标允许约束条件有超差,但超差要尽量小。可见,实际决策时常常不是要求单一目标的最优解,而是要求多个目标按优先级次序尽量满足的满意解。目标规划就是为了解决上述不足而创建的一类数学模型。目标规划的有关概念和数学模型是由美国学者查那斯(A. Charnes)和库伯(W. W. Cooper)在1961年首次提出的。多目标规划内容非常丰富,本章仅介绍有优先等级和加权系数的线性目标规划(linear goal programming),本章所提到的目标规划均指线性目标规划。

5.1 线性目标规划建模

为了具体说明目标规划与线性规划在处理问题方法上的区别,先通过例子来介绍目标规划的有关概念及数学模型。

例5.1 某工厂生产Ⅰ、Ⅱ两种产品,有关数据见表5-1。

资 源 利 润 表　　　　表 5-1

产品	Ⅰ	Ⅱ	供应
原材料(kg)	2	1	11
设备(台时)	1	2	10
利润(元/件)	8	10	

制订生产计划时有以下目标:①原材料供应受严格限制;②产品Ⅱ的产量不低于产品Ⅰ的产量;③充分利用设备有效台时,不加班;④利润额不小于56元。求决策方案。

首先要确定决策变量,决策变量的设计要能体现问题方案,要能方便地表示各个目标及约束条件。这里用 x_1 、x_2 分别表示在计划期内产品Ⅰ、Ⅱ的产量,然后再分析决策目标与约束条件。

5.1.1 正负偏差量d^+和d^-

由于各个目标可能相互矛盾,一般不存在各个目标同时达到最优的解。目标规划通过引入目标值和偏差量来衡量目标的满意程度。预先给定各个目标一个期望值,称为目标值。引入偏差变量(deviation variables) d^+ 、d^- 。正偏差变量 d^+ 表示决策值超出目标值的部分,负偏差变量 d^- 表示决策值未达到目标值的部分。在一次决策中,实现值不可能既超过目标值又未达到目标值,故有 $d^+ \times d^- = 0$,并规定 $d^+ \geqslant 0$, $d^- \geqslant 0$ 。

5.1.2 绝对约束与目标约束

目标规划中有些约束是必须满足的,称为系统约束(system constraint),也称为绝对约束。一般线性规划中的约束条件即为一种绝对约束,如例5.1中的目标①,可表示成 $2x_1 + x_2 \leqslant 11$。目标规划中有些约束是柔性的,就是尽量满足该约束,但由于一些优先级较高的目标限制使得该约束无法满足时,转而求使约束偏离值尽量少,该类约束称为目标约束(goal constraint)。目标约束是目标规划特有的,可把约束右端项看作要追求的目标值,与正负偏差量 d^+ 、d^- 配合使用。例5.1中目标②的正负偏差量记为 d_1^+ 、d_1^- ,满足 $x_1 - x_2 + d_1^- - d_1^+ = 0$ 。显然,约束条件可以表示成 d_1^+ 尽量小,即 $\min d_1^+$ 。目标规划模型可以不包含绝对约束,但必须包含目标约束。

5.1.3 优先因子(优先等级)与权系数

目标规划问题有若干目标,这些目标有主次或轻重缓急的不同。将目标按重要性程度不同依次分成一级目标、二级目标、……、L 级目标。凡要求第一位达到的目标赋予优先因子 P_1 ,次位的目标赋予优先因子 P_2…… ,并规定 $P_l \gg P_{l+1} > 0$, $l = 1,2,\cdots,L$, 表示 P_l 比 P_{l+1} 有更大的优先权。目标规划问题求解中,把绝对约束作为最高优先级考虑。

同一级别的目标可以是多个。同一优先级的多个目标的重要程度可用权系数来描述,第 l 级别的第 k 个目标的权系数记为 w_{lk} 。

5.1.4 目标规划的目标函数

对同一目标而言,若有几个决策方案都能使其达到,可认为这些方案就这个目标而言都是最优方案;若达不到,则与目标差距越小越好。即尽量满足某一目标可表示成该目标的期望值

偏差量尽量小,即表示成 $\min f(d^+,d^-)$ 的形式。其基本形式有3种:

(1)要求恰好达到目标值,即正负偏差量都要尽可能小,这时 $\min z = f(d^+ + d^-)$。

(2)要求不超过目标值,即允许达不到目标值,就是正偏差量要尽可能小,这时 $\min z = f(d^+)$。

(3)要求超过目标值,即超过量不限,但必须是负偏差量要尽可能小,这时 $\min z = f(d^-)$。

目标规划的总目标函数(准则函数)按各级别目标约束的正负偏差量以及相应的优先因子、权系数线性组合构造而成。对于例5.1,可按决策者所要求的,分别赋予②③④这3个目标 P_1、P_2、P_3 优先因子。该问题的数学模型是:

$$\min z = P_1 d_1^+ + P_2(d_2^+ + d_2^-) + P_3 d_3^-$$

$$\text{s.t.}\begin{cases} 2x_1 + x_2 \leqslant 11 \\ x_1 - x_2 + d_1^- - d_1^+ = 0 \\ x_1 + 2x_2 + d_2^- - d_2^+ = 10 \\ 8x_1 + 10x_2 + d_3^- - d_3^+ = 56 \\ x_1, x_2, d_i^-, d_i^+ \geqslant 0, i = 1,2,3 \end{cases}$$

目标规划的一般数学模型为:

$$\min z = \sum_{l=1}^{L} P_l \sum_{k=1}^{K} (w_{lk}^- d_{lk}^- + w_{lk}^+ d_{lk}^+)$$

$$\text{s.t.}\begin{cases} \sum_{j=1}^{n} c_{lkj} x_j + d_{lk}^- - d_{lk}^+ = g_{lk}, l=1,\cdots,L; k=1,\cdots,K & (5\text{-}1) \\ \sum_{j=1}^{n} a_{ij} x_j \leqslant (=,\geqslant) = b_i, i=1,\cdots,m & (5\text{-}2) \\ x_j \geqslant 0, j=1,\cdots,n \\ d_{lk}^-, d_{lk}^+ \geqslant 0, l=1,\cdots,L; k=1,\cdots,K \end{cases}$$

式(5-1)为目标约束,g_{lk}、d_{lk}^-、d_{lk}^+ 为第 l 级别的 k 个目标的目标值及正负偏差变量,c_{lkj} 为第 l 级别的第 k 个目标约束 x_j 的系数;w_{lk}^-、w_{lk}^+ 为第 l 级别的第 k 个目标的权系数;式(5-2)为绝对约束。从模型可以看出,目标线性规划本质上是一个线性规划模型。

建立目标规划的数学模型时,需要确定目标值、优先等级、权系数等,它们都具有一定的主观性和模糊性,可以用专家评定法来量化。

5.2 线性目标规划图解法

对只具有两个决策变量的目标规划的数学模型,可以用图解法来分析求解。一般线性规划问题的图解法是先求出可行域,再通过平移目标函数等值线寻找最优解。目标规划问题各个目标有不同的优先级,优先级靠后的目标可能不严格满足,因此目标规划不是求最优解,而是求逐次满足各级目标的满意解,显然其"满意域"要根据优先级逐次生成。首先作出目标规划问题非负条件和绝对约束构成的可行域，记为 R_0；然后在可行域内寻找到使 P_1 级目标满足(或尽最大可能满足)的区域 $R_1(R_1 \subseteq R_0)$；再在 R_1 中寻找到使 P_2 级目标均满足的区域 $R_2(R_2 \subseteq R_1)$；接着在 R_2 中寻找一个满足 P_3 的各目标的区域 $R_3(R_3 \subseteq R_2)$……如此下去，直到寻找到一个区域$R_L(R_L \subseteq R_{L-1} \subseteq \cdots \subseteq R_0)$，满足最后一级 P_L 级的各目标，这个 R_L 即为所求的解域。如果中间某一个 $R_l(1 \leqslant l \leqslant L)$ 已退化为一点，则计算终止，这一点即为满意解，它能满足 P_1，…，P_l 级目标，不能确定是否满足 P_{l+1}，…，P_L 级目标，但已无法进一步改进。可见，只含目标约束的目标规划模型必定存在满意解。

例 5.1 先在平面直角坐标系的第一象限内作各约束条件。绝对约束条件的作图与线性规划相同。作目标约束时，先令 d_i^-，$d_i^+ = 0$，作相应的直线，然后在这直线旁标上 d_i^-、d_i^+，如图 5-1所示。

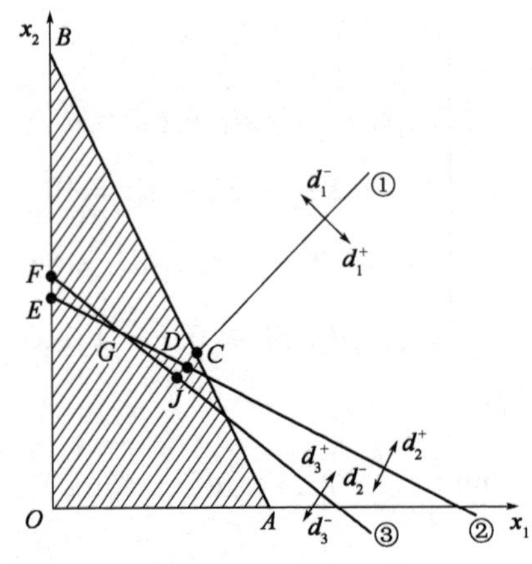

图 5-1　约束条件示意图

显然，满足非负约束和绝对约束的可行域为 OAB 所围成的区域，即 $R_0 = \Delta OAB$；考虑一级目标 $\min(P_1 d_1^+)$，显然应是射线①的左上侧，故 $R_1 = \Delta OCB$；接着考虑具有 P_2 优先因子的目标的实现，在目标函数中要求实现 $\min(d_2^+ + d_2^-)$，当 $d_2^+ = d_2^- = 0$ 时，x_1，x_2 可在线段 $\overline{ED}$ 上取值，即 $R_2 = \overline{ED}$；最后考虑具有 P_3 优先因子的目标的实现，在目标函数中要求实现 $\min d_3^-$。从图中判断可以使 $d_3^- = 0$，这就使 x_1、x_2 的取值范围缩小到线段 $\overline{GD}$ 上，这就是该目标规划问题的解。求得 G 的坐标是(2,4)，D 的坐标是 $\left(\frac{10}{3},\frac{10}{3}\right)$，线段 $\overline{GD}$(G、D 的凸线性组合)都是该目标规划问题的解。

注意，本例依先后次序都满足 $d_1^+ = 0$，$d_2^+ + d_2^- = 0$，$d_3^- = 0$ 三级目标，因而 $z^* = 0$。但在大多数问题中可能优先级低的目标不能完全满足。

5.3　线性目标规划单纯形法

目标规划的数学模型结构与线性规划的数学模型在结构形式上没有本质的区别，所以可用单纯形法求解。目标规划数学模型有以下特点：

(1)目标规划问题的目标函数都是求最小化,因此最优性条件是所有检验数都非负。

(2)检验数计算公式$\sigma_j = c_j - \sum_{i=1}^{m} c_i a_{ij}'$中,$c_j$、$c_i$为目标规划中目标函数的系数,由于目标规划中目标函数中不含决策变量,仅含偏差变量,故价格系数为优先级因子或0,所以检验数是优先因子P_l的组合形式,而且不含常数项,因此在绘制单纯形表时,检验数行应按优先因子个数分别列成L行,依次填写检验数中优先因子P_l的系数。

(3)由于$P_l \gg P_{l+1}$,$l = 1,2,\cdots,L$,从每个检验数的整体来看:检验数的正、负首先决定于P_1的系数的正、负。若P_1的系数为0,这时此检验数的正、负就决定于P_2的系数的正、负,以此类推可得其他检验数的正、负。

换基运算时选择负的检验数的绝对值最大的变量作为入基变量,需从P_1系数行开始查找,若P_1行有负系数,则在负系数里选绝对值最大的系数对应的变量作为入基变量;若P_1行系数均非负,显然P_1行系数为正的检验数肯定为正,对于P_1行系数为0的,则需检查P_2行系数,在P_1行系数为0且P_2行系数为负,则在页系数中选绝对值最大的系数对应的变量作为入基变量,以此类推可得其他入基变量。当L行系数都非负时,所有检验数均非负,已求得最优解。求出最优解后,如果最终单纯形表中有非基变量检验数为0,说明有多个满意解,分析同一般线性规划问题。

解目标规划问题的单纯形法的计算步骤可总结如下:

(1)建立初始单纯形表,在表中将检验数行按优先因子个数分别列成L行,置$l=1$。

(2)检查检验数第l行中是否存在负数,且对应的前$l-1$行的系数为0。若有负数取其中最小者对应的变量为入基变量,转到步骤(3)。若无负数,则转到步骤(5)。

(3)按最小比值规则确定出基变量,当存在两个和两个以上相同的最小比值时,选取具有较高优先级别的变量为换出变量。

(4)按单纯形法进行基变换运算,建立新的计算表,置$l = 1$,返回步骤(2)。

(5)当$l = L$时,计算结束。表中的解即为满意解,否则置$l = l + 1$,返回步骤(2)。

例5.2 试用单纯形法来求解例5.1,先化为标准形式:

$$\min z = P_1 d_1^+ + P_2(d_2^+ + d_2^-) + P_3 d_3^-$$

$$\text{s.t.} \begin{cases} 2x_1 + x_2 + x_s = 11 \\ x_1 - x_2 + d_1^- - d_1^+ = 0 \\ x_1 + 2x_2 + d_2^- - d_2^+ = 10 \\ 8x_1 + 10x_2 + d_3^- - d_3^+ = 56 \\ x_1, x_2, d_i^-, d_i^+ \geqslant 0, i = 1,2,3 \end{cases}$$

(1)取x_s、d_1^-、d_2^-、d_3^-为初始基变量,列初始单纯形表,见表5-2。

(2)取$l = 1$,检查检验数的P_1行,因该行无负检验数,故转到步骤(5)。

(3)因$l < L = 3$,置$l = l + 1 = 2$,返回到步骤(2)。

(4)$l = 2$时,查出检验数P_2行中有-1、-2,取$\min\{-1, -2\} = -2$。它对应的变量x_2为入基变量,转步骤(3)。

初始单纯形表 表5-2

$c_j\to$						P_1	P_2	P_2	P_3		RHS	θ
C_B	X_B	x_1	x_2	x_s	d_1^-	d_1^+	d_2^-	d_2^+	d_3^-	d_3^+	$B^{-1}b$	
0	x_s	2	1	1							11	11/1
0	d_1^-	1	-1		1	-1					0	—
P_2	d_2^-	1	2				1	-1			10	10/2
P_3	d_3^-	8	10						1	-1	56	56/10
	P_1					1						
$\sigma_j\to$	P_2	-1	-2					2				
	P_3	-8	-10							1		

(5)在表5-2上计算最小比值 $\theta = \min\left\{\frac{11}{1},0,\frac{10}{2},\frac{56}{10}\right\} = \frac{10}{2}$,它对应的变量 d_2^- 为换出变量,转入步骤(4)。

(6)进行换基运算后,计算结果见表5-3,再返回到步骤(2)。

换基运算计算结果 表5-3

$c_j\to$						P_1	P_2	P_2	P_3		RHS	θ
C_B	X_B	x_1	x_2	x_s	d_1^-	d_1^+	d_2^-	d_2^+	d_3^-	d_3^+	$B^{-1}b$	
	x_s	3/2		1			-1/2	1/2			6	4
	d_1^-	3/2			1	-1	1/2	-1/2			5	10/3
P_3	x_2	1/2	1				1/2	-1/2			5	10
	d_3^-	3					-5	5	1	-1	6	6/3
	P_1					1						
$\sigma_j\to$	P_2						1	1				
	P_3	-3					5	-5		1		

(7)在表5-3中,P_1、P_2 行检验数全为非负,P_3 行有两个负值检验数,但变量 d_2^+ 列的 -5 上面 P_2 行检验数为正,故 d_2^+ 列的检验数必为正,所以入基变量只能取变量 x_1。

(8)按 θ 最小比值原则确定出基变量为 d_3^-,进行基变换运算后,得到新的单纯形表,见表5-4。

新的单纯形表 表5-4

$c_j\to$						P_1	P_2	P_2	P_3		RHS	θ
C_B	X_B	x_1	x_2	x_s	d_1^-	d_1^+	d_2^-	d_2^+	d_3^-	d_3^+	$B^{-1}b$	
	x_s			1			2	-2	-1/2	1/2	3	6
	d_1^-				1	-1	3	-3	-1/2	1/2	2	4
	x_2		1				4/3	-4/3	-1/6	1/6	4	24
	x_1	1					-5/3	/3	1/3	-1/3	2	
	P_1											
$\sigma_j\to$	P_2					1	1	1				
	P_3								1			

(9)此时,检验数系数行全为非负,故 $x_1^* = 2, x_2^* = 4$ 为满意解,此解相当于图 5-1 的 G 点。但此时有非基变量 d_3^+ 的检验数为 0,这表示存在多重满意解。

在表 5-4 中以 d_3^+ 为入基变量, d_1^- 为出基变量,换基运算后得到表 5-5。

换基运算结果　　表 5-5

$c_j \rightarrow$						P_1	P_2	P_2	P_3		RHS	θ
$\boldsymbol{C_B}$	$\boldsymbol{X_B}$	x_1	x_2	x_s	d_1^-	d_1^+	d_2^-	d_2^+	d_3^-	d_3^+	$\boldsymbol{B^{-1}b}$	
	x_s			1	−1	1	−1	1			1	
	d_3^+				2	−2	6	−6	−1	1	4	
	x_2				−1/3	1/3	1/3	−1/3			10/3	
	x_1	1	1		2/3	−2/3	1/3	−1/3			10/3	
$\sigma_j \rightarrow$	P_1					1						
	P_2						1	1				
	P_3								1			

显然,表 5-5 中的解 $x_1^* = \dfrac{10}{3}, x_2^* = \dfrac{10}{3}$ 也为满意解。此解相当于图 5-1 的 D 点。G、D 两点的凸线性组合都是本题的满意解。

习题

5.1　判断题。

(1)(　　)正偏差变量大于若等于 0,负偏差变量小于若等于 0。

(2)(　　)系统约束中最多含有一个正或负的偏差变量。

(3)(　　)目标约束一定是等式约束。

(4)(　　)一对正负偏差变量至少一个大于 0。

(5)(　　)一对正负偏差变量至少一个等于 0。

(6)(　　)要求至少达到目标值的目标函数是 $\max z = d^+$ 。

(7)(　　)要求不超过目标值的目标函数是 $\min z = d^+$ 。

(8)(　　)超出目标的差值称为正偏差。

(9)(　　)目标规划模型中,可以不包含系统约束,但必须包含目标约束。

(10)(　　)目标规划的目标函数中既包含决策变量,又包含偏差变量。

5.2　现有一船舶的舱容量为 3 万 m^3、载质量为 2 万 t,准备装运每件均为 $1m^3$ 的 3 种货物 A、B、C,3 种货物的单位质量和单位收入见表 5-6;考虑以下几个方面:①总运费收入不低于 350 万 t;②总货物质量不低于 1.25 万 t;③A 货物质量恰好为 0.5 万 t;④B 货物质量不少于 0.2 万 t;⑤C 货物质量不少于 0.2 万 t。请建立目标规划模型。

题 目 5.2 数 据 表5-6

货物	A	B	C
单位质量(t/件)	0.5	0.2	0.3
单位收入(元/件)	240	1200	700

5.3 用图解法和单纯形法求解以下目标规划模型。

$$\min z = P_1 d_1^- + P_2 d_2^+ + P_3 (d_3^- + d_3^+)$$

$$\text{s.t.} \begin{cases} 3x_1 + x_2 + x_3 + d_1^- - d_1^+ = 60 \\ x_1 - x_2 + 2x_3 + d_2^- - d_2^+ = 10 \\ x_1 + x_2 - x_3 + d_3^- - d_3^+ = 20 \\ x_i \geqslant 0, d_i^-, d_i^+ \geqslant 0, i = 1,2,3 \end{cases}$$

第 6 章 动态规划

动态规划(dynamic programming)是运筹学的一个分支,是求解决策过程最优化的数学方法。20 世纪 50 年代初,美国数学家 R. E. Bellman 等人在研究多阶段决策过程(multistep decision process)的优化问题时,提出了著名的最优化原理(principle of optimality),把多阶段过程转化为一系列单阶段问题,逐个求解,创立了解决这类过程优化问题的新方法——动态规划,并于 1957 年出版了他的名著 *Dynamic Programming*,这是该领域的第一本著作。动态规划问世以来,在经济管理、生产调度、工程技术和最优控制等方面得到了广泛的应用。例如,最短路线、库存管理、资源分配、设备更新、排序、装载等问题,用动态规划方法比用其他方法求解更为方便。虽然动态规划主要用于求解以时间划分阶段的动态过程的优化问题,但是一些与时间无关的静态规划(如线性规划、非线性规划),只要人为地引进时间因素,把它视为多阶段决策过程,也可以用动态规划方法方便地求解。

6.1　多阶段决策问题基本概念

以下用例 6.1 来分析多阶段决策问题。

例 6.1　如图 6-1 所示,要从 A 铺设一条管道到 E,要求中间必须经过 3 个中间站,第一站可以在 B_1、B_2、B_3 中选择,第二、三站可供选择的地点分别是 $\{C_1、C_2\}$、$\{D_1、D_2、D_3\}$,连接两点的管道的距离用图上两点连线上的数字表示，要求选择一条从 A 到 E 的铺管线路，使总距离最短。

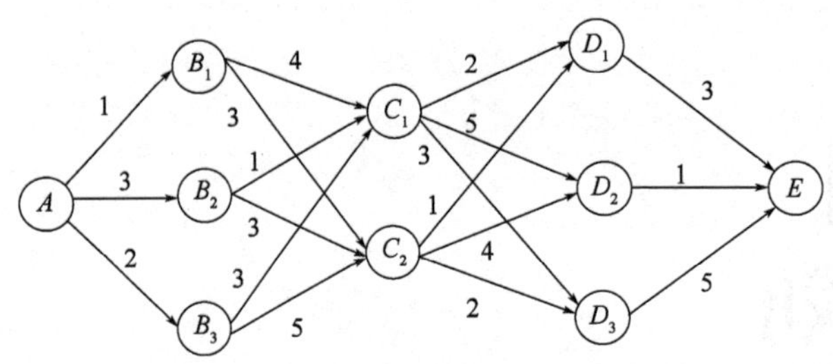

图6-1　例6.1图

解这个问题最简单的办法是穷举法。用穷举法求解，将每条路径长度求出来，该题一共有 $3\times2\times3\times1=18$ 条路径，每条路径是4条路段相加（加3次），故一共是 $18\times3=54$ 次加法计算。当每条路径路段数多且各段选择也多时，穷举法的计算量将变得非常庞大。

穷举法有一个缺点是重复计算子路径，如路径 $A\rightarrow B_1\rightarrow C_1\rightarrow D_1\rightarrow E$ 和 $A\rightarrow B_2\rightarrow C_1\rightarrow D_1\rightarrow E$ 具有相同的子路径 $C_1\rightarrow D_1\rightarrow E$，穷举法对这个相同的子路径的距离重复计算了。如果我们把子路径 $C_1\rightarrow D_1\rightarrow E$ 计算一次后保存结果，就可以减小计算量。因此需要将 $C_1\rightarrow D_1\rightarrow E$ 对应的子问题和类似子问题分离出来，即将原问题转化成一个所谓的多阶段的决策问题。

这里先介绍多阶段决策问题的基本概念。在生产和科学实验中，有这样一类特殊活动过程，可将过程分为若干相互联系的阶段（stage），在每一个阶段都要做出决策，全部过程的决策是一个决策序列。要求决策序列使整个活动的总体效果达到最优，称这样的问题为**多阶段决策问题**。例6.1是一个典型的多阶段决策问题。从图6-1可以看出，从 A 到 E 可以分为4个阶段实现：从 A 到 $B_i(i=1,2,3)$ 为第一阶段，从某个 B_i 到 $C_j(j=1,2)$ 为第二阶段，从某个 C_j 到 $D_t(t=1,2,3)$ 为第三阶段，从某个 D_t 到 E 为第四阶段。

描述阶段的变量称为阶段变量。阶段变量一般是离散的，也可以是连续的，如在一些控制系统中，阶段变量为时间，且可以在任意时刻 t 做决策。本书只讲解阶段变量是离散的情形，阶段总数通常记为 n。阶段变量用序号 k 表示，k 取值为 $1,2,\cdots,n$。阶段变量通常根据时间或空间的自然特征划分。阶段数固定的问题称为定期多阶段决策问题；阶段数不固定的问题称为不定期多阶段决策问题。此外，在实际问题中，有的多阶段决策过程可以无限地延续下去，称为无期多阶段决策问题。

状态（state）。状态指每个阶段开始所处的自然状况或客观条件，它描述了研究问题过程的状况，又称不可控因素。状态指的是某阶段的出发位置。它既是前一阶段路线的终点，又是后一阶段路线的起点。通常一个阶段有若干个状态，如例6.1中，第二阶段有 B_1、B_2、B_3 3个状态。第二阶段状态 B_i 既是第一阶段路线的终点（第一阶段决策的结果），又是第二阶段路线的起点。描述状态的变量为状态变量（state variable），通常记第 k 阶段的状态变量为 s_k。s_k 的所有可取值的集合称为第 k 阶段的可达状态集（set of admissible states），用大写的 S_k 表示。例6.1中，$s_1\in S_1=\{A\}$，$s_2\in S_2=\{B_1,B_2,B_3\}$ ……我们这里所讲的多阶段决策问题，其状态应具有无后效性：即如果某阶段状态给定后，则这一个阶段以后过程的发展不受这一个阶段以前各段状态的影响。

决策（decision）。当一个阶段的状态确定后，可以做出各种选择，从而演变到下一阶段的某个状态,这种选择手段称为决策,在最优控制问题中也称为控制(control)。描述决策的变量称决策变量(decision variable)。由于状态的无后效性,决策应是当前状态 s_k 的函数,常用 $x_k(s_k)$ 表示第 k 阶段当状态处于 s_k 时的决策变量。在实际问题中,决策变量的取值往往限制在某一范围之内,此范围称为允许决策集合(set of admissible decisions)。常用 $D_k(s_k)$ 表示第 k 阶段当状态处于 s_k 时的允许决策集合。显然, $x_k(s_k) \in D_k(s_k)$ 。

例如,例 6.1 中,第二阶段若从 B_1 出发,则 $D_2(B_1) = \{C_1, C_2\}$,如决策为走点 C_2 ,则可记为 $x_2(B_1) = C_2$ 。

状态转移方程(equation of state):在确定性过程中,一旦某阶段的状态和决策为已知,下阶段的状态便完全确定。用状态转移方程表示这种演变规律,若已给定第 k 阶段状态变量 s_k 的值,则该阶段的决策变量 x_k 一经确定了,第 $k+1$ 阶段的状态变量的值 s_{k+1} 也就完全确定了,其对应关系可记为:

$$s_{k+1} = T_k(s_k, x_k)$$

例如,例 6.1 中,第一阶段初始状态 A ,如果 x_1 决策为经过 B_1 ,则 $T_1(A, x_1(A)) = B_1$,简记为 $x_1(A) = B_1$ 。

策略(policy)。策略指一个按顺序排列的决策组成的集合。

我们将问题分解成一个多阶段问题,每个阶段都要进行决策。一般来说,决策要依据阶段序列有序进行。从最后一阶段的终止状态开始逆序逐阶段决策称为逆推法(backward induction method),从第一阶段的初始状态开始顺序逐阶段决策称为顺推法(forward induction method)。

用逆推法时,从第 k 阶段某一开始状态 s_k 到最后阶段终止状态的一个决策序列为原问题的一个子问题的一个解,称该子问题为问题的 k 后部子过程(或简称为 k 子过程)。k 子过程由每阶段的决策按顺序排列组成的决策序列 $\{x_k(s_k), \cdots, x_n(s_n)\}$ 称为 k 子过程策略,简称子策略,记为 $p_{k,n}(s_k)$ 。即:

$$p_{k,n}(s_k) = \{x_k(s_k), x_{k+1}(s_{k+1}), \cdots, x_n(s_n)\}$$

当 $k=1$ 时,此决策序列称为全过程的一个策略,简称策略,记为 $p_{1,n}(s_1)$,即 $p_{1,n}(s_1) = \{x_1(s_1), x_2(s_2), \cdots, x_n(s_n)\}$ 。

例如, $x_1(A) = B_1$, $x_2(B_1) = C_1$, $x_3(C_1) = D_1$, $x_4(D_1) = E$ 为一个全过程策略,对应路径: $A \to B_1 \to C_1 \to D_1 \to E$ 。 $x_3(C_1) = D_1$, $x_4(D_1) = E$ 为一个 k ($=3$)子过程策略,对应子路径 $C_1 \to D_1 \to E$ 。

在实际问题中,可供选择的策略有一定的范围,此范围称为允许策略集合(set of admissible policies),用 P 表示, $P_{k,n}(s_k)$ 表示第 k 阶段初始状态为 s_k 时到第 n 阶段(最后阶段)终止状态子策略的允许策略集。

类似地,可定义 k 前部子过程,顺推法时从第一阶段的初始状态开始到第 k 阶段结束状态为 s_{k+1} 的这一决策序列为原问题的一个子过程的一个解,称该子过程为问题的 k 前部子过程。 $p_{1,k}(s_{k+1}) = \{x_1(s_1), x_2(s_2), \cdots, x_k(s_k)\}$ 表示 k 前部子过程策略, $P_{1,k}(s_{k+1})$ 表示 k 前部子过程允许策略集。从允许策略集合中找出达到最优效果的策略为最优策略(optimal policy)。

指标函数(objective function)。衡量过程优劣的数量指标是关于过程初始状态和过程策略的数量函数,所以也称指标函数,类似于静态规划中的目标函数。定义在全过程上的指标函

数用 $V_{1,n}$ 表示,定义在 k 后部子过程上的指标函数用 $V_{k,n}$ 表示。$V_{k,n}$ 应是第 k 阶段状态 s_k 和 k 子过程策略的函数,即 $V_{k,n} = V_{k,n}(s_k, x_k, s_{k+1}, x_{k+1}, \cdots, s_{n+1})$。考虑到 $s_{t+1} = T_t(s_t, x_t)$,$t = k,\cdots,n$,因此指标函数独立变量是策略和该阶段初始状态参数 s_k,即指标函数也可以写成:

$$V_{k,n}(s_k, p_{k,n}) = V_{k,n}(s_k, x_k(s_k), x_{k+1}(s_{k+1}), \cdots, x_n(s_n))$$

其中,$s_{t+1} = T_t(s_t, x_t)$,$t = k,\cdots,n$。

指标函数根据不同决策问题有不同的含义,它可能是距离、利润、资金、产量等等。根据问题意义,例 6.1 的 k 后部子过程指标函数 $V_{k,n}(s_k, x_k(s_k), x_{k+1}(s_{k+1}), \cdots, x_n(s_n))$ 应为 k 阶段初始状态 s_k 到终点 E 的距离。例如,对于函数 $V_{1,4}(A, p_{1,4})$,当 $p_{1,4} = x_1(A), x_2(B_1), x_3(C_1), x_4(D_1)$,其中 $B_1 = x_1(A)$,$C_1 = x_2(B_1)$,$D_1 = x_3(C_1)$,$E = x_4(D_1)$,该策略对应的指标函数值为 10。

例 6.1 中指标函数为各阶段路段长度之和,即其指标函数具有阶段可加。我们称各阶段路段长度为阶段指标函数,由于各阶段路段长度仅与阶段初始条件和决策(路段两端点)有关,记阶段指标为 $v_k(s_k, x_k)$。例如,函数 $v_2(B_1, x_2(B_1))$ 为 $v_2(B_1, x_2(B_1)) = \begin{cases} 4, x_2(B_1) = C_1 \\ 3, x_2(B_1) = C_2 \end{cases}$。

由于指标函数具有阶段可分离性,可以建立指标函数的阶段递推表达式,以例 6.1 中过程指标函数为阶段指标之和的情形为例,递推式可表示为:

$$V_{k,n}(s_k, x_k, \cdots, s_{n+1}) = v_k(s_k, x_k) + V_{k+1,n}(s_{k+1}, x_{k+1}, \cdots, s_{n+1})$$

这里 $V_{k,n}(s_k, x_k, \cdots, s_{n+1})$ 表示第 k 阶段初始状态为 s_k 时后部子策略对应的过程距离,$v_k(s_k, x_k)$ 为阶段距离。例如:

$V_{3,4}(C_1, x_3(C_1), x_4(D_1)) = 5$,其中$D_1 = x_3(C_1)$,$E = x_4(D_1)$;$V_{2,4}(B_1, x_2(B_1), x_3(C_1), x_4(D_1)) = v_2(B_1, x_2(B_1)) + V_{3,4}(C_1, x_3(C_1), x_4(D_1)) = 4 + 5 = 9$,其中$C_1 = x_2(B_1)$,$D_1 = x_3(C_1)$,$E = x_4(D_1)$。

建立递推方程并依题意定义边界条件后,求解例 6.1 可以先求出 $V_{4,4}(\cdot)$ 各个指标函数值,再根据递推公式逐阶段求 $V_{3,4}(\cdot)$、$V_{2,4}(\cdot)$、$V_{1,4}(\cdot)$,在求解 $V_{k,n}$ 时都利用了上一阶段 $V_{k+1,n}$ 的计算结果,最终 min $(V_{1,4}(\cdot))$ 即为问题的解。类似可以定义 k 前部子过程上的指标函数(用 $V_{1,k}$ 表示),此处从略。这种求解方法称为多阶段决策问题的递推法求解,递推法比穷举法减小了计算量,但计算量还是很大。

6.2 动态规划原理

6.2.1 动态规划基本思想

指标函数递推法也存在一种冗余计算现象。例如,用逆序递推法计算时,如果前面已经计算了各条 C_1 到 E 的路径(计算了 $C_1 \rightarrow D_1 \rightarrow E$ 和 $C_1 \rightarrow D_2 \rightarrow E$、$C_1 \rightarrow D_3 \rightarrow E$),发现 C_1 到 E 的最短距离为 5,对应路径为 $C_1 \rightarrow D_1 \rightarrow E$,我们只需把 C_1 到 E 的最短路径及距离保存下来,后面途经 C_1 点至 E 点的路径计算时就只需计算通过子路径为 $C_1 \rightarrow D_1 \rightarrow E$ 的路径,如只需要

计算 $A \to B_1 \to C_1 \to D_1 \to E$,不需要计算 $A \to B_1 \to C_1 \to D_2 \to E$,因为后者肯定比前者距离要长。也就是说,考虑到最短路径的子路径也必为最短路径,对于前部子过程(顺推法)或后部子过程(逆推法),只需保存子过程的最优子策略即可,相当于设置了一个过滤条件来减小冗余计算。这里用 $f_k(s_k)$ 表示 k 阶段初始状态 s_k 到终点 E 的最短距离,称为最优值函数(贝尔曼函数)。最优值函数 $f_k(s_k)$ 是初始状态 s_k 的函数。例如, $f_3(C_1)$ 表示第三阶段初始状态为 C_1 到终点的最短路径长。逆推时依次求出各阶段初始状态到终点的最优值函数 $f_k(s_k)$,同时计算 $f_k(s_k)$ 时利用前面 $f_{k+1}(s_{k+1})$ 的计算结果。利用最优值函数递推的公式称为动态规划基本方程:

$$f_k(s_k) = \min_{x_k \in D_k(s_k)} \{v_k(s_k, x_k(s_k)) + f_{k+1}(x_k(s_k))\}$$

当然,这里还需要一个边界条件。这样我们就不是用指标函数去递推,而是利用最优值函数递推,减小了冗余计算。

按照这个思路,例 6.1 的计算过程如下:

(1)设定边界条件。

s_5 只有唯一的状态 E ,结合指标函数设计设定边界条件: $f_5(E) = 0$ 。

(2) $k = 4$,求第四阶段所有状态到终点 E 的最短距离。

第四阶段有 3 个初始状态 D_1、D_2、D_3 ,全过程最短路线到底经过哪个点,目前无法确定,因此只能将各种情况都考虑,即必须求出 D_1 、D_2 、D_3 到终点的最短距离 $f_4(s_4)$ 。记为: $f_4(D_1) = v_4(D_1, E) + f_5(E) = 3$,同理, $f_4(D_2) = v_4(D_2, E) + f_5(E) = 1$, $f_4(D_3) = v_4(D_3, E) + f_5(E) = 5$ 。

(3) $k = 3$,求第三阶段所有状态到终点 E 的最短距离。

第三阶段有两个初始状态 C_1 、C_2 ,从 C_1 出发有经 D_1 、D_2 、D_3 到终点 3 个选择:

$$f_3(C_1) = \min_{t=1,2,3}(v_3(C_1, D_t) + f_4(D_t)) = \min\begin{Bmatrix} v_3(C_1, D_1) + f_4(D_1) = 5 \\ v_3(C_1, D_2) + f_4(D_2) = 6 \\ v_3(C_1, D_3) + f_4(D_3) = 8 \end{Bmatrix} = 5$$

即 C_1 到 E 的最短路线为: $C_1 \to D_1 \to E$,最短距离为 5,同理:

$$f_3(C_2) = \min\begin{Bmatrix} v_3(C_2, D_1) + f_4(D_1) = 4 \\ v_3(C_2, D_2) + f_4(D_2) = 5 \\ v_3(C_2, D_3) + f_4(D_3) = 7 \end{Bmatrix} = 4$$

即 C_2 到 E 的最短路线为: $C_2 \to D_1 \to E$,最短距离为 4。

(4) $k = 2$,求第二阶段所有状态到终点 E 的最短距离。

第二阶段,有 3 个初始状态 B_1 、B_2 、B_3 ,同理可以得到:

$$f_2(B_1) = \min_{j=1,2}\left(v_2(B_1, C_j) + f_3(C_j)\right) = \min\begin{Bmatrix} v_2(B_1, C_1) + f_3(C_1) = 8 \\ v_2(B_1, C_2) + f_3(C_2) = 7 \end{Bmatrix} = 7$$

$$f_2(B_2) = \min\begin{Bmatrix} v_2(B_2, C_1) + f_3(C_1) = 6 \\ v_2(B_2, C_2) + f_3(C_2) = 7 \end{Bmatrix} = 6$$

$$f_2(B_3) = \min\begin{Bmatrix} v_2(B_3, C_1) + f_3(C_1) = 8 \\ v_2(B_3, C_2) + f_3(C_2) = 9 \end{Bmatrix} = 8$$

即 B_1 到 E 的最短路线为：$B_1 \to C_2 \to D_1 \to E$，最短距离为7；$B_2$ 到 E 的最短路线为：$B_2 \to C_1 \to D_1 \to E$，最短距离为6；$B_3$ 到 E 的最短路线为：$B_3 \to C_1 \to D_1 \to E$，最短距离为8。

(5) $k=1$，求第一阶段所有状态到终点 E 的最短距离。

第一阶段只有一个初始状态 A，可计算得：

$$f_1(A) = \min_{i=1,2,3}\{v_1(A,B_i) + f_2(B_i)\} = 8$$

A 到 E 的最短路线为：$A \to B_1 \to C_2 \to D_1 \to E$，最短距离为8。对于这种决策变量取值离散的情形，通常采用表格形式描述各阶段 $f_k(s_k)$。

上述求解采用的就是标准动态规划逆推法求解法。从计算过程可以看出，动态规划方法的基本思想可归纳为：先将问题的过程分成几个相互联系的阶段，恰当地选取状态变量和决策变量及定义指标函数，把问题转化成同类型的后部子过程问题（对于顺推法则为前部子过程问题），构建最优值函数递推基本方程，然后从边界条件开始，利用基本方程逐段递推最优值函数，在每个子问题的求解中，均利用了它前面的子问题的最优化结果，以此进行，最后一个子问题所得的最优解，就是整个问题的最优解。动态规划采取最优子策略作为一种隐含的过滤条件来减小计算，因此动态规划可以看成是一种隐枚举法。

6.2.2 动态规划适用条件与基本方程

人们很早就认识到，并不是所有的多阶段决策问题都可以用动态规划模型求解。例6.1之所以能用动态规划法求解，是因为满足无后效性和最优化原理。

(1)阶段决策的无后效性（也称马尔科夫性）。

无后效性指某个阶段的决策只与该阶段的初始状态有关，与之前各阶段决策过程无关，如例6.1第三阶段的决策只与其初始状态是 C_1 或 C_2 有关，与 C_1 或 C_2 是如何从起点 A 到达的无关，因此一个阶段的决策只直接影响本阶段决策效果，一个阶段的决策效果也只与本阶段初始状态及决策有关。由于这种无后效性，过程指标函数具有阶段可分离性并满足递推关系，即 $V_{k,n}$ 可表示成 s_k、x_k、$V_{k+1,n}$ 的函数。记为：

$$V_{k,n}(s_k,x_k,s_{k+1},x_{k+1},\cdots,s_{n+1}) = \psi_k(s_k,x_k,V_{k+1,n}(s_{k+1},x_{k+1},\cdots,s_{n+1}))$$

函数 ψ_k 是一个关于变量 $V_{k,n}$ 的严格单调的函数。这一性质保证了最优化原理（principle of optimality）的成立，是动态规划的适用前提。

阶段可分离性指多阶段决策过程（过程）指标函数可以分离成各阶段的阶段收益（阶段指标）的一种表达式的形式。用 $v_j(s_j,x_j)$ 表示第 j 阶段、状态为 s_j、决策为 x_j 时第 j 阶段的指标。常见的指标函数分离形式有：

①过程和 k 后部子过程的指标是它所包含的各阶段收益的和。即：

$$V_{k,n}(s_k,x_k,\cdots,s_{n+1}) = \sum_{j=k}^{n} v_j(s_j,x_j)$$

也可以写成：

$$V_{k,n}(s_k,x_k,\cdots,s_{n+1}) = v_k(s_k,x_k) + V_{k+1,n}(s_{k+1},x_{k+1},\cdots,s_{n+1})$$

②过程和 k 后部子过程的指标是它所包含的各阶段收益的积。即：

$$V_{k,n}(s_k,x_k,\cdots,s_{n+1}) = \prod_{j=k}^{n} v_j(s_j,x_j)$$

也可以写成：

$$V_{k,n}(s_k,x_k,\cdots,s_{n+1}) = v_k(s_k,x_k) \times V_{k+1,n}(s_{k+1},x_{k+1},\cdots,s_{n+1})$$

综合上述两种情况，过程指标可以按下式分离成阶段指标的“⊕”运算形式：

$$V_{k,n}(s_k,x_k,\cdots,s_{n+1}) = v_k(s_k,x_k) \oplus V_{k+1,n}(s_{k+1},x_{k+1},\cdots,s_{n+1}) \tag{6-1}$$

其中，⊕为运算符。当指标函数为阶段指标之和时，⊕即为加号；当指标函数为阶段指标之积时，⊕即为乘号。

以上为两种常见的指标函数分离形式，此外过程和 k 后部子过程的指标函数可以是它所包含的各阶段收益的最大值、最小值等。

(2)最优化原理。

早在20世纪50年代，Bellman等人在研究无后效性的多阶段决策问题的基础上，从纯粹的逻辑出发给出了最优化原理。最优化原理可这样阐述：一个最优化策略具有这样的性质，不论过去状态和决策如何，对前面的决策所形成的状态而言，余下的诸决策必须构成最优化策略。简而言之，一个最优化策略的子策略总是最优的。一个问题满足最优化原理又称其具有最优子结构性质。最优化原理是动态规划的基础，任何问题如果失去了最优化原理的支持，就不可能用动态规划方法计算。

为了应用问题的最优化原理性质，前面引入了最优值函数 $f_k(s_k)$：

$$f_k(s_k) = \underset{(x_k,\cdots,x_n)}{\text{opt}} V_{k,n}(s_k,x_k,\cdots,s_{n+1})$$

其中，opt是最优化(optimization)的缩写，可根据问题取max或min。

由于具备最优化原理，用式(6-1)逐阶段递推时，每阶段只需求该阶段最优值函数(最优子策略)，而且可以利用前阶段最优值函数(最优子策略)计算结果。即：

$$f_k(s_k) = \underset{x_k \in D_k(s_k)}{\text{opt}} \{v_k(s_k,x_k(s_k)) \oplus f_{k+1}(x_k(s_k))\} \tag{6-2}$$

$$k = n,n-1,\cdots,1, \forall\ s_k \in S_k$$

再根据问题设置边界条件 $f_{n+1}(s_{n+1})$，式(6-2)结合边界条件称为动态规划逆推法基本方程。边界条件又称终端条件，当 s_{n+1} 只能取确定状态时称固定终端；当 s_{n+1} 可在终端集合 S_{n+1} 中变动时称自由终端。

有关最优值函数 $f_k(s_k)$ 的递推计算要注意3点：①$f_k(s_k)$ 只含有参数 s_k；递推时前一步计算出来的是 $f_{k+1}(s_{k+1})$，因为 $f_k(s_k)$ 中只含一个变量 s_k，故应运用状态转移方程 $x_k(s_k) = s_{k+1}$ 将 $f_{k+1}(s_{k+1})$ 转换成 s_k 的表达式 $f_{k+1}(x_k(s_k))$。②最优值函数 $f_k(s_k)$ 往往不能表示为显式解析式，尤其是状态变量 s_k 和决策变量 x_k 都为离散时。一般只能通过列举各变量组合求出对应指标函数值，再取最优指标函数值为 $f_k(s_k)$。③$f_k(s_k)$ 是针对 k 后部子过程策略求最优，而不是针对 k 阶段决策求最优。

由于递推时利用了前面计算出来的最优子策略，动态规划减少了计算量，这也是动态规划与一般递推法的区别所在。

只要满足无后效性和最优化原理的多阶段决策问题都可以推导出基本方程，都可以用动态规划求解。动态规划的实质是分治思想和解决冗余。因此，动态规划法所针对的问题有一个显著的特征，即它所对应的子问题树中的子问题呈现大量的重复，即子问题的重叠性。这个性质并不是动态规划适用的必要条件，但是如果该性质无法满足，动态规划算法同其他算法相比就不具备优势。另外，动态规划存在“维数障碍”(curse of dimensionality)现象。随着问题维数的增大，内存量、计算量呈指数倍增长，计算效率降低甚至方法失效。

6.2.3 动态规划的最优性定理*

最优化原理没有提供一个逐步生成最优策略的方法。下面的最优性定理才能推导动态规划基本方程,从而运用动态规划法求出最优策略。

动态规划的最优性定理:设阶段数为 n 的多阶段决策过程,其阶段编号为:

$k=1,\cdots,n$,允许策略 $p_{1,n}^*=(x_1^*,x_2^*,\cdots,x_n^*)$ 为最优策略的充要条件时,对任意 k,$1<k<n$ 和 $s_1\in S_1$ 有:

$$V_{1,n}(s_1,p_{1,n}^*)=\underset{p_{1,k}\in P_{1,k}(s_1)}{\text{opt}}\{V_{1,k}(s_1,p_{1,k})\oplus\underset{p_{k+1,n}\in P_{k+1,n}(\tilde{s}_{k+1})}{\text{opt}}V_{k+1,n}(\tilde{s}_{k+1},p_{k+1,n})\}$$

其中:$p_{1,n}^*=(p_{1,k},p_{k+1,n})$;$\tilde{s}_{k+1}=T_k(s_k,x_k)$,$\tilde{s}_{k+1}$ 是由给定的初始状态 s_1 和子策略 $p_{1,k}$ 所确定的 $k+1$ 段状态。

证明必要性:设 $p_{1,n}^*$ 是最优策略,则:

$$\begin{aligned}V_{1,n}(s_1,p_{1,n}^*)&=\underset{p_{1,n}\in P_{1,n}(s_1)}{\text{opt}}\{V_{1,n}(s_1,p_{1,n})\}\\&=\underset{p_{1,n}\in P_{1,n}(s_1)}{\text{opt}}\{V_{1,k}(s_1,p_{1,k})\oplus V_{k+1,n}(\tilde{s}_{k+1},p_{k+1,n})\}\end{aligned}$$

但对于从 $k+1$ 至 n 阶段的子过程而言,它的总指标取决于过程的起始点 $\tilde{s}_{k+1}=T_k(s_k,x_k)$ 和子策略 $p_{k+1,n}$,而这个起始点 $\tilde{s}_{k+1}$ 由前一段子过程和子策略 $p_{1,k}$ 确定。

因此,在策略集合 $P_{1,n}$ 上求解,就等价于先在子策略集合 $P_{k+1,n}(\tilde{s}_{k+1})$ 上求最优解,再求这些子最优解在子策略集合 $p_{1,k}(s_1)$ 上的最优解,因此上式可改写为:

$$\begin{aligned}V_{1,n}(s_1,p_{1,n}^*)&=\underset{p_{1,k}\in P_{1,k}(s_1)}{\text{opt}}\{\underset{p_{k+1,n}\in P_{k+1,n}(\tilde{s}_{k+1})}{\text{opt}}\{V_{1,k}(s_1,p_{1,k})\oplus V_{k+1,n}(\tilde{s}_{k+1},p_{k+1,n})\}\}\\&=\underset{p_{1,k}\in P_{1,k}(s_1)}{\text{opt}}\{V_{1,k}(s_1,p_{1,k})\oplus\underset{p_{k+1,n}\in P_{k+1,n}(\tilde{s}_{k+1})}{\text{opt}}V_{k+1,n}(\tilde{s}_{k+1},p_{k+1,n})\}\end{aligned}$$

证明充分性:设 $p_{1,n}=(p_{1,k},p_{k+1,n})$ 为任一策略,$\tilde{s}_{k+1}$ 为由($s_1,p_{1,k}$)所确定的 $k+1$ 阶段起始状态。则有:

$$V_{k+1,n}(\tilde{s}_{k+1},p_{k+1,n})\leqslant\underset{p_{k+1,n}\in P_{k+1,n}(\tilde{s}_{k+1})}{\text{opt}}V_{k+1,n}(\tilde{s}_{k+1},p_{k+1,n})$$

这里"≤"表示"不优于",当 opt 表示 max 时意思为"≤";当 opt 表示 min 时意思为"≥"。因此:

$$\begin{aligned}&V_{1,n}(s_1,p_{1,n})=V_{1,k}(s_1,p_{1,k})\oplus V_{k+1,n}(\tilde{s}_{k+1},p_{k+1,n})\leqslant\\&V_{1,k}(s_1,p_{1,k})\oplus\underset{p_{k+1,n}\in P_{k+1,n}(\tilde{s}_{k+1})}{\text{opt}}V_{k+1,n}(\tilde{s}_{k+1},p_{k+1,n})\leqslant\\&\underset{p_{1,k}\in P_{1,k}(s_1)}{\text{opt}}\{V_{1,k}(s_1,p_{1,k})\oplus\underset{p_{k+1,n}\in P_{k+1,n}(\tilde{s}_{k+1})}{\text{opt}}V_{k+1,n}(\tilde{s}_{k+1},p_{k+1,n})\}=V_{1,n}(s_1,p_{1,n}^*)\end{aligned}$$

故 $p_{1,n}^*$ 是最优策略。

该定理是针对逆推法的最优性定理,为人们用动态规划方法去处理决策问题提供了理论依据并指明了方法,就是要充分分析决策问题的结构,使它满足动态规划的条件,正确地写出动态规划基本方程。

运用动态规划求解,大致可以分为以下几步:

(1)将问题的过程划分成恰当的阶段,正确选择状态变量 s_k,一般要既能描述过程的演变,又要满足无后效性。

(2)确定决策变量 x_k ,建立状态转移方程 $s_{k+1} = T_k(s_k, x_k)$,确定允许决策集合 $x_k(s_k) \in D_k(s_k)$ 。

(3)正确写出阶段指标及过程指标函数。

(4)正确写出最优值函数递推方程(基本方程),运用基本方程逐阶段求解最优值函数 $f_k(s_k)$, $k = n,n-1,\cdots,1$,最终求出 $f_1(s_1)$, 从而求出问题最优解。

6.3 顺推法与逆推法

在例6.1中,我们是采用逆推法计算的。由于线路网络的两端都是固定的,且线路上的数字是表示两点间的距离,则从 A 计算到 E 和从 E 计算到 A 的最短路线应该是相同的。这种从起点 A 到终点 E 的解法称为顺推法。下面推导顺推解法基本方程,仍旧假定指标函数为各阶段指标之和的形式。假定阶段序数 k 和状态变量 s_k 定义不变,而改变决策变量 x_k 的定义,如例6.1中原本是 $s_{k+1} = T_k(s_k, x_k)$,但此时状态转移不是 s_{k+1} 由 s_k 、x_k 去确定,而是由 s_{k+1} 、x_k 去确定 s_k ,则状态转移的一般形式应为:

$$s_k = T_k^r(s_{k+1}, x_k)$$

因而,第 k 阶段允许决策集合也应做相应改变,记为 $x_k \in D_k^r(s_{k+1})$ 。k 前部子过程指标函数 $V_{1,k}(s_1,x_1,s_2,x_2,\cdots,s_{k+1})$,第 k 阶段指标函数为 $v_k(s_{k+1},x_k)$,最优值函数仍用 $f_k(s_{k+1})$ 表示,但其含义与逆序解法中已有所不同,这里 $f_k(s_{k+1})$ 指的是从1阶段初到 k 阶段末且状态为 s_{k+1} 时的最优值函数。于是动态规划顺序解法的基本方程为:

$$f_k(s_{k+1}) = \underset{x_k \in D_k^r(s_{k+1})}{\text{opt}} \{f_{k-1}(T_k^r(s_{k+1},x_k)) + v_k(s_{k+1},x_k)\} , \quad k = 1,2,\cdots,n$$

这里将前一步计算出来的 $f_{k-1}(s_k)$ 中的 s_k 用 $T_k^r(s_{k+1},x_k)$ 表示,再加上边界条件,这里设为 $f_0(s_1) = 0$,即为顺推法基本方程。

其求解过程:根据边界条件,从 $k = 1$ 开始,由前向后顺推,逐步求得各阶段的最优决策和相应的最优值,最后求出 $f_n(s_{n+1})$,就得到整个问题的最优解。

动态规划求解的两种基本方法:逆序解法(后向动态规划方法)和顺序解法(前向动态规划方法)在建模时有3点区别:①决策变量 x_k 的定义不同,状态转移方式不同;②指标函数及最优值函数含义不同;③递推方程不同。但是,顺序解法和逆序解法只表示行进方向的不同或对始端终端看法的颠倒。用动态规划求解时,都是在行进方向规定后,均要逆着这个规定的行进方向,从最后一段向前逆推计算,逐段找出最优途径。

线性规划与非线性规划所研究的问题,通常与时间无关,故又称它们为静态规划。动态规划与静态规划研究的对象本质上都是在若干约束条件下的函数极值问题。两种规划在很多情况下原则上可以相互转换。动态规划可以看作求决策 x_1 , x_2 ,$\cdots$, x_n ,使指标函数 $V_{1,n}(s_1,x_1,x_2,\cdots,x_n)$ 达到最优的极值问题,状态转移方程、端点条件以及允许状态集、允许决策集等是约束条件,原则上可以用静态规划方法求解。一些静态规划只要适当引入阶段变量、状态、决策等就可以用动态规划方法求解。

例 6.2 用逆推法求解下面问题：

$$\max z = x_1 x_2^2 x_3$$

$$\begin{cases} x_1 + x_2 + x_3 = c, \quad c > 0 \\ x_i \geqslant 0, \quad i = 1,2,3 \end{cases}$$

首先将问题转化为动态规划模型。一般来说，按问题的变量个数划分阶段，把它看作一个三阶段决策问题，相应地有 4 个状态变量：s_1，s_2，s_3，s_4，分别表示第 1、2、3 阶段初始状态和第 4 阶段初始状态(第 3 阶段末状态)，决策变量 x_1, x_2, x_3 依次为三阶段决策变量。状态变量的含义及状态转移方程根据约束条件设计。这里可以将约束条件理解为总数 c 依次分配给 x_1, x_2, x_3，因此可以将状态变量 s_i 理解为第 i 阶段初剩余的分配数据，即 $s_1 = c$，$s_2 = s_1 - x_1$，$s_3 = s_2 - x_2$，$s_4 = s_3 - x_3 = 0$。此即为状态转移方程。要确保 s_i 的非负条件，决策变量取值范围为 $0 \leqslant x_1 \leqslant s_1 = c$，$0 \leqslant x_2 \leqslant s_2$，$x_3 = s_3$。指标函数根据目标函数设计；显然这里第一、二、三阶段指标可以设计为：$v_1(s_1, x_1) = x_1$，$v_2(s_2, x_2) = x_2^2$，$v_3(s_3, x_3) = x_3$，各阶段指标函数按乘积结合成过程指标函数。用逆推法求解该动态规划模型，用 $f_k(s_k)$ 表示从第 k 阶段(初始状态为 s_k)到第 n 阶段终止状态所得最优值函数，边界条件 $f_4(s_4) = 1$。最优值函数从后向前依次为：

第三阶段($k = 3$)：$f_3(s_3) = \max\limits_{x_3 = s_3}\{x_3 f_4(s_4)\} = \max\limits_{x_3 = s_3} x_3 = s_3$，最优解 $x_3^* = s_3$；

第二阶段($k = 2$)：$f_2(s_2) = \max\{x_2^2 f_3(s_3)\} = \max\limits_{0 \leqslant x_2 \leqslant s_2}\{x_2^2(s_2 - x_2)\} = \max\limits_{0 \leqslant x_2 \leqslant s_2} h_2(s_2, x_2)$，令 $\dfrac{\mathrm{d}h_2}{\mathrm{d}x_2} = 0$，可解得 $x_2^* = \dfrac{2}{3}s_2$，代入得，$f_2(s_2) = \dfrac{4}{27}s_2^3$，$s_3 = s_2 - x_2 = \dfrac{1}{3}s_2$，代入第三阶段得 $x_3^* = s_3 = \dfrac{1}{3}s_2$。

第一阶段($k = 1$)：$f_1(s_1) = \max\limits_{0 \leqslant x_1 \leqslant s_1}\{x_1 f_2(s_2)\} = \max\limits_{0 \leqslant x_1 \leqslant s_1}\{x_1 \dfrac{4}{27}(s_1 - x_1)^3\} = \max\limits_{0 \leqslant x_1 \leqslant s_1} h_1(s_1, x_1)$。

令 $\dfrac{\mathrm{d}h_1}{\mathrm{d}x_1} = 0$，可解得 $x_1^* = \dfrac{1}{4}s_1$，$f_1(s_1) = \dfrac{1}{64}s_1^4$，$s_2 = s_1 - x_1 = \dfrac{3}{4}s_1$，代入第二阶段，得 $x_2^* = \dfrac{2}{3}s_2 = \dfrac{1}{2}s_1$，$x_3^* = \dfrac{1}{3}s_2 = \dfrac{1}{4}s_1$。

由于已知 $s_1 = c$，于是最优解为：$x_1^* = \dfrac{1}{4}c$，$x_2^* = \dfrac{1}{2}c$，$x_3^* = \dfrac{1}{4}c$，最大值为$\dfrac{1}{64}c^4$。

例 6.3 用顺推法求解问题：

$$\max z = x_1 x_2^2 x_3$$

$$\begin{cases} x_1 + x_2 + x_3 \leqslant c, \quad c > 0 \\ x_i \geqslant 0, \quad i = 1,2,3 \end{cases}$$

首先将问题转化为动态规划模型。这里阶段划分、状态变量、决策变量都类似例 6.2。s_1、s_2、s_3、s_4 分别表示第一、二、三阶段初始状态和第四阶段初始状态，决策变量 x_1、x_2、x_3 依次为三阶段决策变量。$s_1 = c$，$s_2 = s_1 - x_1$，$s_3 = s_2 - x_2$，$s_4 = s_3 - x_3$。此即为状态转移方程。用顺推法求解，将状态转移方程改为 $s_k = T_k^r(s_{k+1}, x_k)$ 的形式，即：$s_1 = s_2 + x_1 = c$，$s_2 = s_3 + x_2 \leqslant$

c，$s_3 = s_4 + x_3 \leqslant c$，各变量取值范围为 $x_1 = c - s_2$，$0 \leqslant x_2 \leqslant c - s_3$，$0 \leqslant x_3 \leqslant c - s_4$，$s_4 \geqslant 0$。$f_k(s_{k+1})$ 表示第一阶段到第 k 阶段末结束状态为 s_{k+1} 时最大指标函数。边界条件记为 $f_0(s_1) = 1$，最优值函数从前往后依次为：

$f_1(s_2) = \max\limits_{x_1 = c - s_2}\{x_1 f_0(s_1)\} = c - s_2$，最优解为 $x_1^* = c - s_2$；

$f_2(s_3) = \max\limits_{0 \leqslant x_2 \leqslant c - s_3}\{x_2^2 f_1(s_2)\} = \max\limits_{0 \leqslant x_2 \leqslant c - s_3} x_2^2 f_1(s_3 + x_2) = \max\limits_{0 \leqslant x_2 \leqslant c - s_3}\{x_2^2(c - s_3 - x_2)\} = \dfrac{4}{27}(c - s_3)^3$，最优解为 $x_2^* = \dfrac{2}{3}(c - s_3)$；

$f_3(s_4) = \max\limits_{0 \leqslant x_3 \leqslant c - s_4}\{x_3 f_2(s_3)\} = \max\limits_{0 \leqslant x_3 \leqslant c - s_4}\{x_3 f_2(s_4 + x_3)\} = \max\limits_{0 \leqslant x_3 \leqslant c - s_4}\left\{x_3 \dfrac{4}{27}(c - s_4 - x_3)^3\right\} = \dfrac{1}{64}(c - s_4)^4$，最优解为 $x_3^* = \dfrac{1}{4}(c - s_4)$。

这里 s_4 不是确定值，满足取值范围 $0 \leqslant s_4 \leqslant c$，要继续求最优解。

$\max\{f_3(s_4)\} = \max\{\dfrac{1}{64}(c - s_4)^4\} = \dfrac{1}{64}c^4$，$s_4 = 0$。

按逆序代入状态转移方程，可求得：最优解为 $x_1^* = \dfrac{1}{4}c$，$x_2^* = \dfrac{1}{2}c$，$x_3^* = \dfrac{1}{4}c$，最大值为 $\dfrac{1}{64}c^4$。

本题是一端为自由状态的动态规划问题，这里设定 $s_1 = c$，即始端固定，也可以设定 $s_4 = c$，终端固定求解。改为 $s_k = T_k^r(s_{k+1}, x_k)$ 形式的状态转移方程为 $s_3 = s_4 - x_3$，$s_2 = s_3 - x_2$，$s_1 = s_2 - x_1$。由约束条件可知决策变量取值范围为 $0 \leqslant x_1 \leqslant s_2$，$0 \leqslant x_2 \leqslant s_3$，$0 \leqslant x_3 \leqslant s_4$。用顺推法求解该动态规划模型，边界条件记为 $f_0(s_1) = 1$，最优值函数从前往后依次为：

$f_1(s_2) = \max\limits_{0 \leqslant x_1 \leqslant s_2}\{x_1\} = s_2$，最优解为 $x_1^* = s_2$；

$f_2(s_3) = \max\limits_{0 \leqslant x_2 \leqslant s_3}\{x_2^2 f_1(s_2)\} = \max\limits_{0 \leqslant x_2 \leqslant s_3}\{x_2^2(s_3 - x_2)\} = \dfrac{4}{27}s_3^3$，最优解为 $x_2^* = \dfrac{2}{3}s_3$；

$f_3(s_4) = \max\limits_{0 \leqslant x_3 \leqslant s_4}\{x_3 f_2(s_3)\} = \max\limits_{0 \leqslant x_3 \leqslant s_4}\left\{\dfrac{4}{27}x_3(s_4 - x_3)^3\right\} = \dfrac{1}{64}s_4^4$。

最优解为 $x_3^* = \dfrac{1}{4}s_4$，由 $s_4 = c$ 及状态转移方程可求出最优解为 $x_1^* = \dfrac{1}{4}c$，$x_2^* = \dfrac{1}{2}c$，$x_3^* = \dfrac{1}{4}c$，最大值为 $\dfrac{1}{64}c^4$。

本题也可以将状态变量设计为始端固定，即设定为 $s_1 = 0, s_4 \leqslant c$，计算过程大致相同，最后计算出 $f_3(s_4) = \dfrac{1}{64}s_4^4$，$\max\limits_{0 \leqslant s_4 \leqslant c}\dfrac{1}{64}s_4^4 = \dfrac{1}{64}c^4$，此时 $s_4^* = c$，再按计算顺序反推求出各决策变量最优解。

综合例6.2和例6.3可以看出，动态规划模型设计具有较强的灵活性和技巧性。动态规划是一种方法，是考虑问题的一种途径，而不是一种算法。它必须对具体问题进行具体分析，需要丰富的想象力和创造力去建立模型求解。这些例题采用标准动态规划模型求解，具有明显的阶段划分和状态转移方程，但在实际应用中，许多问题的阶段划分并不明显，如果刻意地划分阶段反而麻烦。一般来说，只要该问题可以划分成规模更小的子问题，并且原问题的最优解中包含了子问题的最优解，则可以考虑用动态规划解决。

6.4 动态规划应用举例

6.4.1 资源分配问题

所谓资源分配问题,就是将数量一定的一种或若干种资源(如资金、原材料、机器设备、劳动力)恰当地分配给若干个使用者,从而使得总的经济效益最大。

例6.4 公司拟将某种设备5台,分配给所属的甲、乙、丙3个工厂。各工厂获得此设备后,预测可创造的利润见表6-1。这5台设备应如何分配给这3个工厂,才能使所创造的总利润最大?

预测可创造的利润 表6-1

设备台数	盈利值		
	甲	乙	丙
0	0	0	0
1	3	5	4
2	7	10	6
3	9	11	11
4	12	11	12
5	13	11	12

将问题按工厂分为三个阶段,甲、乙、丙三个厂分别编号为1、2、3。设 s_k 表示为分配给第 k 个至第3个工厂的设备台数($k = 1,2,3$),为状态变量。x_k 为分配给第 k 个工厂的设备台数,为决策变量。显然,$s_1 = 5$; $s_{k+1} = s_k - x_k$ ($k = 1,2$)。$s_4 = 0$,即 $x_3 = s_3$ 。

令 $v_k(x_k)$ 表示分配 x_k 个设备到第 k 个工厂时所得盈利值。令 $f_k(s_k)$ 表示分配 s_k 个设备给第 k 个至第3个工厂时所得盈利值。用逆推法求解,可写出递推关系式为:

$$\begin{cases} f_k(s_k) = \max\limits_{0 \leqslant x_k \leqslant s_k} \{v_k(x_k) + f_{k+1}(s_k - x_k)\}, k = 3,2,1 \\ f_4(s_4) = 0 \end{cases}$$

下面从最后一阶段向前逆推计算。

第三阶段:$k = 3$,将 s_3 台设备全部分配给工厂丙,由表6-1可知,分配设备越多,盈利值越大,故 $x_3 = s_3$,这里 s_3 的可能值为1、2、3、4、5。

第二阶段:$k = 2$,将s_2 台设备全部分配给工厂乙和丙:

$$f_2(s_2) = \max_{0 \leqslant x_2 \leqslant s_2} \{v_2(x_2) + f_3(s_2 - x_2)\}$$

这里 s_2 的可能值为1、2、3、4、5,$f_2(s_2)$ 的数值计算见表6-2。

$f_2(s_2)$的数值计算　　表 6-2

s_2	$v_2(x_2)+f_3(s_2-x_2)$						$f_2(s_2)$	x_2^*
	x_2							
	0	1	2	3	4	5		
0	0						0	0
1	0 + 4	5 + 0					5	1
2	0 + 6	5 + 4	10 + 0				10	2
3	0 + 11	5 + 6	10 + 4	11 + 0			14	2
4	0 + 12	5 + 11	10 + 6	11 + 4	11 + 0		16	1,2
5	0 + 12	5 + 12	10 + 11	11 + 6	11 + 4	11 + 0	21	2

第一阶段：$k=1$，将 s_1 台设备全部分配给工厂甲、乙和丙：

$$f_1(s_1)=\max_{0\leqslant x_1\leqslant s_1}\{v_1(x_1)+f_2(s_1-x_1)\}$$

这里 s_1 只能取 5，$f_1(s_1)$ 的数值计算见表 6-3。

$f_1(s_1)$的数值计算　　表 6-3

s_1	$v_1(x_1)+f_2(s_1-x_1)$						$f_1(s_1)$	x_1^*
	x_1							
	0	1	2	3	4	5		
5	0 + 21	3 + 16	7 + 14	9 + 10	12 + 5	13 + 0	21	0,2

然后按计算表格的顺序反推，可知最优分配方案有两个：

(1) $x_1^*=0$，$s_2=s_1-x_1^*=5$，查表 6-2 得 $x_2^*=2$；$x_3^*=s_3=s_2-x_2^*=5-2=3$。即甲、乙、丙三厂分别分配 0、2、3 台。

(2) $x_1^*=2$，$s_2=s_1-x_1^*=3$，查表 6-2 得 $x_2^*=2$；$x_3^*=s_3=s_2-x_2^*=3-2=1$。即甲、乙、丙三厂分别分配 2、2、1 台。

6.4.2 生产与库存计划问题

在生产和经营管理中，经常遇到要合理安排生产(或购买)与库存的问题，达到既满足社会需求，又尽量降低成本费用的目的。因此，正确制定生产(或购买)策略，确定不同时期的生产量(或购买量)和库存量，以使总的生产成本费用和库存费用最低。这样的问题称为生产库存计划问题。

例 6.5 某工厂要对一种产品制订今后 4 个时期的生产计划，据估计今后 4 个时期内，市场对于该产品的需求量见表 6-4。

市场对该产品的需求量　　表 6-4

时期(k)	1	2	3	4
需求量(d_k)	2	3	2	4

假定该厂生产每批产品的固定成本为 3，若不生产就为 0；每单位产品成本为 1，每个时期所允许的最大生产批量不超过 6 个单位；每个时期末未售出的产品，每单位需付存储费 0.5。第一个时期初库存为 0，第四个时期末库存也为 0。试问该厂应如何安排各个时期的生产与库存，才能在满足市场需要的前提下总成本最小。

用动态规划求解。按4个时期将问题分为4个阶段。4个阶段的初始库存状态以及第四个阶段末的库存状态为状态变量,记为s_1、s_2、s_3、s_4、s_5。由已知,$s_1=0,s_5=0,s_2,s_3,s_4\geqslant 0$;各个时期的生产量为决策变量,分别为$x_1$、$x_2$、$x_3$、$x_4$。由于4个时期需求量$d_k$确定,故可得状态转移方程:$s_{k+1}=s_k+x_k-d_k$,$k=1,2,3,4$。

显然,x_k的取值范围必须满足以下3个条件:

(1)$0\leqslant x_k\leqslant 6$。

(2)要使生产或库存满足市场需要,$s_k+x_k-d_k\geqslant 0$。

(3)要满足第四个时期最终库存为0,必须使生产和库存总量不超过后续市场需求之和,即$s_k+x_k\leqslant\sum_{i=k}^{4}d_i$。

因此,x_k的取值范围为$\max\{d_k-s_k,0\}\leqslant x_k\leqslant\min\{\sum_{i=k}^{4}d_i-s_k,6\}$,且为整数。

考虑到各个时期的需求量d_k均小于最大生产批量6,因此各个阶段库存量应小于6(否则会增加不必要的库存成本),即$0\leqslant s_k\leqslant 5$,且为整数。

各个阶段的成本作为阶段指标,记为v_k,过程指标为阶段指标之和的形式。各个阶段的成本包括本阶段生产成本$c_k(x_k)$和本阶段初始状态存储成本$h_k(s_k)$。

$$c_k(x_k)=\begin{cases}0, x_k=0\\3+x_k, x_k=1,2,\cdots,6\end{cases}$$

$$h_k(s_k)=0.5s_k$$

$$v_k(s_k,x_k)=c_k(x_k)+h_k(s_k)$$

逆推关系式为:

$$f_k(s_k)=\min_{x_k}\{v_k(s_k,x_k)+f_{k+1}(s_{k+1})\}, k=4,3,2,1$$

$$s_5=0$$

$$f_5(s_5)=0$$

逆推运算:

$$f_4(s_4)=\min_{x_4}\{v_4(s_4,x_4)+0\}$$

当$s_4=0$时,由状态转移方程$s_5=s_4+x_4-d_4$且$s_5=0$,得$x_4^*=4$,$f_4(s_4)=7$;同理,当$s_4=1$时,$x_4^*=3$,$f_4(s_4)=6.5$;当$s_4=2$时,$x_4^*=2$,$f_4(s_4)=6$;当$s_4=3$时,$x_4^*=1$,当$f_4(s_4)=5.5$;当$s_4=4$时,$x_4^*=0$,$f_4(s_4)=2$。第四阶段计算结果见表6-5。

第四阶段计算结果 表6-5

s_4	$v_4(s_4,x_4)+f_5(s_5)$							$f_4(s_4)$	x_4^*
	x_4								
	0	1	2	3	4	5	6		
0					7			7	4
1				6.5				6.5	3
2			6					6	2
3		5.5						5.5	1
4	2							2	0

第三阶段，$k=3$，$d_3=2$；$f_3(s_3)=\min\limits_{x_3}\{v_3(s_3,x_3)+f_4(s_3+x_3-d_3)\}$。

当 $s_3=0$ 时，由于 $d_3=2$，故 $x_3\geqslant 2$。

当 $x_3=2$ 时，$v_3(0,2)=5$，$s_4=0$，查表6-5，$f_4(0)=7$。

当 $x_3=3$ 时，$v_3(0,3)=6$，$s_4=1$，查表6-5，$f_4(1)=6.5$。

当 $x_3=4$ 时，$v_3(0,4)=7$，$s_4=2$，查表6-5，$f_4(2)=6$。

当 $x_3=5$ 时，$v_3(0,5)=8$，$s_4=3$，查表6-5，$f_4(3)=5.5$。

当 $x_3=6$ 时，$v_3(0,6)=9$，$s_4=4$，查表6-5，$f_4(4)=2$。

由递推方程：

$$f_3(0)=\min_{x_3}\{v_3(0,x_3)+f_4(s_4)\}=\min\begin{Bmatrix}5+7\\6+6.5\\7+6\\8+5.5\\9+2\end{Bmatrix}=11$$

此时，$x_3^*=6$，$x_4^*=0$。

同理，当 $s_3=1$ 时，x_3 可取值为1,2,3,4,5，由递推方程：

$$f_3(1)=\min_{x_3}\{v_3(1,x_3)+f_4(s_4)\}=\min\begin{Bmatrix}4.5+7\\5.5+6.5\\6.5+6\\7.5+5.5\\8.5+2\end{Bmatrix}=10.5$$

此时，$x_3^*=5$，$x_4^*=0$。

当 $s_3=2$ 时，x_3 可取值为0,1,2,3,4，由递推方程：

$$f_3(2)=\min_{x_3}\{v_3(2,x_3)+f_4(s_4)\}=\min\begin{Bmatrix}1+7\\6+6.5\\7+6\\8+5.5\\9+2\end{Bmatrix}=8$$

此时，$x_3^*=0$，$x_4^*=4$。

然后计算出 $f_3(3)$、$f_3(4)$、$f_3(5)$，第三阶段计算结果见表6-6。

第三阶段计算结果　　表6-6

s_3	$v_3(s_3,x_3)+f_4(s_4)$							$f_3(s_3)$	x_3^*
	x_3								
	0	1	2	3	4	5	6		
0			12	12.5	13	13.5	11	11	6
1		11.5	12	12.5	13	10.5		10.5	5
2	8	11.5	12	12.5	10			8	0
3	8	11.5	12	9				8	0
4	8	11.5	9					8	0
5	8	8.5						8	0

第二阶段，$k = 2$，$d_2 = 3$。

当 $s_2 = 0$ 时，由于 $d_2 = 3$，故 $x_2 \geq 3$。

当 $x_2 = 3$ 时，$v_2(0,3) = 6$，$s_3 = 0$，查表 6-6，$f_3(0) = 11$。

当 $x_2 = 4$ 时，$v_2(0,4) = 7$，$s_3 = 1$，查表 6-6，$f_3(1) = 10.5$。

当 $x_2 = 5$ 时，$v_2(0,5) = 8$，$s_3 = 2$，查表 6-6，$f_3(2) = 8$。

当 $x_2 = 6$ 时，$v_2(0,6) = 9$，$s_3 = 3$，查表 6-6，$f_3(3) = 8$。

由递推方程：

$$f_2(0) = \min_{x_2}\{v_2(0,x_2) + f_3(s_3)\} = \min\begin{Bmatrix} 6 + 11 \\ 7 + 10.5 \\ 8 + 8 \\ 9 + 8 \end{Bmatrix} = 16$$

此时，$x_2^* = 5$，$x_3^* = 0$。

同理，可以算出 $f_2(1)$、$f_2(2)$、$f_2(3)$、$f_2(4)$、$f_2(5)$。第二阶段计算结果见表 6-7。

第二阶段计算结果　　表 6-7

s_2	$v_2(s_2,x_2)+f_3(s_3)$							$f_2(s_2)$	x_2^*
	x_2								
	0	1	2	3	4	5	6		
0				17	17.5	16	17	16	5
1			16.5	17	15.5	17	18.5	15.5	4
2		16	16.5	15	16.5	18	19.5	15	3
3	12.5	16	14.5	16	17.5	19	20.5	12.5	0
4	13	16.5	15	16.5	18	19.5		13	0
5	13.5	17	15.5	17	18.5			13.5	0

第一阶段，$k = 1$，$d_1 = 2$，只有 $s_1 = 0$ 的情形，此时 $x_1 \geq 2$，第一阶段计算结果见表 6-8。

第一阶段计算结果　　表 6-8

s_1	$v_1(s_1,x_1)+f_2(s_2)$							$f_1(s_1)$	x_1^*
	x_1								
	0	1	2	3	4	5	6		
0			21	21.5	22	20.5	22	20.5	5

按计算表格的顺序反推，可得知最优方案：$x_1^* = 5$，$x_2^* = 0$，$x_3^* = 6$，$x_4^* = 0$。

6.4.3 设备更新问题*

在工业和交通运输企业中，经常碰到设备陈旧需要更新的问题。以一台机器为例，随着使用年限的增加，机器使用效率降低，收入减少，维修费用增加，同时机器使用年限越长，其残留价值就越小，更新时所需的净支出费用就越多。那么从经济上来分析，一种设备应该多少年后进行更新，从而使在某一时间内的总收入最大（或总费用最小）呢？

设备更新问题一般可以如下描述：设研究时间段共 n 年，用参数 k 表示年份，$k = 1,2,\cdots,n$，t 为设备的已服役年龄，第 k 年收益函数为 $I_k(t)$，运行维修费用为 $o_k(t)$，第 k 年卖掉一台

役龄为 t 的设备并买进一台新设备的费用为 $c_k(t)$ ，α 为折扣因子，表示一年后单位收入相当于现年的 α 单位。用动态规划方法求解如下。

将问题根据研究时段划分为 n 个阶段，每年为一个阶段。状态变量 s_k 为第 k 年设备的役龄，决策变量 x_k 表示第 k 年年初决策是更新设备还是继续使用原设备，分别用 R（replacement）和 K（keep）表示。显然，状态转移方程为：

$$s_{k+1} = \begin{cases} s_{k+1}, x_k = K \\ 1, x_k = R \end{cases}$$

阶段指标函数为：

$$v_k(s_k, x_k) = \begin{cases} I_k(s_k) - o_k(s_k), x_k = K \\ I_k(0) - o_k(0) - c_k(s_k), x_k = R \end{cases}$$

过程指标为阶段指标之和的形式。最优值函数 $f_k(s_k)$ 为第 k 年设备役龄为 s_k 时采用最优策略到第 n 年年末的最大收益。则递推方程为：

$$f_k(s_k) = \max_{x_k}\{v_k(s_k, x_k) + \alpha f_{k+1}(s_{k+1})\}, k = n, n-1, \cdots, 1$$

即：

$$f_k(s_k) = \max\begin{Bmatrix} K: I_k(s_k) - o_k(s_k) + \alpha f_{k+1}(s_{k+1}) \\ R: I_k(0) - o_k(0) - c_k(s_k) + \alpha f_{k+1}(1) \end{Bmatrix}$$

如不考虑决策期末设备残值，则可令边界条件为：$f_{n+1}(s_{k+1}) = 0$ 。

例6.6 假设决策期 $n=5$，折扣因子 $\alpha=1$ ，已知现设备役龄为1，期前及预测5年内投放设备相关费用数据见表6-9，试制定5年内的设备更新策略，使5年内总收入达到最大(不考虑第五年末设备残值)。

5 年内投放设备相关费用数据 表6-9

投放年	第1年					第2年				第3年			第4年		第5年	期前				
役龄	0	1	2	3	4	0	1	2	3	0	1	2	0	1	0	1	2	3	4	5
收入	22	21	20	18	16	27	25	24	22	29	26	24	30	28	32	18	16	16	14	14
费用	6	6	8	8	10	5	6	8	9	5	5	6	4	5	4	8	8	9	9	10
更新费	27	29	32	34	37	29	31	34	36	31	32	33	32	33	34	32	34	36	36	38

先理解表中数据的意思。第 i 年投放的设备，当役龄为 j 时，时间已经为第 $i+j$ 年，若第一年投放的设备役龄为2(年份为第3年)，收入为20，应该表示为 $I_3(2) = 20$ 。同样，若第一年投放的设备役龄为1(年份为第2年)，更新费为29，应该表示为 $c_2(1) = 29$ 。役龄为0时的更新费实际上为当年新设备购置费用。

根据前面的分析，建立动态规划模型。

当 $k=5$ 时，设备可能已经使用了1、2、3、4、5年，即 s_k 可取值为1、2、3、4、5。

$$f_5(1) = \max\begin{Bmatrix} R: 32 - 4 - 33 + 0 = -5 \\ K: 28 - 5 + 0 = 23 \end{Bmatrix} = 23$$ ，所以，$x_5(1) = K$。

$$f_5(2) = \max\begin{Bmatrix} R: 32 - 4 - 33 + 0 = -5 \\ K: 24 - 6 + 0 = 18 \end{Bmatrix} = 18$$ ，所以，$x_5(2) = K$。

同理，$f_5(3) = 13$，所以，$x_5(3) = K$。

$f_5(4) = 6$，所以，$x_5(4) = K$。

$f_5(5) = 4$，所以，$x_5(5) = K$。

当 $k = 4$ 时，设备可能已经使用了1、2、3、4年：

$$f_4(1) = \max\begin{cases} R:30 - 4 - 32 + 23 = 17 \\ K:26 - 5 + 18 = 39 \end{cases} = 39,\ x_4(1) = K。$$

同理，$f_4(2) = 29, x_4(2) = K; f_4(3) = 16, x_4(3) = K$。

$f_4(4) = 13, x_4(4) = R$。

当 $k = 3$ 时，设备可能已经使用了1、2、3年：

$$f_3(1) = \max\begin{cases} R:29 - 5 - 31 + 39 = 32 \\ K:25 - 6 + 29 = 48 \end{cases} = 48,\ x_3(1) = K。$$

同理，$f_3(2) = 31, x_3(2) = R$。

$f_3(3) = 27, x_3(3) = R$。

当 $k = 2$ 时，设备可能已经使用了1、2年：

$f_2(1) = 46, x_2(1) = K$。

$f_2(2) = 36, x_2(2) = R$。

当 $k = 1$ 时，$f_1(1) = 46, x_1(1) = K$。

最后根据上面计算过程反推，即可求得最优策略，见表6-10，相应的最佳收益为46单位。

最优策略 表6-10

投放年	役龄	最佳策略
第1年	1	K
第2年	2	R
第3年	1	K
第4年	2	K
第5年	3	K

习题

6.1 最优路径问题。在图6-2中找出从第1点到第4点的一条路径，要求该路径长度除以4的余数最小。请问本题能否用动态规划求解，为什么？

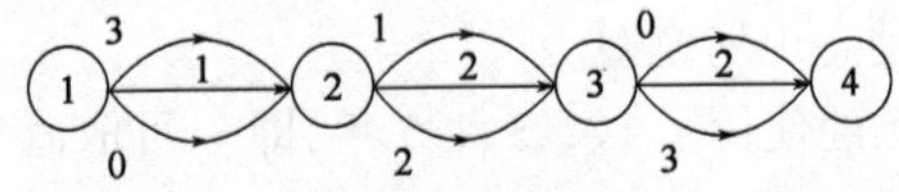

图6-2 题目6.1数据示意图

6.2 已知旅行商问题节点编号为 $v_1, v_2, \cdots, v_n$，节点 v_i、v_j 之间的距离为 w_{ij}，试设计求解该旅行商问题的动态规划模型(只需设计动态规划基本要素并列出递推方程，不求解)。

6.3　生产计划问题。根据合同,某厂明年每个季度末应向销售公司提供产品,有关信息见表6-11。若产品过多,季末有积压,则一个季度每积压1t产品需支付存储费0.2万元。假定今年年末库存为0,求明年的最优生产方案,使该厂能在完成合同的情况下全年的生产费用最低。

产品信息　　表6-11

季　度　j	生产能力 a_j(t)	生产成本 d_j(万元/t)	需求量 b_j(t)
1	30	15.6	20
2	40	14.0	25
3	25	15.3	30
4	10	14.8	15

(1)请建立此问题的线性规划模型。

(2)请建立此问题的动态规划模型(均不用求解)。

6.4　分别用动态规划顺推法和逆推法求解下列问题:

$$\max z = 2x_1^2 + 2x_2 + 4x_3 - x_3^2$$

$$\text{s.t.} \begin{cases} 2x_1 + x_2 + x_3 \leqslant 4 \\ x_i \geqslant 0, i = 1,2,3 \end{cases}$$

6.5　某公司了解到竞争对手将推出一种具有很大市场潜力的新产品。该公司正在研制性能类似产品,并接近完成,为此公司决定加快研制进程。已知该产品投入市场前尚有4个阶段工作,表6-12列出了各阶段工作在正常情况、采取应急措施和特别措施时所需要的时间,表6-13列出了各阶段相应情况下所需投入(万元),已知研制该产品剩下最大允许投入费用为30万元,试用动态规划模型求解。

所需时间　　表6-12

措　施	阶　段			
	1	2	3	4
正常	5			
应急	4	3	5	2
特殊	2	2	3	1

所需投入　　表6-12

措　施	阶　段			
	1	2	3	4
正常	3			
应急	6	6	9	3
特殊	9	9	12	6

6.6　设有一卡车,最大载质量为15t,最大容许装载容积为10 m^3,现有4种货物均可用此车运输。已知这4种货物的质量、容积及价值关系见表6-14,在载质量和容积许可条件下每种货物装载件数不限。问如何搭配这四种货物,才能使每车装载货物价值最大?试用动态规划

法求解。

4种货物的质量、容积及价值关系 表6-14

货物代号	质量(t)	容积(m^3)	价值(千元)
1	2	2	3
2	3	2	4
3	4	2	5
4	5	3	6

第 7 章

图与网络分析

图与网络(graph and network)是应用十分广泛的运筹学分支,它已广泛应用在物理学、化学、控制论、信息论、科学管理、电子计算机等各个领域。在日常生活中,地图导航就是图论的一个经典问题——最短路径问题的一个应用。对于科学研究、市场和社会生活中的许多问题,可以用图论的理论和方法加以解决。例如,各种通信线路的架设、铁路或者公路交通网络的合理布局、配送中心依次向各配送点配送货物等问题,都可以采用图论模型的方法求解。

图论的起源可以追溯到 18 世纪一个著名古典数学问题——哥尼斯堡的七座桥问题。德国的哥尼斯堡城有一条普雷格尔河,河中有两个岛屿,河的两岸和岛屿之间有 7 座桥相互连接,如图 7-1a)所示。当地的居民热衷于这样一个问题,一个漫步者如何能够走过这 7 座桥,并且每座桥只能走过一次,最终回到原出发地。尽管试验者很多,但是都没有成功。1736 年,29 岁的欧拉向圣彼得堡科学院递交了论文《哥尼斯堡的七座桥》,将这个问题抽象成如图 7-1b)所示图形的一笔画问题。即能否从某一点开始不重复地一笔画出这个图形,最终回到原点。欧拉证明了这是不可能的,因为这个图形中每一个顶点都与奇数条边相连接,不可能将它一笔画出。

随着科学技术的进步,特别是计算机技术的发展,图论的理论获得了更进一步的发展,应用更加广泛。如果将复杂的工程系统和管理问题用图论模型加以描述,可以解决许多工程项目和管理决策的最优问题。因此,图论越来越受到工程技术人员和经营管理人员的重视。

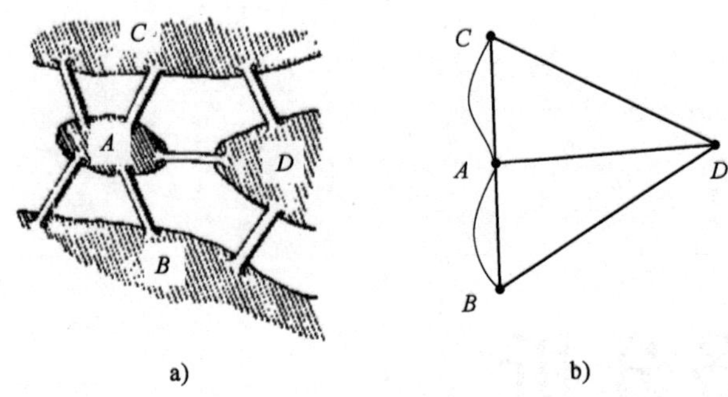

图 7-1 哥尼斯堡的七座桥

7.1 图的基本概念

在生产和日常生活中，人们常用点和线画出示意图来反映一些对象之间的关系。以点代表研究的对象，点与点之间的连线表示这两个对象之间的特定关系。它不同于通常的几何图和工程图，有如下特点：

(1)这里的点只是某种事物的一种抽象，连线代表事物之间的关系。

(2)点与连线的画法具有随意性，点的位置、线的长度不一定按实际位置和实际长度来表示。

定义 7.1 图(graph)由有限个点及一些点之间的连线(不带箭头或带箭头)所组成。为了区别起见，把两点之间的不带箭头的连线称为边(edge)，带箭头的连线称为弧(arc)。将点[又称顶点(vertex)、节点(node)]的集合用 V 表示，边的集合用 E 表示，弧的集合用 A 表示。

如果一个图 G 是由点及边构成的，则称为无向图(undirected graph)，也简称为图，表示为 $G=(V,E)$；连接点 v_i 和 v_j 的边记作 $[v_i,v_j]$ 或 $[v_j,v_i]$，称 v_i、v_j 是边 $[v_i,v_j]$ 的端点(end)，也称 $[v_i,v_j]$ 与顶点 v_i、v_j 关联(incident)，若存在边 $[v_i,v_j]$ 与顶点 v_i、v_j 关联，则称 v_i、v_j 相邻(adjacent)。如果一个图 D 是由点和弧所构成的，则称为有向图(directed graph 或 digraph)，表示为 $D=(V,A)$。点 v_i 指向 v_j 的弧记作 (v_i,v_j)，分别称 v_i、v_j 为弧 (v_i,v_j) 的始点(head)和终点(tail)。

图 7-2 是一个无向图。$V=\{v_1,v_2,v_3,v_4\}$，$E=\{[v_1,v_2],[v_1,v_3],[v_1,v_4],[v_2,v_1],[v_2,v_3],[v_3,v_3],[v_3,v_4]\}$。

图 7-3 是一个有向图。$V=\{v_1,v_2,v_3,v_4,v_5,v_6,v_7\}$，$A=\{(v_1,v_2),(v_1,v_3),(v_2,v_3),(v_2,v_4),(v_3,v_4),(v_4,v_5),(v_4,v_6),(v_5,v_2),(v_5,v_4),(v_5,v_6),(v_6,v_7)\}$。

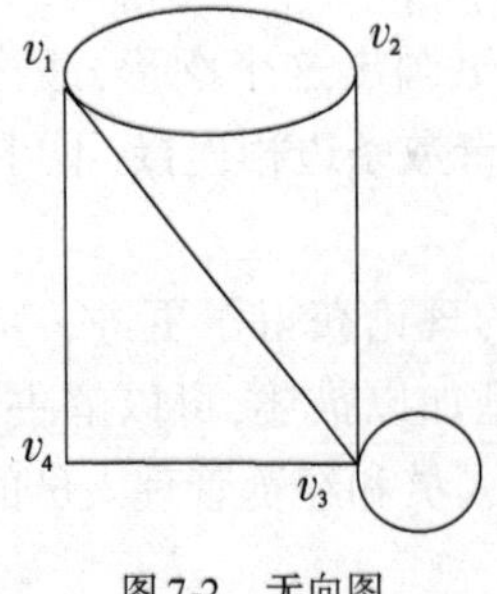

图 7-2 无向图

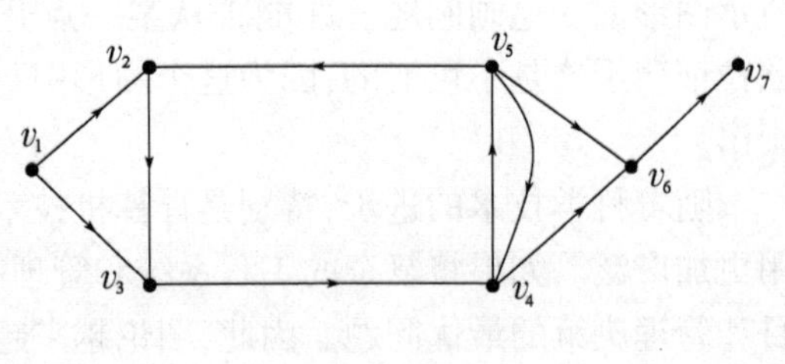

图 7-3 有向图

下面介绍一些常用的名词和记号,先考虑无向图 $G = (V,E)$,若某个边 e 的两个端点相同,则称 e 为环(loop)。若两个点之间有多余一条的边,称这些边为多重边(multiple edge)。一个无环、无多重边的图称为简单图(simple graph),一个无环、有多重边的图称为多重图(multiple graph)。如果每对点之间都恰有一条边相连,则称为完全图(complete graph)。以点 v 为端点的边的个数称为点 v 的次或点 v 的度(degree),记作 $d(v)$,如图 7-2 中 $d(v_1) = 4$, $d(v_2) = 3$, $d(v_3) = 5$, $d(v_4) = 2$ 。次为零的点称为孤立点(isolated vertex),次为 1 的点称为悬挂点(suspension vertex)。悬挂点的边称为悬挂边(suspension edge)。次为奇数的点称为奇点(odd vertex),次为偶数的点称为偶点(even vertex)。一般用 $p(G)$ 或 $p(D)$ 表示图 G 或图 D 的点数,用 $q(G)$ 或 $q(D)$ 表示边或弧的条数。

定理 7.1 在任一图中,所有顶点次数之和等于所有边数的 2 倍。

这是很显然的,因为计算各点的次时,每条边被它的端点各计算了一次。

定理 7.2 在任一图中,奇点的个数必为偶数。

这也是显然的,因为只有偶数个奇点,所有点的次数之和才会为偶数。

给定一个图 $G = (V,E)$,一个点边交错序列($v_{i_1},e_{i_1},v_{i_2},e_{i_2},\cdots,v_{i_{k-1}},e_{i_{k-1}},v_{i_k}$),其中 $e_{i_t} = [v_{i_t},v_{i_{t+1}}]$, $t = 1,2,\cdots,k-1$,称为一条连接 v_{i_1} 和 v_{i_k} 的链(chain),记为($v_{i_1},v_{i_2},\cdots,v_{i_k}$), v_{i_1} 和 v_{i_k} 分别为链的起点和终点。若链中所含的边均不相同,则称为简单链(simple chain);若链中所含的点均不相同,则称为初等链(elementary chain),也称通路。图 7-2 中, (v_1,v_2,v_3,v_1,v_4) 为简单链,但非初等链;若链的起点和终点不同, $v_{i_1} \neq v_{i_k}$,则称该链为开链(open chain),否则称为闭链(close chain)或回路;除起点和终点外链中所含的点均不相同的闭链称为圈(cycle)。若图 G 中任何两个点之间至少有一条链,则称 G 为连通图(connected graph),否则称为不连通图。

设 $G_1 = (V_1,E_1)$, $G_2 = (V_2,E_2)$,如果 $V_2 \subseteq V_1$, $E_2 \subseteq E_1$,则称 G_2 是 G_1 的子图(sub-graph);如果 $V_2 \subset V_1$, $E_2 \subset E_1$,则称 G_2 是 G_1 的真子图;如果 $V_2 = V_1$, $E_2 \subset E_1$,称 G_2 是 G_1 的生成子图(spanning sub-graph),也称支撑子图;如果 $V_2 \subseteq V_1$, $E_2 = \{[v_i,v_j] \mid v_i,v_j \in V_2\}$,则称 G_2 是 G_1 中由 V_2 导出的导出子图(induced sub-graph)。

现在讨论有向图的情形。给定一个图 $D = (V,A)$,从 D 中去掉所有弧上的箭头,就得到一个无向图,称为 D 的基础图,记为 $G(D)$ 。图 D 的一个点弧交错序列($v_{i_1},a_{i_1},v_{i_2},a_{i_2},\cdots,v_{i_{k-1}},a_{i_{k-1}},v_{i_k}$),如果该序列的基础图对应的点边序列是一条链,则称这个点弧交错序列为一条连接 v_{i_1} 和 v_{i_k} 的路(path),记为($v_{i_1},v_{i_2},\cdots,v_{i_k}$), v_{i_1} 和 v_{i_k} 分别为路的起点和终点。类似定义初等路(elementary path)和回路(loop)。

7.2 树与最小支撑树

7.2.1 树及其性质

在各种各样的图中,有一类是十分简单又非常具有应用价值的图,这就是树。

定义 7.2 一个无圈的连通图称为树(tree)。

定理 7.3 设图 $G = (V,E)$ 是一个树且 $P(G) \geq 2$,那么图 G 中至少有两个悬挂点。

定理 7.4 图 $G=(V,E)$ 是一个树的充要条件是 G 不含圈,并且有且仅有 $P(G)-1$ 条边。

定理 7.5 图 $G=(V,E)$ 是一个树的充要条件是 G 是连通图,并且有且仅有 $P(G)-1$ 条边。

定理 7.6 图 G 是一个树的充要条件是任意两个顶点之间有且仅有一条初等链。

定理 7.3 ~ 定理 7.6 证明略。

在树中任意去掉一条边,就得到不连通图。在树中任意两顶点之间添一条边恰好产生一个初等圈。

例 7.1 已知有 6 个城市,它们之间要架设电话线,要求任意两个城市均可以互相通话,并且电话线的总长度最短。

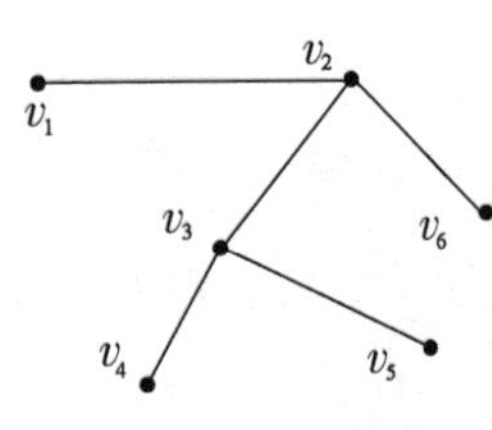

图 7-4 不含圈的连通图

如果用 6 个点 $v_1,v_2,\cdots,v_6$ 代表这 6 个城市,在任意两个城市之间架设电话线,即在相应的两个点之间连一条边。这样,6 个城市的一个电话网就作成一个图。要求任意两个城市之间均可以通话,这个图必须是连通图,并且这个图必须是无圈的。否则从圈上任意去掉一条边,剩下的图仍然是 6 个城市的一个电话网。图 7-4 是一个不含圈的连通图,代表了一个电话线网。

7.2.2 最小支撑树

设图 $T=(V,E')$ 是图 $G=(V,E)$ 的一支撑子图,如果图 $T=(V,E')$ 是一个树,那么称 T 是 G 的一个支撑树(spanning tree)。

定理 7.7 一个图 G 有支撑树的充要条件是 G 是连通图。

证明略。

如果图 $G=(V,E)$,对于 G 中的每一条边 $[v_i,v_j]$,相应地有一个数 w_{ij} (或标记为 $w_{i,j}$),那么称这样的图 G 为赋权图,记为 $G=(V,E,A)$, w_{ij} 为边 $[v_i,v_j]$ 的权(weight),A 为权 w_{ij} 的集合。这里所指的权,具有广义的数量值,根据实际研究问题的不同,可以具有不同的含义,例如长度、费用、流量等。

如果图 $T=(V,E')$ 是图 G 的一个支撑树,那么称 E' 上所有边的权的和为支撑树 T 的权,记作 $S(T)$ 。如果图 G 的支撑树 T^* 的权 $S(T^*)$,在 G 的所有支撑树 T 中的权最小,即 $S(T^*)=\min S(T)$,那么称 T^* 是 G 的最小支撑树(minmum spanning tree)。

如前所述,在已知的几个城市之间联结电话线网,要求总长度最短和总建设费用最少,一个问题的解决可以归结为最小支撑树问题。再如,城市间管道线的建造等,都可以归结为这一类问题。

寻找最小支撑树的常用方法有避圈法(生长法)和破圈法两种。

1. 避圈法

避圈法又称为生长法,基本思想是逐步添加点和边最终生长成“最小支撑树”。经典的避圈法有 Kruskal 算法和 Prim 算法。

Kruskal 算法的基本思想为:开始选一条权最小的边,以后每一步中,总从与已选边不构成圈的那些未选边中,选一条权最小的。

算法步骤如下[给定赋权图 $G=(V,E)$]:

(1)令 $i = 1$,$E_0 = \varnothing$,($\varnothing$ 表示空集)。

(2)如果 $i = p(G)$,那么 $T = (V, E_{i-1})$ 即为最小支撑树,算法终止;否则转到步骤(3)。

(3)如果 $i < p(G)$,选一条边 $e_i \in E - E_{i-1}$,使 e_i 是使 $(V, E_{i-1} \cup \{e_i\})$ 不含圈的所有边 e ($e \in E - E_{i-1}$)中权最小的边。如果这样的边不存在,说明图 G 不含支撑树,否则,令 $E_i = E_{i-1} \cup \{e_i\}$,转到步骤(4)。

(4)把 i 换成 $i+1$,转到步骤(2)。

Prim 算法的基本思想为:用已选点集合 V_1 保存已生成的边的端点,其他点的集合记为 $\overline{V}_1$,开始选一条权最小的边,其端点并入已选点集合 V_1 ,以后每一步中,在未选点集 $\overline{V}_1$ 中找一个点,该点与 V_1 中的某个点相邻构成的边中权值最小(显然与已生成边不构成圈)。

算法步骤如下[给定赋权图 $G = (V, E, A)$]:

(1)令 $i = 1$,任选一点 $v_k \in V$,已选点集 $V_{\mathrm{T}} = \{v_k\}$,未选点集 $\overline{V}_{\mathrm{T}} = V - V_{\mathrm{T}}$,已选边集 $E_{\mathrm{T}} = \varnothing$ 。

(2)如果 $i = p(G)$,那么 $T = (V, E_{\mathrm{T}})$ 即为最小支撑树,算法终止;否则转到步骤(3)。

(3)如果 $i < p(G)$,在满足 $v_i \in V_{\mathrm{T}}, v_j \in \overline{V}_{\mathrm{T}}$ 的边 (v_i, v_j) 中选一条权值最小者并入 E_{T} ,并将该新加边的新加入的端点并入 V_{T} 。

(4)把 i 换成 $i+1$,转到步骤(2)。

Kruskal 算法每次迭代添加一条边,Prim 算法每次迭代添加一条边和一个点。此两方法易于编程实现。

2. 破圈法

破圈法由我国管梅谷教授提出,基本步骤为:

(1)在网络图中寻找一个圈。若不存在圈,则已经得到最小支撑树或网络不存在最短树。

(2)去掉该圈中权数最大的边。

反复重复(1)、(2)两步,直至得到一个不含圈的图为止,这时的图即为最小支撑树。

例 7.2 某工厂内联结 6 个车间的道路网如图 7-5a)所示,已知每条道路的长,要求沿道路架设联结 6 个车间的电话线网,使电话线总长度最短。

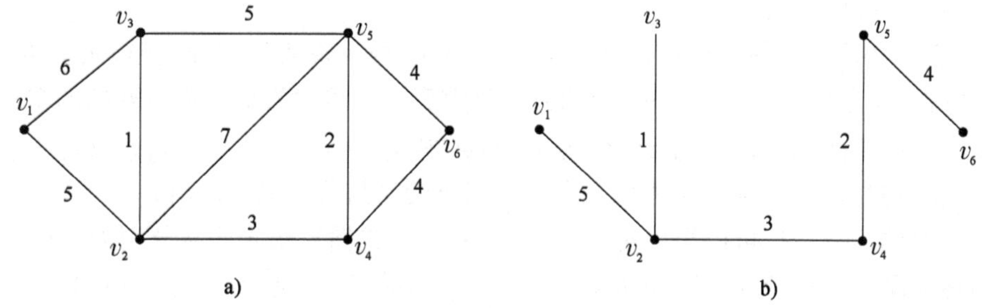

图 7-5 道路网和最终方案

解这个问题就是求图 7-5a)所示赋权图的最小支撑树。用 Kruskal 算法求解边的生成顺序为:$[v_2, v_3]$ 、$[v_4, v_5]$ 、$[v_2, v_4]$ 、$[v_5, v_6]$ (或 $[v_4, v_6]$)、$[v_1, v_2]$;Prim 算法求解边的生成顺序为:$[v_2, v_3]$ 、$[v_2, v_4]$ 、$[v_4, v_5]$ 、$[v_5, v_6]$ (或 $[v_4, v_6]$)、$[v_1, v_2]$;最终方案如图 7-5b)。电话线总长度为 15。由此可见,一个连通图的最小支撑树可能不止一个。

7.3 最短路问题

7.3.1 问题描述

最短路问题是图论中十分重要的最优化问题之一,它作为一个经常被用到的基本工具,可以解决生产实际中的许多问题,如城市中的管道铺设、线路安排、工厂布局、设备更新等,也可以用于解决其他的最优化问题。

例7.3 图7-6是一个由城市v_1到城市v_7的有向交通图,弧旁的数字表示各条路线的距离(或广义费用),寻找一条从城市v_1到城市v_7的最短路就是一个最短路问题。

最短路问题(shortest path problem)一般可描述如下:给定了一个有向赋权图$D=(V,A,w)$;给定一个起点v_s和终点v_t,若u是v_s到v_t的一条路,则称$W(u)=\sum_{(v_i,v_j)\in u} w_{ij}$为路$u$的总权数(或称为路长),称满足$W(u_0)=\min_u W(u)$的路$u_0$为从$v_s$到$v_t$的最短路,称$W(u_0)$为从$v_s$到$v_t$的最短距离,通常记为$d(v_s,v_t)$。两点之间的最短距离可用一个0-1整数线性规划模型表示,但我们通常将其作为一个图论模型求解。

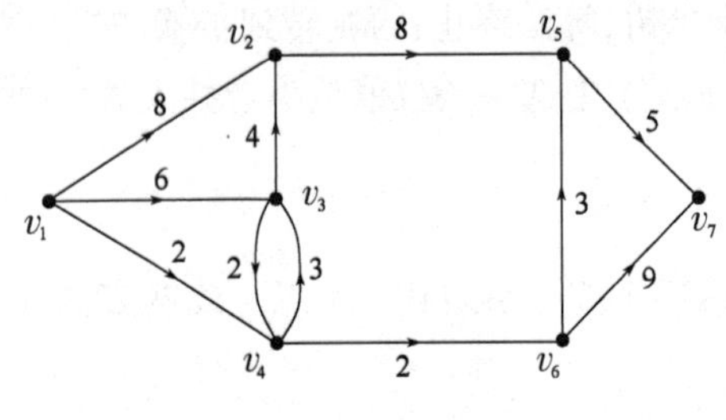

图7-6 有向交通图

7.3.2 狄克斯托算法

求解最短路问题的标号法是荷兰著名计算机专家狄克斯托(E. W. Dijkstra)于1959年提出的,仅适用于各边上的权$w_{ij}\geqslant 0$的情况,它被公认为是有效的算法之一。假设最终生成的最短路径为$u^*:v_s\to\cdots\to v_j\to\cdots\to v_t$,则该最短路径的前段($v_s$到$v_j$段)$v_s\to\cdots\to v_j$必为$v_s$到$v_j$的最短路径。Dijkstra算法从起点出发逐步增加弧段最终延伸成最短路径。在整个延伸过程中,要注意以下几点:

(1)由于无法确定最短路径经过哪些中间点,所以每一条从被检查点(被延伸点)发出的弧都必须检查,起点是第一个被检查点,因此这种搜索方法可以看成从起点开始的多条备选路径并行向终点延伸;比如例7.3中,检查v_1时,也必须检查(v_1,v_2)、(v_1,v_3)、(v_1,v_4)。

(2)在检查过程中,必须保存更新起点到中间点的当前阶段最短距离。

例7.3中,检查v_1时,可以得出v_1到v_2、v_3、v_4的当前阶段最短距离分别为8、6、2,这些距离数据都必须保存。同时,这里还可以确定v_1到v_4的最短距离必为2,因为根据$w_{ij}\geqslant 0$的假设,v_1经其他点再到v_4的距离肯定比2大。如果起点到某中间点v_j的最短路径已经确定下来,则将v_j标记为P(永久)标号点(简称为P节点),记$P(v_j)$为v_s到v_j的最短距离。起点是第一个P节点。这里v_4为P节点,用$P(v_4)=2$表示v_1到v_4的最短距离为2。v_1到v_2、v_3的当前阶段最短距离8、6,还不能确定但也不能排除8、6是否为最终的最短距离,但必为最短距离的上限值,也必须保存。对每一个节点v_j设定一个T(临时)标号值$T(v_j)$,表示到目前搜索阶段为止起点到v_j的最短距离,后续的搜索如果找到起点到v_j的更短的路径,则需替换为更短路径。因此,这里,记 $T(v_2)=8$, $T(v_3)=6$;算法初始化时,除起点外的每个点的 $T(v_j)$ 都设定为一个很大的正数。

将到当前搜索阶段为止所有 P 节点的集合用 S 表示,由于 P 节点的最短路径已经确定下来,故搜索检查点 v_k 发出的弧 (v_k,v_j) 时,不必检查 $v_j\in S$ 的弧。

(3)设被检查点为 v_k ,检查一条弧 (v_k,v_j) ,实际上得到一个从起点(经中间点)至 v_k 再到 v_j 的路径 u_j ,路径 u_j 的长度 $L(u_j)=P(v_k)+w_{k,j}$,若 $L(u_j)<T(v_j)$,说明找到一条更优的 v_s 到 v_j 的路径,因此,将 $T(v_j)$ 更新为 $T(v_j)=\min\{L(u_j),T(v_j)\}$ 。

(4)显然最终的最短路径 u^* 为 P 节点连接而成,故只需要对 P 节点进行检查。狄克斯托算法是每一个循环检查一个 P 节点,更新延伸节点的 T 标号值,然后在这些 T 标号点中产生一个新的 P 节点给下一个循环阶段检查。新的 P 节点为所有没有 P 标号的点中 T 标号值最小的点。算法每检查一个 P 节点,必产生一个新的 P 节点,故经过 $p-1$ 次检查后(p 为节点总个数),就可以求出 v_s 到所有节点的最短路径。

(5)考虑到我们不但要求最短距离,而且要求最短路径。在搜索生成路径时对每个节点用一个参数 λ 来记住路径上这个节点的前一个点(源节点)的编号,如若 $\lambda(v_j)=m$,则表示最短路径上 v_j 的源节点为 v_m 。那么当搜索到终点时,根据终点的 λ 值找到终点源节点,再逐步回溯,一直回溯到起点,就把最短路径求出来了。初始化时, $\lambda(v_j)=M$, $\forall j\neq s$; $\lambda(v_s)=0$ 。

算法描述如下:

有向赋权图 $D=(V,A,w)$, s 为起点编号。算法参数说明:i 为检查次数, S_i 为第 i 次检查时 P 节点的集合; $P(v_j)$, $T(v_j)$ 分别为点 v_j 的 P 标号值和 T 标号值; M 为一个很大的正数; k 为当前检查节点编号; $d(v_s,v_j)$ 为起点 v_s 到 v_j 的最短距离。

①初始化:$i=0;S_i=\{v_s\};P(v_s)=0;\lambda(v_s)=0;$对 $\forall\ v_j\in V\wedge j\neq s,T(v_j)=\infty,\lambda(v_j)=M;$ $k=s$ 。

②若 $S_i=V$,算法终止。对 $\forall\ v_j\in V$, $d(v_s,v_j)=P(v_j)$,否则转入步骤③。

③考察每个使 $(v_k,v_j)\in A\wedge v_j\notin S_i$ 的点 v_j :如果 $T(v_j)>P(v_k)+w_{k,j}$,则将 $T(v_j)$ 修改为 $P(v_k)+w_{k,j}$,将 $\lambda(v_j)$ 修改为 k ;否则转入步骤④。

④令 $T(v_{j_i})=\min\{T(v_j),v_j\notin S_i\}$,如果 $T(v_{j_i})<\infty$,则将 v_{j_i} 进行 P 标号, $P(v_{j_i})=T(v_{j_i})$, $S_{i+1}=S_i\cup\{v_{j_i}\}$, $k=j_i$,把 i 换成 $i+1$,转入②;否则终止,对 $\forall\ v_j\in S_i,d(v_s,v_j)=P(v_j)$;对 $\forall\ v_j\notin S_i,d(v_s,v_j)=T(v_j)$ (不可达)。

例 7.3 计算如下:

(1)起点为 v_1 ,检查由 v_1 出发的弧 (v_1,v_2) 、(v_1,v_3) 、(v_1,v_4) ,得:

$T(v_2)=\min\{T(v_2),P(v_1)+w_{1,2}\}=8$ 。

$T(v_3)=\min\{T(v_3),P(v_1)+w_{1,3}\}=6$ 。

$T(v_4)=\min\{T(v_4),P(v_1)+w_{1,4}\}=2$ 。

同时记 $\lambda(v_2)=1$ 、$\lambda(v_3)=1$ 、$\lambda(v_4)=1$ 。

在现有的 T 标号中, $T(v_4)=2$ 最小,故令 $P(v_4)=2$,即由点 v_1 到 v_4 的最短路长是2。

(2)检查由新的 P 标号点 v_4 出发的弧:(v_4,v_3) 、(v_4,v_6) , $T(v_3)=\min\{T(v_3),P(v_4)+w_{4,3}\}=5$, $T(v_6)=\min\{T(v_6),P(v_4)+w_{4,6}\}=4$,同时记 $\lambda(v_3)=4$ 、$\lambda(v_6)=4$ 。

在现有的 T 标号中,以 $T(v_6)=4$ 最小,故令 $P(v_6)=4$。

(3)检查新的 P 标号点 v_6 出发的弧 (v_6,v_5) 、(v_6,v_7) ,得:

$T(v_5) = \min\{T(v_5),P(v_6)+w_{6,5}\} = 7$ 。

$T(v_7) = \min\{T(v_7),P(v_6)+w_{6,7}\} = 13$ 。

同时记 $\lambda(v_5) = 6$ 、$\lambda(v_7) = 6$ 。

在现有的 T 标号中 $T(v_3) = 5$ 最小,故令 $P(v_3) = 5$。

(4)检查由新的 P 标号点 v_3 出发的弧:(v_3,v_2) ,这里由于 v_4 是 P 节点,(v_3,v_4) 不用检查。$T(v_2) = \min\{T(v_2),P(v_3)+w_{3,2}\} = 8$,$\lambda(v_2)$ 不用改变;在现有的 T 标号中 $T(v_5) = 7$ 最小,故令 $P(v_5) = 7$。

(5)检查由新的 P 标号点 v_5 出发的弧:(v_5,v_7) ,$T(v_7) = \min\{T(v_7),P(v_5)+w_{5,7}\} = 12$,$\lambda(v_7) = 5$;在现有的 T 标号中 $T(v_2) = 8$ 最小,故令 $P(v_2) = 8$。

(6)由新的 P 标号点 v_2 出发的弧只有 (v_2,v_5) ,由于 v_5 是 P 节点,故 (v_2,v_5) 不需要检查。在现有的 T 标号中 $T(v_7) = 12$ 最小,故令 $P(v_7) = 12$。

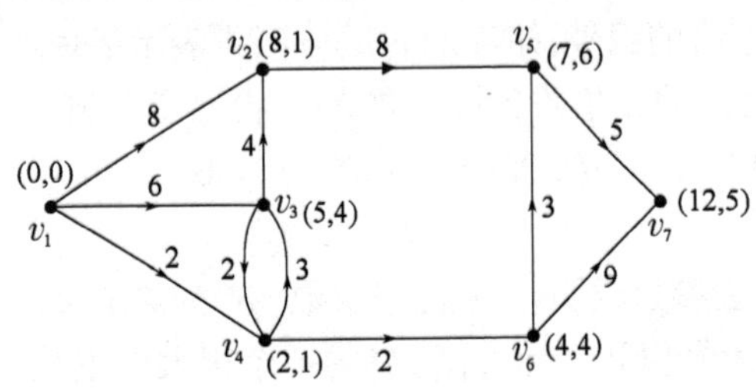

图 7-7 每个节点的 P 标号和 λ 值

至此,终点 v_7 已获得 P 标号,运算结束。从 v_1 到 v_7 的最短路长为 12。根据 $\lambda(v_7) = 5$ 可知 v_7 源节点为 v_5 ,根据 $\lambda(v_5) = 6$ 可知 v_5 源节点为 v_6,依此回溯可知最短路径是 $v_1 \rightarrow v_4 \rightarrow v_6 \rightarrow v_5 \rightarrow v_7$。

将最终每个节点的 P 标号和 λ 值标入图 7-7。图中标号参数为 $(P(v_j),\lambda(v_j))$ 。

上述计算过程还可以用距离矩阵的方式描述,但用表格表示更简洁,见表 7-1。

计算过程的表格示意图 表 7-1

i	检查 P 节点号	v_j						
		v_1	v_2	v_3	v_4	v_5	v_6	v_7
1	v_1	0	8	6	2	∞	∞	∞
2	v_4		8	5		∞	4	∞
3	v_6		8	5		7		13
4	v_3		8			7		13
5	v_5		8					12
6	v_2							12
$(P(v_j),\lambda(v_j))$		(0,0)	(8,1)	(5,4)	(2,1)	(7,2)	(4,4)	(12,5)

表 7-1 中,第一列表示迭代次数 i ,第二列表示第 i 次迭代时检查的 P 节点编号。第一行表示节点 v_j ,中间每一行表示第 i 次迭代时点 v_j 的 T 标号值 $T(v_j)$,如为空格,则表示 v_j 的 T 标号值已在第 i 次迭代前转换为 P 标号值,后续迭代不再写入其 $T(v_j)$ 值。每一行非空格的 $T(v_j)$ 中的最小值为新 P 标号值。当 $i = 6$ 次迭代后已求出 v_1 到所有 v_j 的最短距离,计算结束。为了直观地表示最终计算结果,在表最下方添加一行 $(P(v_j),\lambda(v_j))$,写下节点 v_j 的 P 标号值和其源节点编号。$P(v_j)$ 和 $\lambda(v_j)$ 可以直接从表中看出来。比如 v_7 ,可以看出,$P(v_7) =$

12，而且12是在$i = 5$、检查v_5时更新P值时产生，由Dijkstra标号法思想可知，v_7的前一个点必为v_5。

Dijkstra标号法的特点有如下：

(1)Dijkstra标号法只能求单源点最短路问题；虽然只要求单源点到某一固定终点的最短距离，但实际上将该源点到可能的途经点的最短距离都求出来了。

(2)Dijkstra标号法只能求非负权最短路问题，并且在非负权最短路问题中性能最好；其时间复杂度为$O(n^2)$。外循环次数为节点个数$n-1$，内循环次数为与该节点相连的边的条数。

(3)Dijkstra标号法不大适合并行计算。

(4)稍加修改，可以用于求解有向无环图的最长路问题（第8章网络计划技术关键路径算法）。

狄克斯托标号法只适用于$w_{ij} \geq 0$的情况。当网络中出现$w_{ij} < 0$的路权时，一般可采用贝尔曼-福特(Bellman-Ford)算法。

7.3.3 贝尔曼-福特(Bellman-Ford)算法

为了能够求解边上带有负值的单源最短路问题，Bellman（贝尔曼，动态规划提出者）和Ford（福特）提出了从源点逐次绕过其他顶点，以缩短到达终点的最短路长度的方法。

首先，设从任一点v_i到任一点v_j都有一条弧，如果在图D中，$(v_i,v_j) \notin A$，则添加弧(v_i,v_j)，并且令$w_{i,j} = +\infty$。

v_s到v_j的最短路是从v_s出发，经过若干点后到某个点v_i，再沿弧(v_i, v_j)到点v_j。其中从v_s到v_i的这条路必定是从v_s到v_i的最短路。于是，从v_s到v_j最短路长$d(v_s,v_j)$满足以下条件：

$$d(v_s,v_j) = \min_i \{d(v_s,v_i) + w_{i,j}\}$$

可利用如下递推公式求解：

$$d^{(1)}(v_s,v_j) = w_{s,j}, j = 1,2,\cdots,p$$

$$d^{(t)}(v_s,v_j) = \min_i \{d^{(t-1)}(v_s,v_i) + w_{i,j}\}, t = 2,3,\cdots$$

当计算到第k步时，对一切的$j = 1,2,\cdots,p$，有$d^{(k)}(v_s,v_j) = d^{(k-1)}(v_s,v_j)$，则$d^{(k)}(v_s,v_j)$，$j = 1,2,\cdots,p$就是从$v_s$到$v_j$的最短距离。

设C是赋权有向图D中的一个回路，如果回路C的权$S(C)$是负数，那么称C是D中的一个负回路。

可以得到以下结论：

(1)如果赋权有向图D不含有负回路，那么从v_s到任一点的最短路至多包含$p-2$个中间点，并且必可取为初等路。

(2)如果赋权有向图D不含有负回路，那么上述递推算法至多经过$p-1$次迭代必收敛，可以求出从v_s到各个点的最短路权。

(3)如果上述算法经过$p-1$次迭代，还存在某个j，使得$d^{(p)}(v_s,v_j) \neq d^{(p-1)}(v_s,v_j)$，那么$D$中含有负回路，这时不存在从$v_s$到$v_j$的最短路（无界）。

例7.4 求图7-8所示赋权有向图中从v_1到其他各点的最短路。

利用上述算法，求解结果见表7-2。

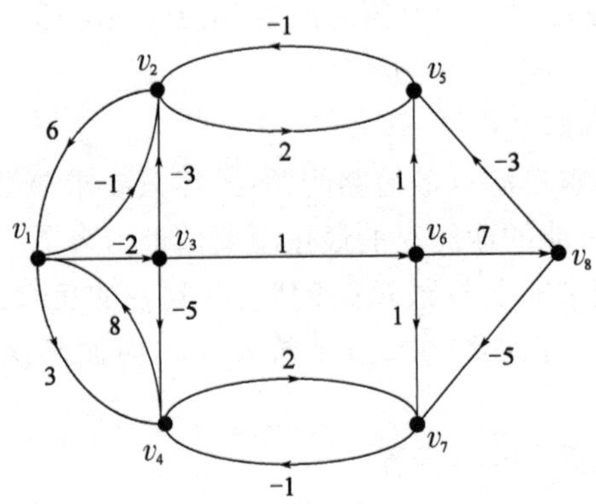

图 7-8　赋权有向图

求 解 结 果　　表 7-2

距离	w_{ij}								$d^{(t)}(v_1,v_j)$			
	v_1	v_2	v_3	v_4	v_5	v_6	v_7	v_8	$t=1$	$t=2$	$t=3$	$t=4$
v_1	0	-1	-2	3					0	0	0	0
v_2	6	0			2				-1	-5	-5	-5
v_3		-3	0	-5		1			-2	-2	-2	-2
v_4				0			2		3	-7	-7	-7
v_5		-1			0					1	-3	-3
v_6					1	0	1	7		-1	-1	-1
v_7				-1			0			5	-5	-5
v_8					-3		-5	0			6	6

可以看出,当 $t=4$ 时,有 $d^{(t)}(v_1,v_j)=d^{(t-1)}(v_1,v_j)$,$j=1,\cdots,8$。因此,表中的最后一列,就是从 v_1 到 v_2 、v_3 、v_4 、v_5 、v_6 、v_7 的最短距离。

7.3.4　弗洛伊德(Floyd)算法*

无论是 Dijkstra 标号法还是 Bellman-Ford 算法都只能求单源点最短路问题,但有些问题需要求解网络中各个点之间的最短路。例如,城市交通规划交通配流时,必须求出各个出行节点之间的最短路。Floyd 算法又称为插点法,是一种求解多源点之间最短路算法。该算法名称以创始人之一、1978 年图灵奖获得者、斯坦福大学计算机科学系教授罗伯特・弗洛伊德命名。有些文献上阐述的海斯矩阵法,其本质也是 Floyd 算法。

将 Bellman-Ford 算法的迭代式 $d^{(t)}(v_s,v_j)=\min\limits_{i}\{d^{(t-1)}(v_s,v_i)+w_{i,j}\}$ 中的 $w_{i,j}$ 用 $d^{(t-1)}(v_i,v_j)$ 代替,即得 Floyd 算法迭代式:

$$d^{(t)}(v_s,v_j)=\min_{i}\{d^{(t-1)}(v_s,v_i)+d^{(t-1)}(v_i,v_j)\}$$

显然需要用一个距离矩阵 $\boldsymbol{D}^{(t)}$。记住第 t 次迭代后各点对之间的最短距离才能运用该迭代式。其中 $\boldsymbol{D}^{(t)}$ 的元素 $d_{ij}^{(t)}$ 表示第 t 次迭代后 v_i 到 v_j 的最短距离,$t=0$ 时为权值矩阵(直接距离矩阵),即 $\boldsymbol{D}^{(0)}=(d_{ij}^{(0)})$,其中:

$$d_{ij}^{(0)} = \begin{cases} w_{ij},存在弧(v_i,v_j) \\ 0, i = j \\ \infty,不存在弧(v_i,v_j) \end{cases}$$

距离矩阵迭代更新的基本思想与 Bellman-Ford 算法有点类似,迭代公式为:

$$d_{ij}^{(t+1)} = \min_k \{d_{ik}^{(t)} + d_{kj}^{(t)}\}, t \geqslant 0$$

为了在求出最短距离的同时,将最短路径也求出来,对应于距离矩阵 $\boldsymbol{D}^{(t)}$,用路径矩阵 $(P_{ij}^{(t)})$ 来记住最短路径。$P_{ij}^{(t)}$ 对应于最短距离 $d_{ij}^{(t)}$,表示第 t 次迭代后 v_i 到 v_j 的最短路径上 v_j 的前点编号[$P_{ij}^{(t)}$ 也可以表示为第 t 次迭代后 v_i 到 v_j 的最短路径上 v_i 的后节点编号,计算类似]。那么求出最终的最短距离 $d_{ij}^{(t)}$ 后,根据 $P_{ij}^{(t)}$ 将 v_j 的前点(不妨设为 v_l)求出后,再根据 $P_{il}^{(t)}$ 将 v_i 到 v_l 的最短路径上 v_l 的前点求出,以此类推,这样回溯可求出整个最短路。

显然,如果最短距离发生改变,假设 $d_{ij}^{(t+1)} = (d_{ik_0}^{(t)} + d_{k_0j}^{(t)}) = \min_k \{d_{ik}^{(t)} + d_{kj}^{(t)}\} < d_{ij}^{(t)}$,则 $P_{ij}^{(t)}$ 也必须做出如下改变:$P_{ij}^{(t+1)} = P_{k_0j}^{(t)}$。

距离矩阵的更新用矩阵形式表示出来为:

$$\boldsymbol{D}^{(k)} = \boldsymbol{D}^{(k-1)} * \boldsymbol{D}^{(k-1)}$$

其中,* 为矩阵数乘运算符号。

现以例 7.5 为例分析 Floyd 算法过程。

例 7.5 求图 7-9 中各点之间的最短距离。

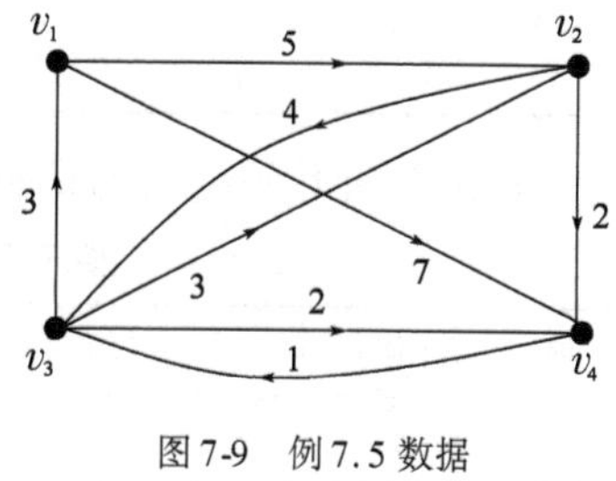

图 7-9 例 7.5 数据

显然,例 7.5 中,初始值:

$$\boldsymbol{D}^{(0)} = \begin{pmatrix} 0 & 5 & \infty & 7 \\ \infty & 0 & 4 & 2 \\ 3 & 3 & 0 & 2 \\ \infty & \infty & 1 & 0 \end{pmatrix}, \boldsymbol{P}^{(0)} = \begin{pmatrix} 1 & 1 & 1 & 1 \\ 2 & 2 & 2 & 2 \\ 3 & 3 & 3 & 3 \\ 4 & 4 & 4 & 4 \end{pmatrix};$$

由矩阵数乘可得:

$$\boldsymbol{D}^{(1)} = \begin{pmatrix} 0 & 5 & 8 & 7 \\ 7 & 0 & 4 & 2 \\ 3 & 3 & 0 & 2 \\ 4 & 4 & 1 & 0 \end{pmatrix}, \boldsymbol{P}^{(1)} = \begin{pmatrix} 1 & 1 & 4 & 1 \\ 3 & 2 & 2 & 2 \\ 3 & 3 & 3 & 3 \\ 3 & 3 & 4 & 4 \end{pmatrix};$$

$$\boldsymbol{D}^{(2)} = \begin{pmatrix} 0 & 5 & 8 & 7 \\ 6 & 0 & 3 & 2 \\ 3 & 3 & 0 & 2 \\ 4 & 4 & 1 & 0 \end{pmatrix}, \boldsymbol{P}^{(2)} = \begin{pmatrix} 1 & 1 & 4 & 1 \\ 3 & 2 & 4 & 2 \\ 3 & 3 & 3 & 3 \\ 3 & 3 & 4 & 4 \end{pmatrix};$$

$$D^{(3)} = \begin{pmatrix} 0 & 5 & 8 & 7 \\ 6 & 0 & 3 & 2 \\ 3 & 3 & 0 & 2 \\ 4 & 4 & 1 & 0 \end{pmatrix}。$$

计算到 $t=3$ 时,由于 $\boldsymbol{D}^{(3)}=\boldsymbol{D}^{(2)}$,最短距离矩阵不再发生改变,此时即为最终最短距离矩阵。以 v_2 到 v_3 解释计算结果:由 $\boldsymbol{D}^{(3)}$ 的元素 $d_{2,3}$ 可知, $d(v_2,v_3)=3$;又由 $\boldsymbol{P}^{(2)}$ 的元素$p_{2,3}=4$可知, v_2 到 v_3 的最短路上 v_3 的前一个点编号为 v_4,由 $\boldsymbol{P}^{(2)}$ 的元素 $p_{2,4}=2$ 可知, v_2 到 v_4 的最短路上 v_4 的前一个点编号为 v_2。即 v_2 到 v_3 最短距离为 3,最短路为 $v_2 \to v_4 \to v_3$。

7.3.5 应用举例

例 7.6 设备更新问题。某物流企业使用某种设备,在每年年初,企业领导部门就要决定是购置新的还是继续使用旧的。若购置新设备,就要支付一定的购置费;若继续使用旧设备,则需支付一定的维修费用。如何制订一个几年之内的设备更新计划,使得总的支付费用最少?用一个 5 年之内要更新某种设备的计划为例,该种设备在各年年初的价格见表 7-3。

各年年初设备的价格(单位:万元) 表 7-3

第 1 年	第 2 年	第 3 年	第 4 年	第 5 年
11	11	12	12	13

使用不同时间(年)的设备所需要的维修费用,见表 7-4。

使不同时间(年)的设备所需维修费用(单位:万元) 表 7-4

使用年数(年)	0 ~ 1	1 ~ 2	2 ~ 3	3 ~ 4	4 ~ 5
维修费用	5	6	8	11	18

可供选择的设备更新方案显然是很多的。例如,每年都购置一台新设备,则其购置费用为 11 + 11 + 12 + 12 + 13 = 59(万元),而每年支付的维修费用为 5,5 年合计为 25(万元),于是 5 年总的支付费用为 59 + 25 = 84(万元)。又如决定在第 1、3、5 年各购进一台,这个方案的设备购置费为 11 + 12 + 13 = 36(万元),维修费为 5 + 6 + 5 + 6 + 5 = 27(万元),5 年总的支付费用为 63(万元)。

如何使总的支付费用最少的设备更新计划呢?可以把这个问题化为最短路问题,如图 7-10所示。用点 v_i 代表"第 i 年年初购进一台新设备"这种状态(加设一点 v_6,可以理解为第 5 年年底)。从 v_i 到 v_j $(j=i,\cdots,6)$ 各画一条弧。弧 (v_i,v_j) 的权值表示第 i 年年初购进的设备一直使用到第 j 年年初(第 $j-1$ 年底)的总费用(购置费和维修费之和)。每条弧的权可按已知资料计算出来。例如, (v_1,v_4) 是第 1 年年初购进一台新设备[支付购置费 11(万元)],一直使用到第 3 年年底[支付维修费 5 + 6 + 8 = 19(万元)],故 (v_1,v_4) 上的权为 30。这样一来,制订一个最优的设备更新计划的问题就等价于寻求从 v_1 到 v_6 的最短路问题。

按求解最短路的计算方法, $v_1 \to v_3 \to v_6$ 及 $v_1 \to v_4 \to v_6$ 均为最短路,即有两个最优方案:一个是在第 1 年、第 3 年各购置一台新设备;另一个是在第 1 年、第 4 年各购置一台新设备。8 年总的支出费用均为 53(万元)。

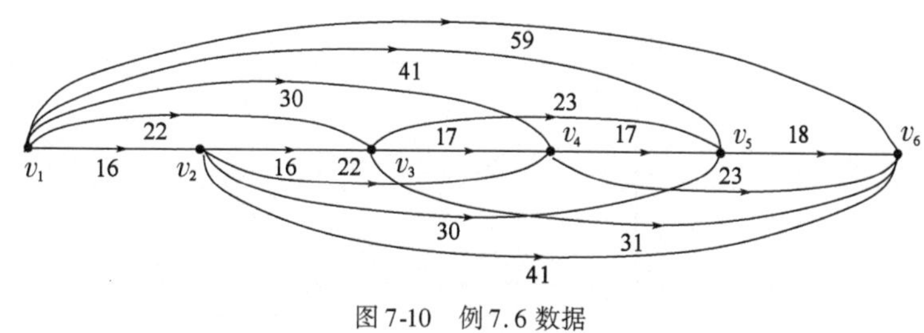

图 7-10 例 7.6 数据

7.4 最大流问题

在许多实际的网络系统中都存在流量和最大流(maximal flow problem)问题,如铁路运输系统中的车辆流,城市给排水系统的水流问题,等等。而网络系统最大流问题是图与网络流理论中十分重要的最优化问题,它对于解决生产实际问题起着十分重要的作用。

7.4.1 最大流问题描述

定义 7.3 给定一个有向图 $D=(V,A)$,在 V 中指定一个发点(source) v_s 和一个收点(sink) v_t,其他的点叫作中间点。对于 D 中的每一个弧 $(v_i,v_j)\in A$,都有一个权 c_{ij} 叫作弧的容量。我们把这样的图 D 叫作一个网络系统,简称网络,记作 $D=(V,A,C)$。网络 D 上的流,是指定义在弧集合 A 上的一个函数 $f=\{f(v_i,v_j)\}$,称 $f(v_i,v_j)$ 叫作弧在 (v_i,v_j) 上的流量。

定义 7.4 网络上的一个流 f 叫作可行流(feasible flow),如果 f 满足以下条件:

(1)容量限制条件:对于每一个弧 $(v_i,v_j)\in A$,有 $0\leqslant f_{ij}\leqslant c_{ij}$;

(2)平衡条件:对于发点 v_s,有 $\sum\limits_{(v_s,v_j)\in A} f_{sj}-\sum\limits_{(v_j,v_s)\in A} f_{js}=v(f)$;

对于收点v_t,有 $\sum\limits_{(v_t,v_j)\in A} f_{tj}-\sum\limits_{(v_j,v_t)\in A} f_{jt}=-v(f)$;

对于中间点 $\forall i\neq s,t$,有 $\sum\limits_{(v_i,v_j)\in A} f_{ij}-\sum\limits_{(v_j,v_i)\in A} f_{ji}=0$。

其中发点(或收点)的总流量 $v(f)$ 叫作这个可行流的流量。

任意一个网络上的可行流总是存在的。例如,零流 $v(f)=0$,就是满足以上条件的可行流。

网络系统中最大流问题就是在给定的网络上寻求一个可行流 f,其流量 $v(f)$ 达到最大值。其数学模型可描述如下:

$$\max v_f=\sum_{(v_s,v_j)\in A} f_{sj}-\sum_{(v_j,v_s)\in A} f_{js}$$

$$\text{s.t.}\ \sum f_{ij}-\sum f_{ji}=\begin{cases} v(f), & i=s \\ 0, & i\neq s,t \\ -v(f), & i=t \end{cases},0\leqslant f_{ij}\leqslant c_{ij}$$

可见,最大流问题是一个特殊的线性规划问题。

例 7.7 图 7-11 是一个网络,每一个弧旁边的权就是对应的容量(最大通过能力)。要求指定一个运输方案,使得从 v_s 到 v_t 的货运量最大。

例 7.7 解答过程见例 7.14。

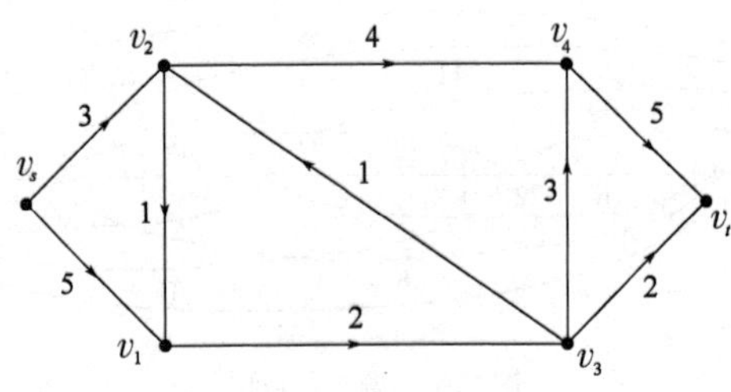

图 7-11　例 7.7 数据

7.4.2　寻求最大流的标号法

设流 $f = \{f_{ij}\}$ 是网络 D 上的一个可行流。我们把 D 中 $f_{ij} = c_{ij}$ 的弧叫作**饱和弧**(saturated arc)，$f_{ij} < c_{ij}$ 的弧叫作**非饱和弧**，$f_{ij} = 0$ 的弧叫作**零流弧**(void arc)，$f_{ij} > 0$ 的弧为**非零流弧**。

设 μ 是网络 D 中连接发点 v_s 和收点 v_t 的一条链。定义链的方向是从 v_s 到 v_t，于是链 μ 上的弧被分为两类：一是弧的方向与链的方向相同，叫作前向弧，前向弧的集合记做 μ^+；二是弧的方向与链的方向相反，叫作后向弧，后向弧的集合记做 μ^-。

图 7-12 为一可行流。其中 (v_s,v_2)、(v_2,v_1)、(v_3,v_2) 为饱和流，(v_3,v_4) 为零流弧。

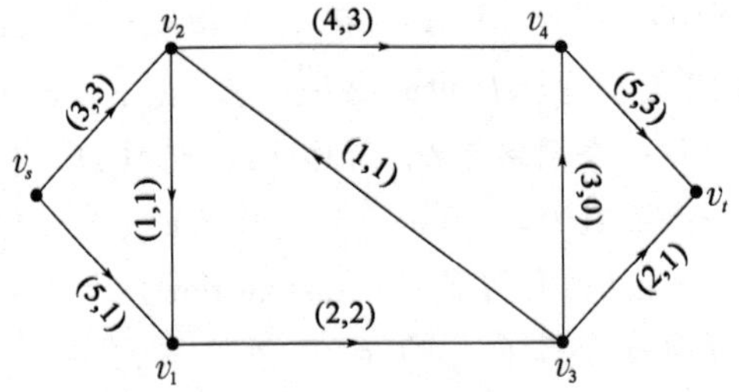

图 7-12　可行流

链 (v_s,v_2,v_3,v_t) 中，$\mu^+ = \{(v_s,v_2),(v_3,v_t)\}$；$\mu^- = \{(v_3,v_2)\}$。

链 $(v_s,v_1,v_3,v_2,v_4,v_t)$ 中，μ^- 为空集；$\mu^+ = \{(v_s,v_1),(v_1,v_3),(v_3,v_2),(v_2,v_4),(v_4,v_t)\}$。

(v_3,v_2) 在链 (v_s,v_2,v_3,v_t) 上是后向弧，在链 $(v_s,v_1,v_3,v_2,v_4,v_t)$ 上是前向弧。

定义 7.5　设 μ 是网络 D 中连接发点 v_s 和收点 v_t 的一条链，称 μ 为 v_s 到 v_t 的增广链(可增值链)，且链 μ 满足以下条件：

(1)若弧 $(v_i,v_j) \in \mu^+$，有 $0 \leqslant f_{ij} < c_{ij}$，即 μ^+ 中的每一条弧都是非饱和弧。

(2)若弧 $(v_i,v_j) \in \mu^-$，有 $0 < f_{ij} \leqslant c_{ij}$，即 μ^- 中的每一条弧都是非零流弧。

定理 7.8　网络中的一个可行流 f^* 是最大流的充分必要条件是不存在关于 f^* 的增广链。

定理 7.8 证明略。

设 $S,T \subset V$，$S \cap T = \varnothing$，把始点在 S 中，终点在 T 中的所有弧构成的集合记为 (S,T)。

定义 7.6　设一个网络 $D = (V,A,C)$。如果点集 V 被剖分为两个非空集合 V_1 和 $\overline{V}_1$，发点 $v_s \in V_1$，收点 $v_t \in \overline{V}_1$，那么将弧集 $(V_1,\overline{V}_1)$ 叫作分离 v_s 和 v_t 的截集。

定义 7.7　设一个截集 $(V_1,\overline{V}_1)$，将截集 $(V_1,\overline{V}_1)$ 中所有的弧的容量的和叫作截集的截量，记作 $c(V_1,\overline{V}_1)$，亦即：

$$c(V_1,\overline{V}_1) = \sum_{(v_i,v_j)\in(V_1,\overline{V}_1)} c_{ij}$$

下面的事实是显然的：一个网络 D 中，任何一个可行流 f 的流量 $v(f)$ 都小于或等于这个网络中任何一个截集 $(V_1,\overline{V}_1)$ 的截量。并且，如果网络上的一个可行流 f^* 和网络中的一个截集 $(V_1^*,\overline{V}_1^*)$，满足条件 $v(f^*) = c(V_1^*,\overline{V}_1^*)$，那么 f^* 一定是 D 上的最大流，而 $(V_1^*,\overline{V}_1^*)$ 一定是 D 的所有的截集中截量最小的一个(最小截集)，由此可得定理 7.9。

定理 7.9 在一个网络 D 中，最大流的流量等于分离 v_s 和 v_t 的最小截集的截量。

调整增广链上的弧的流量，能增大网络的流量。定理 7.9 实际上提供了一个寻求网络系统最大流的方法：从一可行流出发(初始状态是从零流出发)，在网络中不断地寻找增广链进行调整，直到找不到增广链为止。每次对网络流量进行改进的过程可分为标号过程和调整过程。这个方法称为标号法，由 Ford 和 Fulkerson 在 1957 年提出。

1. 标号过程

增广链是一条从起点到终点的链，标号过程就是从起点到终点逐段延伸寻找增广链的过程。一个点被标号的含义是存在从起点 v_s 到该标号点的链作为待寻找的增广链的前段，故第一个标号点是起点 v_s。

点 v_i 被标号后，要检查 v_i 能否在满足增广链的定义条件下继续延伸。即检查与 v_i 相关的弧 (v_i,v_j) 或 (v_j,v_i)，若被检查的弧符合增广链的定义，则对延伸的新点 v_j 标号，但如果 v_j 此前已经被标号，显然就不必再检查相应的弧，也不必对 v_j 重新标号。

如果终点 v_t 被标号，则表示已找到一条从 v_s 到 v_t 的增广链，停止标号进入调整过程。一个标号点检查完后，任取一个未检查的标号点接着检查。如果所有标号的点都已检查完，但没有新的标号点产生，标号过程无法进行下去，并且 v_t 未被标号，则表示不存在关于 f 的增广链，即已求得最大流。

标号过程需要保存增广链的路径，同时要求出增广链的最大调整量。每个标号点的标号包含两部分：第一个标号表示这个标号是从哪一点得到的，即该标号点的源节点编号，以便找出增广链。第二个标号是为了确定增广链上的调整量 θ，用 $l(v_j)$ 保存 v_s 到标号点 v_j 的最大调整量。

算法描述如下。

记已标号已检查的点集合为 V_1，已标号未检查的点集合为 V_2，初始化 $V_1 = \varnothing$，$V_2 = \varnothing$；先给 v_s 标号$(0,+\infty)$，$V_2 = V_2 \cup \{v_s\}$。

一般地，取一个标号未检查点 $v_i \in V_2$，对一切未标号点 v_j：

(1)如果在弧 (v_i,v_j) 上，$f_{ij} < c_{ij}$，那么给 v_j 标号 $(v_i,l(v_j))$，其中 $l(v_j) = \min\ (l(v_j),c_{ij} - f_{ij})$；这时，$v_j$ 成为标号未检查的点，$V_2 = V_2 \cup \{v_j\}$。

(2)如果在弧 (v_j,v_i) 上，$f_{ji} > 0$，那么给 v_j 标号 $(-v_i,l(v_j))$，其中 $l(v_j) = \min\ (l(v_j),f_{ji})$，这时，$v_j$ 成为标号未检查的点，$V_2 = V_2 \cup \{v_j\}$。

于是 v_i 成为标号已检查的点，$V_1 = V_1 \cup \{v_i\}$，$V_2 = V_2 / \{v_i\}$，重复以上步骤，如果 v_t 被标上号，表示得到一条增广链 μ，转入下一步调整过程。如果 $V_2 = \varnothing$，表示所有标号点都已经检查过，而标号过程无法进行下去，则标号法结束。这时的可行流就是最大流。

2. 调整过程

首先按照 v_t 和其他的点的第一个标号，反向追踪，找出增广链 μ。例如，令 v_t 的第一个标

号是 v_k，则弧 (v_k,v_t) 在 μ 上。再看 v_k 的第一个标号，若是 v_i，则弧 (v_i,v_k) 都在 μ 上。依次类推，直到 v_s 为止。这时，所找出的弧就成为网络 D 的一条增广链 μ。取调整量 $\theta = l(v_t)$，即 v_t 的第二个标号，令：

$$f'_{ij} = \begin{cases} f_{ij} + \theta, & (v_i,v_j) \in \mu^+ \\ f_{ij} - \theta, & (v_i,v_j) \in \mu^- \\ f_{ij}, & (v_i,v_j) \notin \mu \end{cases}$$

调整完后，网络系统流量增大 θ。再去掉所有的标号，对新的可行流 $f' = \{f'_{ij}\}$，重新进行标号和调整，直到找到网络 D 的最大流为止。

例 7.8 求图 7-11 所示网络最大流。

(1)标号过程。

① $V_1 = \varnothing$，$V_2 = \varnothing$；首先给 v_s 标号 $(0,\infty)$，$V_2 = V_2 \cup \{v_s\}$。

②确定 v_s 为检查点，检查与 v_s 相关的弧 (v_s,v_1)、(v_s,v_2)，均为前向弧，(v_s,v_2) 为饱和弧，不符合增广链的定义，故不对 v_2 标号，(v_s,v_1) 非饱和弧，对 v_1 标号 $(s,l(v_1))$，$l(v_1) = \min\{l(v_s), c_{s1} - f_{s1}\} = \min\{\infty, 5-1\} = 4$，$V_2 = V_2 \cup \{v_1\} = \{v_s,v_1\}$，$v_s$ 为已检查的点。$V_2 = V_2 / \{v_s\} = \{v_1\}$，$V_1 = V_1 \cup \{v_s\} = \{v_s\}$。

③任选 $v_1 \in V_2$ 为检查点，检查与 v_1 相关的弧 (v_2,v_1)、(v_1,v_3)，由于 (v_1,v_3) 为前向饱和弧，故不对 v_3 标号。(v_2,v_1) 为后向非零流弧，对 v_2 标号 $(-1,l(v_2))$，$l(v_2) = \min\{l(v_1), f_{2,1}\} = \min\{4,1\} = 1$，$V_2 = V_2 \cup \{v_2\} = \{v_1,v_2\}$，$v_1$ 为已检查的点。$V_2 = V_2 / \{v_1\} = \{v_2\}$，$V_1 = V_1 \cup \{v_1\} = \{v_s,v_1\}$。

值得注意的是：在前面检查 v_s 时 v_2 这个点已经检查过不能标号，但那只能说明增广链经 v_s 到 v_2 走不通。由于 v_2 没有标号，故这里检查 v_1 时需检查弧 (v_2,v_1)，并对 v_2 标号，表明 v_s 经 v_1 到 v_2 是可能形成增广链的。

④任选 $v_2 \in V_2$ 为检查点，对 v_4 标号 $(2,1)$，对 v_3 标号 $(-2,1)$，$V_2 = \{v_2,v_4,v_3\}$，v_2 为已检查的点，$V_2 = \{v_4,v_3\}$，$V_1 = \{v_s,v_1,v_2\}$。

⑤ $v_3,v_4 \in V_2$，任选一个进行检查，不妨选 v_3 进行检查，检查 v_3 时，(v_3,v_4) 不要再检查了，因为 v_4 是已标号点，说明增广链已经可以延伸到 v_4 了，再检查对 v_4 重新标号没有意义。故只需检查 (v_3,v_t)，对 v_t 标号 $(3,1)$。由于 v_t 已标号，故进入调整阶段。

上述标号过程可以直接在网络图上标出来，如图 7-13 所示。

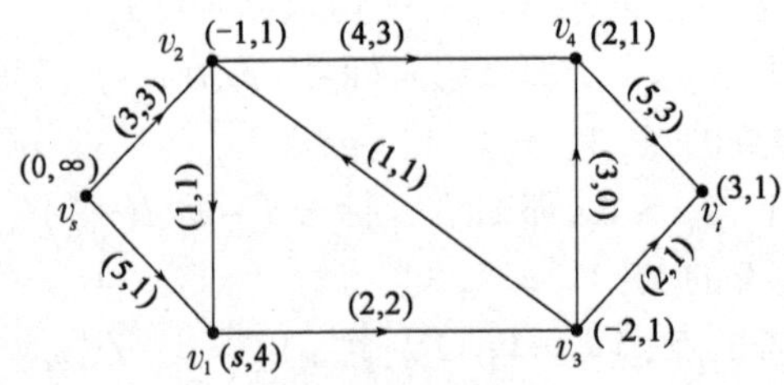

图 7-13 标号过程

(2)调整过程。

从 v_t 开始，按照标号点的第一个标号，用回溯的方法，找出一条从 v_s 到 v_t 的增广链 $\mu = \{v_s,v_1,v_2,v_3,v_t\}$。易得：

$$\mu^{+} = \{(v_s,v_1),(v_3,v_t)\}$$

$$\mu^{-} = \{(v_2,v_1),(v_3,v_2)\}$$

按 $\theta=1$ 调整，μ^{+} 上：$f_{s,1}+\theta=2$，$f_{3,t}+\theta=2$；μ^{-} 上：$f_{2,1}-\theta=0$，$f_{3,2}-\theta=0$。调整后得到如图 7-14 所示的可行流。对这个可行流进入标号过程。

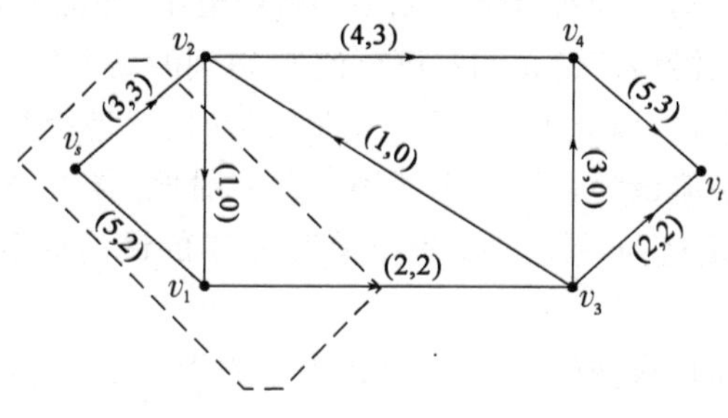

图 7-14 可行流

(3)标号过程

① $V_1=\varnothing$，$V_2=\varnothing$；首先给 v_s 标号$(0,\infty)$，$V_2=V_2\cup\{v_s\}$。

②检查 v_s，对 v_1 标号 $(s,3)$，$V_2=V_2\cup\{v_1\}=\{v_s,v_1\}$，$v_s$ 检查完毕，$V_2=V_2/\{v_s\}=\{v_1\}$，$V_1=V_1\cup\{v_s\}=\{v_s\}$。

③检查 v_1，无新标号点产生。v_1 检查完毕，$V_2=V_2/\{v_1\}=\varnothing$，$V_1=V_1\cup\{v_1\}=\{v_s,v_1\}$。

由于所有的标号点都已检查，故此时已不存在从 v_s 到 v_t 的增广链，此时网络中的可行流 f^* 即是最大流，最大流的流量 $V(f^*)=f_{s,1}+f_{s,2}=5$。

这时已标号且已检查的点集合 $V_1=\{v_s,v_1\}$，未标号点集合 $\overline{V}_1=V/V_1=\{v_2,v_3,v_4,v_t\}$。$(V_1,\overline{V}_1)=\{(v_s,v_2),(v_1,v_3)\}$，截量 $c(V_1,\overline{V}_1)=5$。由此可见，用标号法找增广链求最大流，同时得到一个最小截集。最小截集就是我们通常所说的“瓶颈”，最小截集容量的大小影响总的输送量的提高。因此，为提高总的输送量，必须首先考虑改善最小截集中各弧的输送状况，提高它们的通行能力。

7.5 最小费用最大流问题*

在实际的网络系统中，当涉及有关流的问题时，我们往往考虑的不仅是流量，还经常要考虑费用的问题。比如一个铁路系统的运输网络流，既要考虑网络流的货运量最大，又要考虑总费用最小。最小费用最大流问题(min-cost max-flow)就是要解决这一类问题。

设一个网络 $D=(V,A,C)$，对于每一个弧 $(v_i,v_j)\in A$，给定一个单位流量的费用 $b_{ij}\geqslant 0$，网络系统的最小费用最大流问题是指要寻求一个最大流 f，并且流的总费用 $b(f)=\sum_{(v_i,v_j)\in A} b_{ij}f_{ij}$ 达到最小。

这里介绍 Busacker 和 Gowan 在 1961 年提出的迭代法求解最小费用最大流问题。介绍算法思想前先定义增广链的费用。

在一个网络 D 中,当沿可行流 f 的一条增广链 μ ,以调整量 $\theta = 1$ 改进 f ,得到的新可行流 f' 的流量,有 $v(f') = v(f) + 1$,而此时总费用 $b(f')$ 比 $b(f)$ 增加了:

$$b(f') - b(f) = \sum_{\mu^+} b_{ij}(f'_{ij} - f_{ij}) - \sum_{\mu^-} b_{ij}(f_{ij} - f'_{ij}) = \sum_{\mu^+} b_{ij} - \sum_{\mu^-} b_{ij}$$

将 $\sum_{\mu^+} b_{ij} - \sum_{\mu^-} b_{ij}$ 叫作这条增广链的费用。

如果可行流在流量为 $v(f)$ 的所有可行流中的费用最小,并且是 μ 关于 f 的所有增广链中的费用最小的增广链,那么沿增广链 μ 调整可行流 f ,得到的新可行流 f' ,也是流量为 $v(f')$ 的所有可行流中的最小费用流。以此类推,当 f' 是最大流时,就是所要求的最小费用最大流。

显然,零流 $f = \{0\}$ 是流量为 0 的最小费用流。一般地,寻求最小费用流,总可以从零流 $f = \{0\}$ 开始。下面的问题是:如果已知 f 是流量为 $v(f)$ 的最小费用流,那么就要去寻找关于 f 的最小费用增广链。

对此,重新构造一个赋权有向图 $M(f)$,其顶点是原网络 D 的顶点,而将 D 中的每一条弧 $(v_i, v_j) \in A$ 变成两个相反方向的弧 (v_i, v_j) 和 (v_j, v_i) ,并且定义 $M(f)$ 中弧的权 w_{ij} 为:

$$w_{ij} = \begin{cases} b_{ij}, & f_{ij} < c_{ij} \\ \infty, & f_{ij} = c_{ij} \end{cases}$$

$$w_{ji} = \begin{cases} -b_{ij}, & f_{ij} > 0 \\ \infty, & f_{ij} = 0 \end{cases}$$

将权为 ∞ 的弧从 $M(f)$ 中略去,可知:

当 $f_{ij} = 0$ 时,该弧只能为前向弧,原弧不变,权系数为 b_{ij}。

当 $0 < f_{ij} < c_{ij}$ 时,该弧既有可能作为前向弧,也有可能为后向弧,成为两条方向相反、权绝对值相等的弧。

当 $f_{ij} = c_{ij}$ 时,该弧只能为后向弧,将原弧变为相反方向的弧,权系数为 $-b_{ij}$ 。

这样,在网络 D 中寻找关于 f 的最小费用增广链就等于价于在 $M(f)$ 中寻找从 v_s 到 v_t 的最短路。

算法开始,取零流 $f^{(0)} = \{0\}$ 。一般地,如果在第 $k-1$ 步得到最小费用流 $f^{(k-1)}$,则构造图 $M(f^{(k-1)})$ 。在图 $M(f^{(k-1)})$ 中,寻求从 v_s 到 v_t 的最短路。如果不存在最短路,则 $f^{(k-1)}$ 就是最小费用最大流。如果存在最短路,则在原网络 D 中得到相对应(一一对应)的增广链 μ 。在增广链 μ 上对 $f^{(k-1)}$ 进行调整,调整量 θ 为增广链上每条弧的调整量的最小值:

$$\theta = \min\left\{\min_{\mu^+}(c_{ij} - f_{ij}^{(k-1)}), \min_{\mu^-} f_{ij}^{(k-1)}\right\}$$

令:

$$f_{ij}^{(k)} = \begin{cases} f_{ij}^{(k-1)} + \theta, (v_i, v_j) \in \mu^+ \\ f_{ij}^{(k-1)} - \theta, (v_i, v_j) \in \mu^- \\ f_{ij}^{(k-1)}, (v_i, v_j) \notin \mu \end{cases}$$

得到一个新的可行流 $f^{(k)}$,再对 $f^{(k)}$ 重复以上步骤,直到 D 中找不到相对应的增广链时为止。

例 7.9 求图 7-15 所示网络中的最小费用最大流，弧旁的权是 (b_{ij},c_{ij})。

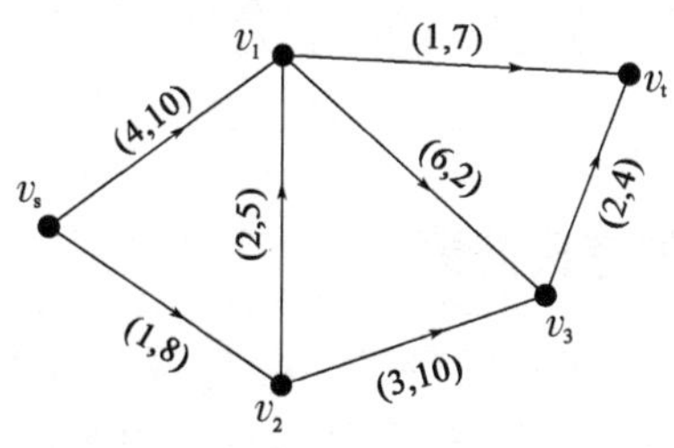

图 7-15 例 7.9 数据

(1)取初始可行流为零流 $f^{(0)}=\{0\}$，构造赋权有向图 $M(f^{(0)})$，求出从 v_s 到 v_t 的最短路 (v_s,v_2,v_1,v_t)，如图 7-16a)中双箭头所示。

(2)在原网络 D 中，与这条最短路相对应的增广链为 $\mu=(v_s,v_2,v_1,v_t)$。

(3)在 μ 上对 $f^{(0)}=\{0\}$ 进行调整，取 $\theta=5$，得到新可行流 $f^{(1)}$，如图 7-16b)所示。按照以上的算法，可以得到 $f^{(1)}$、$f^{(2)}$、$f^{(3)}$、$f^{(4)}$ 流量分别为 5、7、10、11，并且分别构造相对应的赋权有向图 $M(f^{(1)})$，$M(f^{(2)})$，$M(f^{(3)})$，$M(f^{(4)})$。由于在 $M(f^{(4)})$ 中已经不存在从 v_s 到 v_t 的最短路，因此，可行流 $f^{(4)}$，$v(f^{(4)})=11$ 是最小费用最大流。

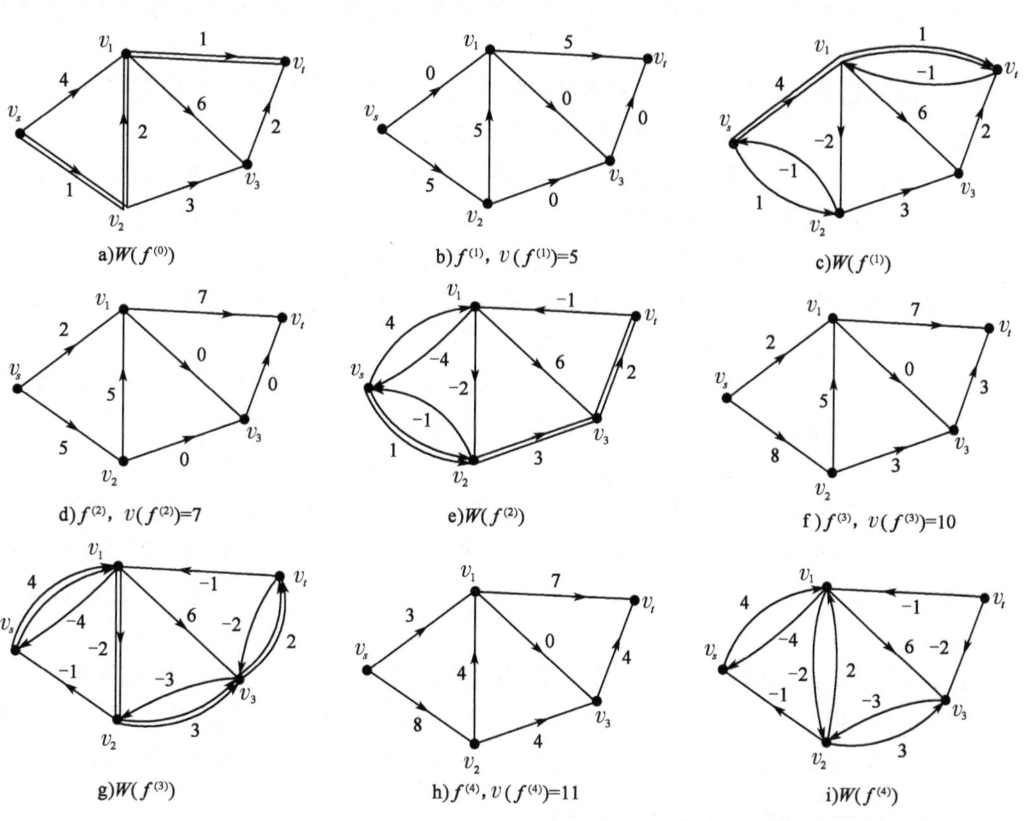

图 7-16 例 7.9 解题过程

7.6 欧拉图与哈密尔顿图

7.6.1 欧拉图与中国邮递员问题

设有一个连通多重图 G ,如果在 G 中存在一条链,经过 G 的每条边一次且仅一次,那么这条链叫作欧拉链。若在 G 中存在一个简单圈,经过 G 的每条边一次,那么这个圈叫作欧拉圈。一个图如果有欧拉圈,那么这个图叫作欧拉图(Eulerian graph)。很明显,一个图 G 如果能够一笔画出,那么这个图一定是欧拉图或者含有欧拉链。

定理 7.10 *一个连通多重图 G 是欧拉图的充要条件是 G 中无奇点。*

推论 *一个连通多重图 G 有欧拉链的充要条件是 G 有且仅有两个奇点。*

定理 7.10 证明略。可以理解为:由于每进出节点一次需要访问两条边,如果一个点是奇点,经过若干次进出节点后,最后一次进入节点没有没访问的边可以引出来。欧拉链的两个奇点分别为其起点和终点。

中国邮递员问题(The Chinese post problem),用图的语言来描述,就是给定一个连通图 G ,在每条边上有一个非负的权,要寻求一个圈,经过 G 的每条边至少一次,并且圈的权数最小。由于这个问题是我国管梅谷于 1962 年首先提出来的,因此国际上称为中国邮递员问题。

从一笔画问题的讨论可知,一个邮递员在他所负责投递的街道范围内,如果街道构成的图中没有奇点,那么他就可以从邮局出发,经过每条街道一次且仅一次,并最终回到原出发地。但是,如果街道构成的图中有奇点,他就必然要在某些街道重复走几次。换言之,中国邮递员问题的答案就是在原图上添加重复边,使图成为一个欧拉图。我们把增加重复边后不含奇点的新的连通图叫作邮递路线,而总权最小的邮递路线叫作最优邮递路线。

用管梅谷提出的奇偶点图上作业法来求解中国邮递员问题,计算步骤如下:

(1)由于任何一个图中,奇点的个数为偶数,所以如果一个连通图有奇点,就可以把它们两两配成对,而每对奇点之间必有一条链(图是连通的),我们把这条链的所有边作为重复边追加到图中去,这样得到的新连通图必无奇点,这就给出了初始投递路线。

(2)如果在某个边有两条或两条以上的重复边,从中去掉偶数条重复边。

(3)检查图中的每一个圈,若每个圈上的重复边总长不大于该圈总长的一半时,则已得到最优方案。若存在一个圈,当该圈上的重复边的总长大于该圈总长的一半时,将该圈上的重复边去掉,将该圈上原来没有重复边的个边加上重复边,然后返回步骤(2),直到得到最优方案为止。

奇偶点图上作业法通俗易懂,但计算时需要检查图的每个圈,计算量很大,实际应用较少。1973 年 Edmonds 和 Johnson 通过将问题转化为求最短路和最优匹配问题,提出了一种多项式时间算法。在求出最短欧拉图后,还需要用 Fleury 算法求出回路路径,具体本节不再讲述。

7.6.2 哈密尔顿图与旅行商问题

哈密尔顿(Hamilton)通路:经过图 G 中每个节点一次且仅一次的通路称为哈密尔顿通路。

哈密尔顿回路：经过图 G 中每个节点一次且仅一次的回路称为哈密尔顿回路。

哈密尔顿图：存在哈密尔顿回路的图称为哈密尔顿图。

目前，没有判断图中是否存在哈密尔顿通路、哈密尔顿回路的简单判定定理。一名推销员准备前往若干城市推销产品，然后回到他的出发地。如何为他设计一条最短的旅行路线（从驻地出发，经过每个城市恰好一次，最后返回驻地）？这个问题称为旅行商问题（Traveling Salesman Problem，TSP）。

旅行商问题的本质就是寻找一个哈密尔顿回路。由定义可知，中国邮递员问题是对边的遍历问题，旅行商问题是对点的遍历问题。

设城市的个数为 n ，d_{ij} 是两个城市 i 与 j 之间的距离，设决策变量 x_{ij} ，

$$x_{ij} = \begin{cases} 1,\text{走城市 } i \text{ 到 } j \\ 0,\text{不走城市 } i \text{ 到 } j \end{cases}$$

则旅行商问题的数学模型可表示如下：

$$\min \sum_{i \neq j} d_{ij} x_{ij}$$

$$\text{s.t.} \begin{cases} \sum_{i=1}^{n} x_{ij} = 1, j = 1,2,\cdots,n \\ \sum_{j=1}^{n} x_{ij} = 1, i = 1,2,\cdots,n, x_{ij} \in \{0,1\} \\ \sum_{i,j \in S} x_{ij} < | S |, 2 < S < n, S \subset \{1,2,\cdots,n\} \end{cases}$$

约束条件中，第一个约束条件表示进入第 j 个城市恰好 1 次；第二个约束条件表示出第 i 个城市恰好一次；最后一个约束条件是防止出现子回路。就是节点全集的所有超过 3 个节点的真子集 S 所包含的边不能构成回路（如构成回路，则子集 S 内相邻的边的条数 $\sum_{i,j \in S} x_{ij}$ 等于子集 S 节点个数 $|S|$ ）。

TSP 问题精确求解算法主要有动态规划法、分支定界法等，但对大规模问题不适用，经典的非精确算法主要有节约里程法和扫描法，现在一般用智能优化算法求解大规模 TSP 问题的近似解。

7.7 Matlab 求解图论问题

7.7.1 Matlab 图论工具箱介绍

Matlab 软件自带图论工具箱（bgl）。工具箱函数及说明见表 7-5。

工具箱函数及说明 表 7-5

函数名	功能
graphallshortestpaths	求图中所有顶点对之间的最短距离
graphconncomp	找无向图的连通分支，或有向图的强弱连通分支
graphisdag	测试有向图是否含有圈，不含圈返回 1，否则返回 0

续上表

函 数 名	功 能
graphisomorphism	确定两个图是否同构,同构返回 1,否则返回 0
graphisspantree	确定一个图是否是生成树,是返回 1,否则返回 0
graphmaxflow	计算有向图的最大流
graphminspantree	在图中找最小生成树
graphpred2path	把前驱顶点序列变成路径的顶点序列
graphshortestpath	求图中指定的一对顶点间的最短距离和最短路径
graphtopoorder	执行有向无圈图的拓扑排序
graphtraverse	求从一顶点出发,所能遍历图中的顶点

当然,图论编程时还需要用到其他工具箱函数,如 toolbox/shared 文件夹下的函数。

7.7.2 图的存储表示

对图的优化,首先必须有一种方法(数据结构)可以在计算机上描述图与网络。计算机上用来描述图与网络的一般有以下 3 类常用表示方法:数组表示法、邻接表表示法、十字链表表示法,对于多重图还有邻接多重表表示法。本节只讲述简单图的数组表示法,其他表示法可以参看《数据结构》等文献。数组表示法又称为邻接矩阵表示法(adjacency matrix),Matlab 图论工具箱里图的表示即采用该方法。

对于有向图 $D=(V,A)$,邻接矩阵 (D_{ij}) 可定义为:

$$D_{ij}=\begin{cases} w_{ij},(v_i,v_j)\in A \\ \infty,(v_i,v_j)\notin A \end{cases}$$

Matlab 程序代码中,权值为 0 表示两点不相邻。矩阵的行表示该弧的起点,列表示该弧的终点,矩阵中所有非对角线元素以及非 0 元素表示图中弧的权值。当矩阵中非 0 元素个数比较少时,可以通过仅仅储存非 0 元素的坐标以及值来表示一个矩阵,称为稀疏矩阵。Matlab 图论工具箱里图的表示多采用稀疏邻接矩阵表。

无向图邻接矩阵可类似定义。无向图是对称矩阵,求最小生成树时可以只将非零元素输入到下三角即可,当然也可以完整输入。

例 7.10 图 7-5a)可以用邻接矩阵 $\boldsymbol{D}$ 表示为:

$$\boldsymbol{D}=\begin{pmatrix} 0 & 5 & 6 & 0 & 0 & 0 \\ 5 & 0 & 1 & 3 & 7 & 0 \\ 6 & 1 & 0 & 0 & 5 & 0 \\ 0 & 3 & 0 & 0 & 2 & 4 \\ 0 & 7 & 5 & 2 & 0 & 4 \\ 0 & 0 & 0 & 4 & 4 & 0 \end{pmatrix}$$

可以在 Matlab 中输入以下两种程序代码来表达 $\boldsymbol{D}$。

代码一:

```
DG = zeros(6); % 节点数为 6
DG(1,2:3) = [5 6];DG(2,3:5) = [1  3  7];DG(3,5) =5;DG(4,5:6) = [2 4];DG(5,6) =4;
```

D = sparse(DG′) %若改为完整输入，则写成 D = sparse(DG + DG′)

代码二：

```
S =[2  1  3  5  5  4  5  6  6];
E =[1  3  2  2  3  2  4  5  4];
W =[5  6  1  7  5  3  2  4  4];
D = sparse(S,E,W,6,6)
```

其中 S 和 E 分别表示节点序列，W 表示 S 和 E 对应两节点之间的边权值。注意 sparse 命令会生成一个 $m \times n$ 的 double 型矩阵，m 是 S 中最大的数字，n 是 E 中最大的数字。如果 m 和 n 值相同，则方法二最后一条语句可写成 D = sparse(S,E,W)；如果其值不相同，为了防止生成的矩阵不是方阵（所有的图论算法操作的矩阵都是方阵），该条语句必须写成 D = sparse(S,E,W,6,6)，这里 6 为最大节点编号。

7.7.3 图形输出函数

(1)可用 Matlab 软件的 biograph 函数生成一个 biograph 图对象。

以图 7-5a)为例，其程序代码如下：

BG = biograph(cm,ids,varargin)

这条语句生成一个图对象 BG，参数 cm 是这个图的邻接矩阵（cm 可以是稀疏矩阵形式，也可以是一般方阵形式）。其他参数可以缺省。

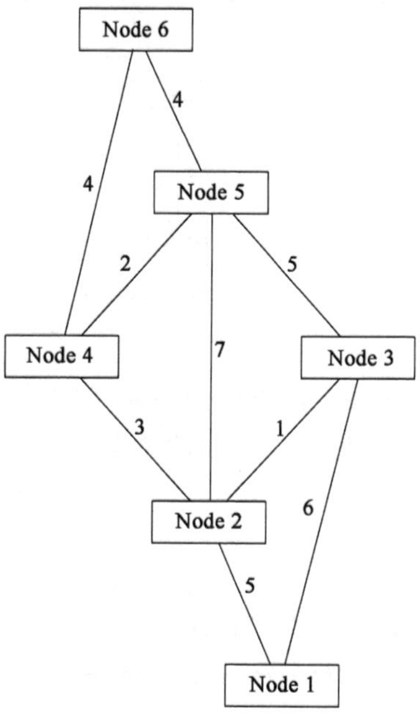

图 7-17　图 7-5a)的显示结果

ids 为节点的序号名称，ids 可以是一个元胞数组，数组中每个元素表示一个名字，数组长度与 cm 矩阵行列长度一致。ids 也可以是一个字符数组（此时各个节点的名字长度相同）。例 7.10 中，ids 缺省值代码为{'Node1','Node2','Node3','Node4',' Node5','Node6'}。显然 ids 数组的每一项必须是唯一的，不能重复。

Varargin 主要用于设置该图对象的布局属性、节点属性、边属性等。例如：

"'ShowArrows','off'"表示不显示箭头，"'ShowWeights','on'"表示显示权值。

(2) view 输出图。

输入 view(BG)可以查看 biograph 函数生成的图 BG。

Biograph 和 view 两个命令嵌套起来，代码为 view(biograph(D,[ ],'ShowArrows','off','ShowWeights','on'))；

图 7-5a)的显示结果如图 7-17 所示。

7.7.4 Matlab 求解图论问题算例

1. 最小生成树问题

最小生成树生成函数为 graphminspantree. m，调用代码为：

[ST,pred] = graphminspantree(D,'method',method)

输入参数:D 指的是图的稀疏邻接矩阵的下三角矩阵的非零项(所以前面图的存储表示中,非 0 权值应保存在稀疏邻接矩阵的下三角);method 指算法设置,method 可以选'Prim'或'Kruskal',即前文所介绍的 Prim 算法和 Kruskal 算法;ST 表示返回最小生成树的稀疏邻接矩阵;pred 为最小生成树的各节点的前置节点编号,根节点的前置节点为 0。

例 7.11 调用 Matlab 工具箱函数求解例 7.2(最小生成树问题)。

完整代码如下:

```
DG = zeros(6); % 节点数为 6
DG(1,2:3) = [5 6];DG(2,3:5) = [1 3 7];DG(3,5) =5;
DG(4,5:6) = [2 4];DG(5,6) =4;
D = sparse(DG + DG');
[ST,pred] = graphminspantree(D,'method','Kruskal')
view ( biograph ( ST, [ ],' ShowArrows',' off','
ShowWeights','on'))
V = sum(sum(ST)); disp(['最小生成树权为',num2str(V)]);
```

Matlab 命令窗口输出结果为:

```
ST =
   (2,1)        5
   (3,2)        1
   (4,2)        3
   (5,4)        2
   (6,5)        4
pred =
   0   1   2   2   4   5
```

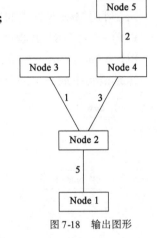

最小生成树的权为:15。

图 7-18 输出图形

输出图形如图 7-18 所示。

输出结果分析:ST 为输出最小二乘树的边及对应权值;pred 输出值意思为:Node1 的前置节点为 0,Node2 的前置节点为 Node1,node3 和 Node4 的前置节点为 Node2,以此类推。

2. 最短路问题

(1)求单源点最短路函数为 graphshortestpath. m。

调用代码:[dist,path,pred] = graphshortestpath(G,S,varargin,,'METHOD',method)

其中输入参数:G 为有向图;S 表示源点编号;varargin 为终点编号;method 为选用算法参数,有 4 个选项。

返回值:dist 为路径长;path 为 S 到 varargin 路径;pred 为最短路径上各点的前一个点的编号,即 7.3.2 节中各点的 λ 值。

例 7.12 调用 Matlab 工具箱函数求解例 7.3(单源点最短路径问题)。

完整代码如下:

```
clc;clear;
R = [1 1 1 2 3 3 4 4 5 6 6];
```

```
C = [2 3 4 5 2 4 3 6 7 5 7];
W = [8 6 2 8 4 2 3 2 5 3 9];
G1 = sparse(R,C,W,7,7);
[dist,path,pred] = graphshortestpath(G1,1,7)
h = biograph(G1,[ ],'ShowArrows','on','ShowWeights','on')
set(h,'LayoutType','equilibrium') %设置图形平衡布局
set(h.Nodes(path),'Color',[1 0.4 0.4])
edges = getedgesbynodeid(h,get(h.Nodes(path),'ID'));
set(edges,'LineColor',[1 0 0])
set(edges,'LineWidth',1.5)
view(h)
```

输出结果如下:

```
dist =
    12
path =
    1    4    6    5    7
pred =
    0    1    4    1    6    4    5
Biograph object with 7 nodes and 11 edges.
```

输出图形如图 7-19 所示。

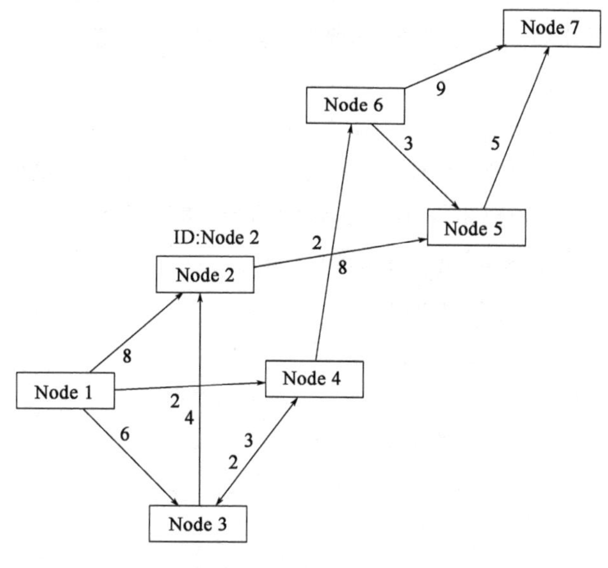

图 7-19 输出图形

结果表明,Node1 到 Node7 最短路径长为 12,路径为 Node1 - > Node4 - > Node6 - > Node5 - > Node7。

pred 值即为各点的 λ 值。

(2)求多点对间最短路径函数为 graphallshortestpaths. m。

调用代码:dist = graphallshortestpaths(G)

这里 dist 返回的是各点对之间的最短距离矩阵。

该程序采用 D. B. Johnson 在 *Efficient algorithms for shortest paths in sparse networks* 提出的 Johnson 算法,没有返回路由矩阵。而且其核心算法 graphalgs 不是". m"文件,而是一种已封装好的". mexw64"文件(单源点最短路问题程序 graphshortestpath. m 也是调用 graphalgs. mexw64),不能修改。

例 7.13 调用 Matlab 工具箱函数求解例 7.5。

代码如下:

```
D=[0 5 0 7; 0 0 4 2; 3 3 0 2; 0 0 1 0];
DG=sparse(D);
h = view(biograph(DG,[],'ShowWeights','on'))
dist =graphallshortestpaths(DG)
```

Matlab 命令窗口输出结果为:

```
dist =
     0     5     8     7
     6     0     3     2
     3     3     0     2
     4     4     1     0
```

即例 7.5 最终的结果。

有时候我们不但要求解最短路长度,还要求解最短路,笔者编写了一个简单的 floyd 程序,代码如下。

```
function  [dist,pred,exitflag]  =floyd(G)
  %Floyd 多点对最短路径算法;G 为邻接方阵;G 中不相邻点的权值要写成 inf,不能写成 0。
  %dist 为多点间最短距离矩阵;pred 为最短路径上前一个点的编号矩阵。
%exitflag =1:正常终止,exitflag =0:出现负回路。
n =size(G,1);dist =G;pred =zeros(n);
for i =1:n
         for j =1:n
                         pred(i,j) =i;
         end
end
for   k =1:n
for   i =1:n
                  for   j =1:n
                              if   dist(i,k) +dist(k,j) <dist(i,j)
                                        dist(i,j) =dist(i,k) +dist(k,j);
```

```
                    pred(i,j) = pred(k,j);
                end
            end
        end
    end
    for  i = 1:n
        if  dist(i,i) < 0
            exitflag = 0;
            display('出现负回路')
            break
        end
    end
end
```

例 7.5 可调用 floyd.m 代码求解过程如下。

```
clc;clear;
D = [0 5 inf 7; inf 0 4 2; 3 3 0 2; inf inf 1 0];
[dist,pred,exitflag] = floyd(D)
```

Matlab 命令窗口输出结果为:

```
dist  =
     0     5     8     7
     6     0     3     2
     3     3     0     2
     4     4     1     0
pred  =
     1     1     4     1
     3     2     4     2
     3     3     3     3
     3     3     4     4
exitflag  =      1
```

3. 网络最大流问题

最大流问题可以通过 Matlab 中的 graphmaxflow 求解,调用代码如下。

```
[m,flow,cuts]  =  graphmaxflow(G,S,D,varargin)
```

参数说明:G 为有向图稀疏矩阵;S 为源节点;D 为终点节点;varargin 用于设置算法,可以设置为'METHOD',METHOD 有'Edmonds'和'Goldberg'两种算法;varargin 一般可缺省。

返回值说明:

m 表示返回最大流值;flow 表示返回最大流时各弧段流量稀疏矩阵;cuts 表示各节点是否属于 V_1(已检查的标号点集合),用于判断割集(注意:有时候 cuts 为二维矩阵,即存在不唯一的割集)。

例 7.14 调用 Matlab 工具箱函数求解例 7.7(最大流问题)。

代码如下:

```
clc;clear;
cm = sparse([1 1 2 3 3 4 4 4 5],[2 3 4 2 5 3 5 6 6],[5 3 2 1 4 1 3 2 5],6,6);
[M,F,K] = graphmaxflow(cm,1,6);
ids = {'vs','v1','v2','v3','v4','vt'};
h = view(biograph(cm,ids,'ShowWeights','on'));
set(h,'LayoutType','equilibrium')
view(biograph(F,ids,'ShowWeights','on'))
set(h.Nodes(K(1,:)),'Color',[1 0 0])
```

Matlab 命令窗口输出结果:

```
M =
    5
>> F =
   (1,2)        2
   (1,3)        3
   (2,4)        2
   (3,5)        3
   (4,6)        2
   (5,6)        3
>> K =
    1    1    0    0    0    0
```

可知:最大流 $M=5$;各弧段流量 F,第 1 和第 2 节点(注意:这里是 v_s、v_1)是已检查的标号点。输出图形如图 7-20a)和图 7-20b)所示。图 7-20a)对已检查的标号点 v_s、v_1 着色。得:$V_1=\{v_s,v_1\}$,未标号点集合 $\overline{V}_1=V/V_1=\{v_2,v_3,v_4,v_t\}$。最小截集:$(V_1,\overline{V}_1)=\{(v_s,v_2),(v_1,v_3)\}$。

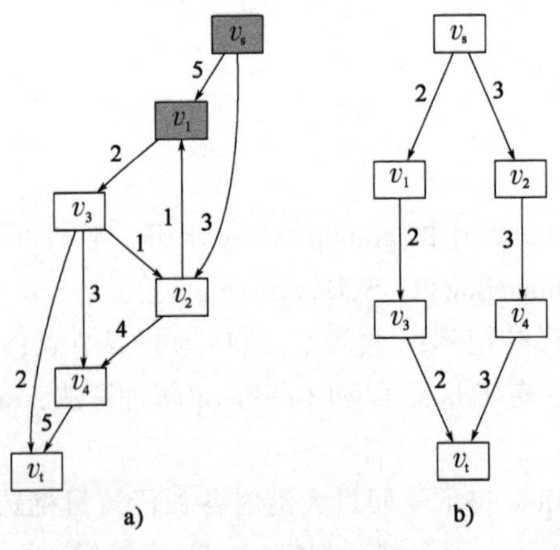

图 7-20 输出图形

习题

7.1 判断题。

(1)(　　)求图中一点至另一点的最短路问题可以归结为求解运输问题。

(2)(　　)一个连通图中的最小支撑树是唯一的。

(3)(　　)图 G 点集确定,树是边数最少的连通图。

(4)(　　)在树图上添加任意一条边,则出现圈。

(5)(　　)最短路径问题可以用整数线性规划模型表示。

(6)(　　)网络最大流问题的数学模型可以看成线性规划模型。

(7)(　　)在一个网络中,可行流 f^* 是最大流当且仅当不存在关于 f^* 的增广链。

(8)(　　)当且仅当 G 无奇点或含2个奇点一个连通图 G 为欧拉圈(一笔画出,出发点和终点重合)。

7.2 求图7-21所示图的最小树。

7.3 电信公司准备在甲、乙两地沿路架设一条光缆线,问如何架设使其光缆线路最短?图7-22给出了甲、乙两地间的交通图,权数表示两地间公路的长度。

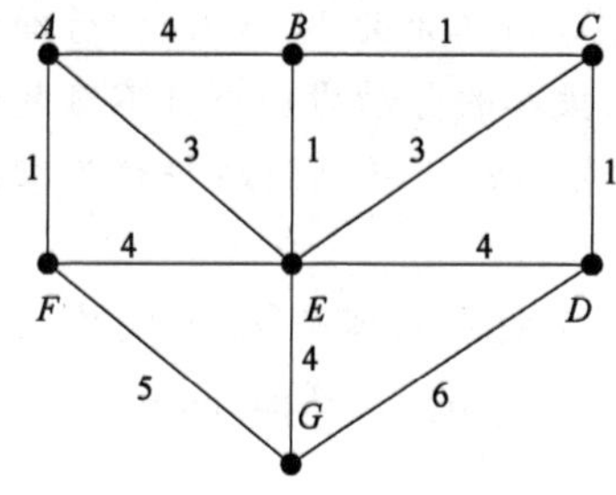

图7-21　题目7.2数据

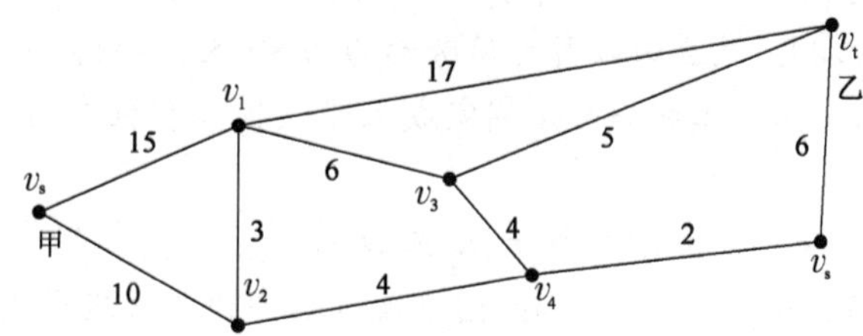

图7-22　题目7.3数据

7.4 求图7-23中 v_1 到其他各点的最短路。

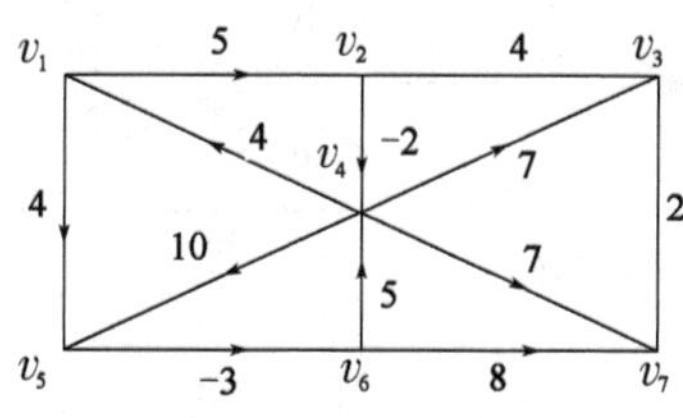

图7-23　题目7.4数据

7.5 已知有6个村子,相互间道路距离如图7-24所示,拟合建一所小学。已知每个村子中小学生人数为 A 村50人、B 村40人、C 村60人、D 村20人、E 村70人、F 村90人。问小学应建在哪个村子,才能使所有小学生上学走的总路程最短?

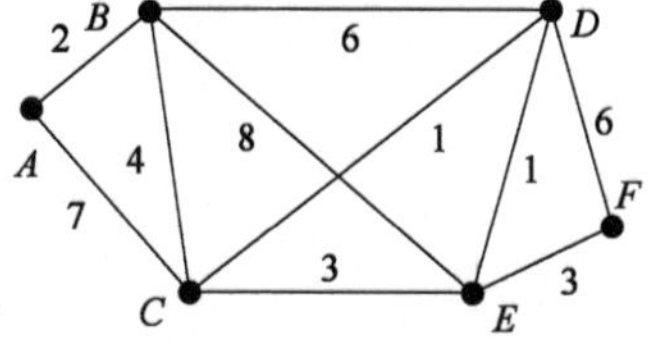

图7-24　题目7.5数据

7.6　有关有向无环图最短路径问题求解算法的讨论：甲认为可以用 Dijkstra 提出的标号法求解；乙认为可以用动态规划法求解；丙认为最短路径问题可以构建一个整数线性规划模型，因此可以用整数规划的方法求解；丁认为对于多点对之间的最短路径问题可以先求出图的最小支撑树，最小支撑树的两个点之间的链即为两点的最短路径。试分析 3 人观点是否正确，如错误则指出其错误。

7.7　用标号法求图 7-25 所示的最大流问题，弧上数字为容量和初始可行流，并求出分离 v_s 和 v_t 的最小截集。

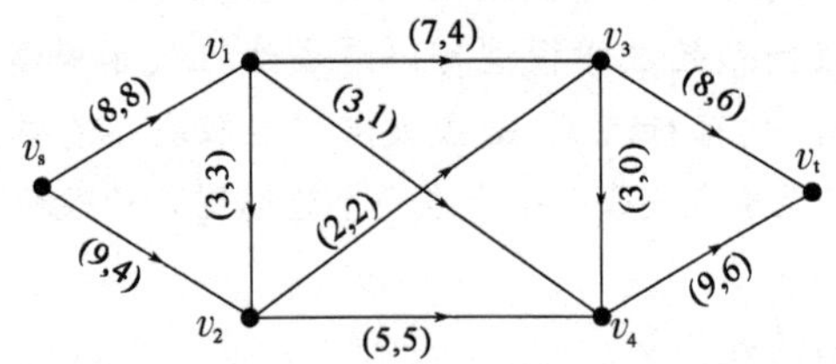

图 7-25　题目 7.7 数据

7.8　某工程公司在 1—4 月需完成三项工程：第一项工程工期为 1—3 月，需劳动力 80 人/月，第二项工程工期为 1—4 月，需劳动力 100 人/月，第三项工程工期为 3—4 月，需劳动力 120 人/月，该公司每月可用劳动力为 80 人，但担任任一工程上投入的劳动力任一月不准超过 60 人。问该工程公司按期完成上述三项工程任务应如何安排劳力？试将此问题归结为求网络最大流问题。

7.9　如图 7-26 所示，从三口油井①、②、③经管道将油输至脱水处理厂⑦和⑧，中间经④、⑤、⑥三个泵站。已知图中弧旁数字为各管道通过的最大能力(t/h)，求从油井每小时能输送到处理厂的最大流量。

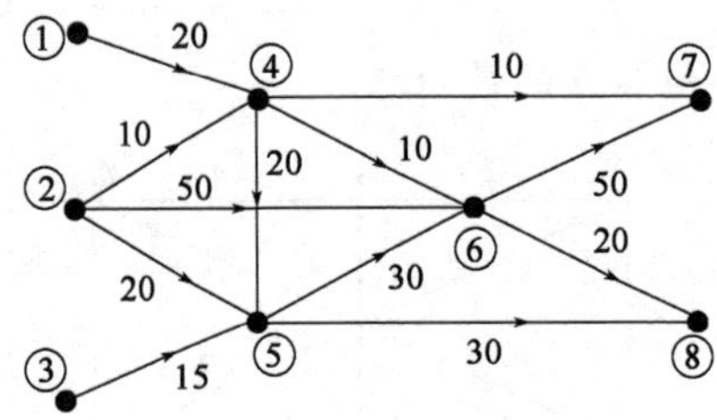

图 7-26　题目 7.9 数据

7.10　请将习题 3.1 运输问题转换为最小费用最大流问题并求解。

第 8 章

网络计划技术

网络计划(network planning and scheduling)在我国也称为统筹方法,是一种有效的系统分析和优化技术。它来源于工程技术和管理实践,广泛地应用于军事、航天和工程管理、科学研究、技术发展、市场分析和投资决策等各个领域,并在诸如保证和缩短时间、降低成本、提高效率、节约资源等方面取得了显著的成效。

美国是网络计划技术的发源地。1956 年,美国杜邦公司研究出关键线路法(Critical Path Method,CPM),并使用于杜邦公司一个化学工程维修项目,使维修停产时间由过去的 125h 降低到 74h,一年节约了 100 万美金,取得了良好的经济效果。1958 年,美国海军武器部在研制"北极星"导弹计划时,开发了计划评审技术(Program Evaluation and Review Technique,PERT),使承包和转包该工程的一万多家厂商协调一致地工作,使导弹的制造时间缩短了 2 年多。1962 年美国有关部门规定,凡是与政府签订合同的企业,都必须采用网络计划技术,以保证工程进度和质量。后来概率型网络计划法在 CPM 和 PERT 的基础上得到了发展,形成了一大类计划管理的现代化方法,如图解评审法(GERT)、风险评审技术(VERT)、决策关键路线法(DCPM)、组合网络计划法。

20 世纪 60 年代初期,著名科学家钱学森将网络计划法引入我国,并应用于航天系统。著名数学家华罗庚结合我国实际,在吸收国外网络计划技术理论的基础上,将 CPM、PERT 等方法统一定名为统筹法。1991 年建设部颁发了《工程网络计划技术规程》(JGJ/T 1001—91),以便统一技术术语、符号、代号和计算规范,2000 年又做了修订。现行《工程网络计划技术规程》(JGJ/T 121—2015),自2015年11月1日开始实施。网络计划技术现在在我国已广泛应用于国民经济各个领域的计划管理中。

8.1 网络计划图

8.1.1 网络计划图概述

用由一系列箭线和节点所组成的网状图形来表达工程项目的任务构成、工作顺序并加注工作的时间参数的进度计划称为网络计划。用网络计划的方法对工程项目的各项工作进度进行控制和资源配置等,以实现工程项目的优化管理,称为网络计划技术。

网络计划技术是20世纪50年代末开始发展起来的。关键线路法(CPM)和计划评审技术(PERT)是彼此相互独立发展起来的两种网络计划技术。它们的基本原理是一致的,都以网络图表示计划的实施过程,都以最长路线作为"关键路线"予以重点管理。对关键路线上的工序,予以重点控制。两者的不同之处在于:CPM的时间参数是确定的。因此,有人把CPM称为"肯定型网络计划法"。CPM把工期和费用结合起来一块考虑(工期-费用优化方法),多用于工程建设。PERT的时间参数通常没有经验数据可循,用"三时估计法"(乐观时间、悲观时间、正常时间)确定工序持续时间,考虑不确定因素,因此被称为"非肯定型网络计划法",它偏重于时间控制,多用于开创性的科研和攻关项目的组织管理。

网络计划主要包括以下术语:

箭线(arrow)是一段带箭头的实射线或虚射线,节点(node)是箭线两端的连接点(用"○"或"□"表示)。从网络图的起点节点开始,到达终点节点的一系列箭线、节点的通路,称为线路(path)。箭线、节点、线路是构成网络图的3个基本要素。

工作(也称工序、活动、作业,activity)可按工艺关系或组织关系等分解成若干需要耗费时间或需要耗费其他资源的子项目或单元。工艺关系是由生产工艺客观上所决定的各项工作之间的先后顺序关系。组织关系是在生产组织安排中,考虑劳动力、机具、材料或工期的影响,在各项工作之间主观上安排的先后顺序关系。在网络图中,相对于某一项工作(称其为本工作)来讲,紧排在本工作之前的工作称为紧前工作(predecessor activity),紧排在本工作之后的工作称为紧后工作(successor activity)。

根据工程项目网络计划图表达方式,我国《工程网络计划技术规程》(JGJ/T 121—2015)推荐的常用的工程网络计划类型包括:双代号网络计划图(activity-on-arrow network)和单代号网络计划图(activity-on-node network)、双代号时标网络计划图(time-scaled network)和单代号搭接网络计划(multi-dependency network)。

双代号网络计划图用箭线表示工作,箭尾节点表示工作的开始点,称为工作的开始节点,箭头节点表示工作的完成点,称为工作的完成节点。用箭尾、箭头节点代号($i-j$)及箭线表示一项工作,工作名称或代号应标在箭线上方,工作持续时间应标在箭线下方。箭线之间的连接顺序表示工作之间的先后开工的逻辑关系,如图8-1a)所示。

单代号网络计划图用节点表示工作,箭线表示工作先后顺序的逻辑关系,在节点中标记相关信息,如图8-1b)所示。双代号时标网络计划是以时间坐标为尺度编制的网络计划。

在工程建设实践中,有许多工作的开始并不是以其紧前工作的完成为条件。只要其紧前工作开始一段时间后,即可进行该工作,而不需要等其紧前工作全部完成之后再开始。工作之间的这种关系称之为搭接关系。搭接网络计划一般都采用单代号网络图的表示方法,即以节点表示工作,以节点之间的箭线表示工作之间的逻辑顺序和搭接关系。其特点是当前一项工作没有结束的时候,后一项工作即可插入进行,将前后工作搭接起来,简化了网络计划,便于计算。

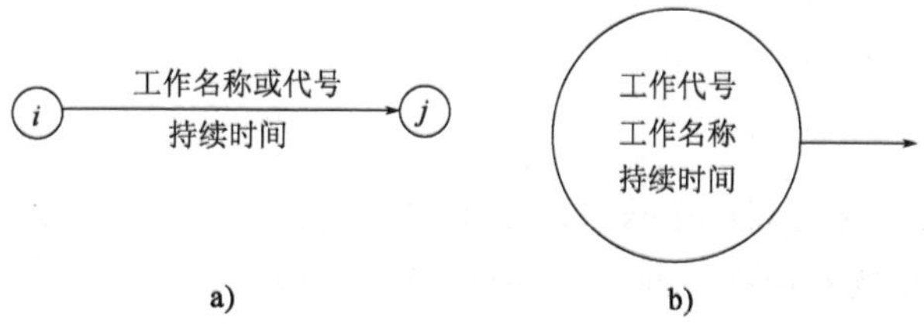

图 8-1 网络计划图示意图

8.1.2 工程网络计划技术应用程序

应用工程网络计划技术时,应将工程项目及其相关要素作为一个系统来考虑。在工程项目计划实施过程中,工程网络计划应作为一个动态过程进行检查与调整。

根据《工程网络计划技术规程》(JGJ/T 121—2015)“第3部分:在项目管理中应用的一般程序”的规定,实际应用中,网络计划的应用程序共有6个阶段:

(1)准备阶段,主要内容包括:①确定网络计划目标;②调查研究。

(2)工程项目工作结构分解,主要内容包括:①工作分解结构;②编制工程实施方案;③编制工作明细表。

(3)编制初步网络计划,主要内容包括:①逻辑关系分析;②绘制初步网络图;③确定工作持续时间;④确定资源需求;⑤计算时间参数;⑥确定关键线路和关键工作;⑦形成初步网络计划。

(4)编制正式网络计划,主要内容包括:①检查与修正;②网络计划优化;③确定正式网络计划。

(5)网络计划实施与控制阶段,主要内容包括:①执行;②检查;③调整。

(6)收尾阶段,主要内容包括:①分析;②总结。

本章主要介绍双代号网络计划图的编制、时间参数计算、关键工作关键线路的确定以及网络计划优化。

8.1.3 双代号网络计划图

双代号网络计划图的绘制,必须要遵守以下绘制规则。

1. 箭线

网络计划图的绘制要满足“两点一线”,即任何工作都由两个点之间的箭线表示,不允许出现无开始节点或无完成节点的箭线。相邻两节点之间只能有一条箭线连接,否则将造成逻辑上的混乱。箭线宜画成水平直线、垂直直线或折线,也可以画成斜线,网络图是有向图,箭线水平投影方向应自左向右,表示工作的进行方向,尽量避免“反向箭线”。在节点之间,严禁出现带双向箭头或无箭头的连线;网络计划图不能有缺口或回路。无时标的网络计划图中,箭线的长短并不反映该工作占用时间的长短。

2. 节点编号

网络计划图中,只能有一个起点节点(start node);在单目标网络计划图中,应只有一个终点节点(end node),而其他节点均应是中间节点。对一个网络计划图中的所有节点应进行统一编号,可不连续,严禁重复。对于每一项工作而言,其箭头节点的号码应大于箭尾节点的号码,即顺箭线方向由小到大。

3. 虚箭线

虚箭线(dummy arrow),双代号网络计划图中,它表示一项虚拟的工作,用带箭头的虚线表示。虚工作的特点是既不消耗时间,也不消耗资源。虚箭线可起到联系、区分和断路作用,是双代号网络计划图中表达一些工作之间的相互联系、相互制约关系,从而保证逻辑关系正确的必要手段。

此外,绘制网络计划图,在正确地表达工作之间的逻辑关系的同时,通常还要遵循以下方法:

(1)网络计划图是有向、有序的赋权图,一般要按项目的工作流程自左向右绘制。

(2)网络计划图中经一条共用的垂直线段将多条箭线引入或引出同一个节点使图形简洁的绘图方法称为母线法。当双代号网络计划图的起点节点有多条外向箭线或终点节点有多条内向箭线时,可使用母线法绘图[图 8-2a)]。绘制网络计划图时箭线不宜交叉,当交叉不可避免时可用过桥法[图 8-2b)]或指向法[图 8-2c)]。

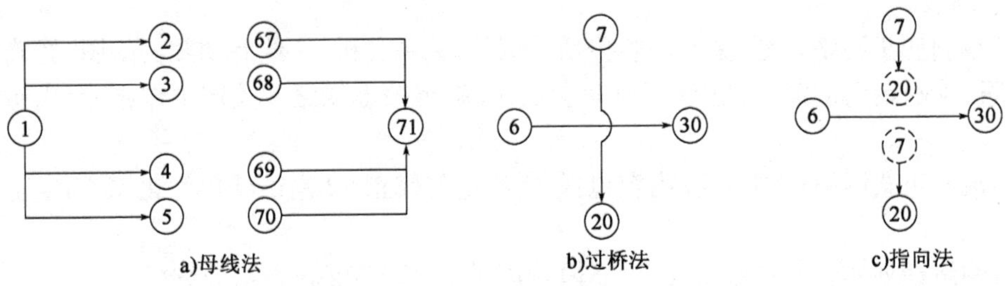

图 8-2　双代号网络计划图绘制方法

(3)网络计划图要布局规整、条理清晰、重点突出。

绘制网络计划图时,首先,应尽量采用水平箭线和垂直箭线而形成网格结构,尽量减少斜箭线,使网络计划图规整、清晰。其次,应尽量把关键工作和关键线路布置在中心位置,尽可能把密切相连的工作安排在一起,以突出重点,便于使用。尽量减少不必要的箭线和节点。

(4)对于一些大的建设项目,由于工序多,施工周期长,网络计划图可能很大,为了绘图方便,可将网络计划图划分成几个部分分别绘制。

下面通过一个例题来分析如何正确表达逻辑关系。

例 8.1　开发一个新产品,需要完成的工作和先后关系、各项工作需要的时间汇总在逻辑关系表中,见表 8-1。要求编制该项目的网络计划图和计算有关参数。

例 8.1 数 据　　表 8-1

序号	工 作 名 称	工 作 代 号	持续时间/天	紧 后 工 作
1	产品设计和工艺设计	A	60	B、C、D、E
2	外购配套件	B	45	L
3	铸件准备	C	10	F
4	工装制造 1	D	20	G、H
5	铸件	E	40	H
6	机械加工 1	F	18	L
7	工装制造 2	G	30	K
8	机械加工 2	H	15	L
9	机械加工 3	K	25	L
10	装配与调试	L	35	—

根据表 8-1 中数据,绘制网络计划图,如图 8-3 所示。

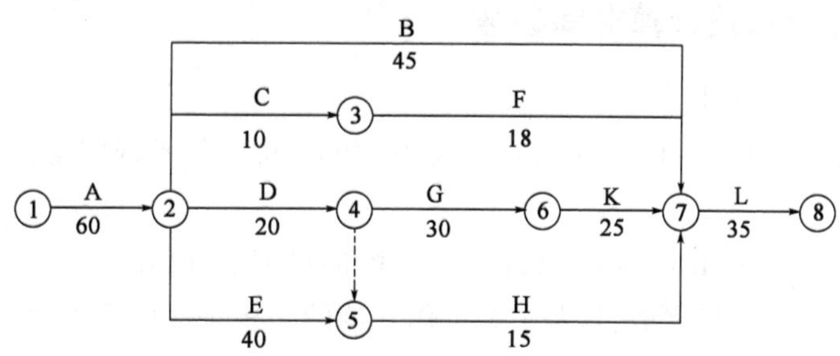

图 8-3　网络计划图

例 8.2　某装饰装修工程分为 3 个施工段,每个施工段施工过程依次包括:砌墙、抹灰、安门窗、喷刷涂料 4 个工序。假设每个施工段每个工序延续时间为:砌围护墙 4 天,内外抹灰 5 天,安铝合金门窗 3 天,喷刷涂料 2 天。拟组织瓦工、抹灰工、木工和油工 4 个专业队组进行施工。下面绘制的双代号网络计划图(图 8-4、图 8-5)有错误,请改正。

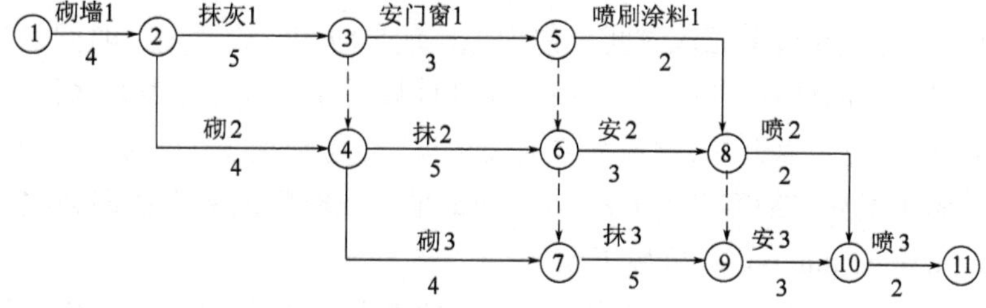

图 8-4　错误的网络计划图

图 8-4 中,砌 3 的紧前工作变成了砌 2 和抹灰 1,故有逻辑错误,需将节点 4 拆成两个节点。同理,节点 6 和节点 8 也应拆开。正确的网络计划图为图 8-5。

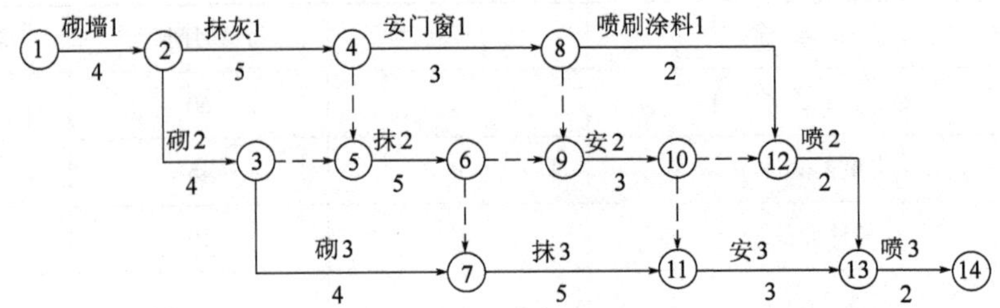

图 8-5　正确的网络计划图

8.2　时间参数计算

作为组织与控制工程项目进度的计划方法,在把工程项目绘制成网络计划图的基础上,要进行各项时间参数的计算,以便对工程项目中各项作业在时间上作出科学的安排。双代号网络计划时间参数计算方法有工作计算法和节点计算法。

8.2.1　工作计算法计算时间参数

工作时间参数常用符号:

(1) D_{i-j} (duration) ——工作($i-j$)的持续时间。虚工作可视同工作计算,其持续时间为0。

(2) ES_{i-j} (early start time)——工作($i-j$)的最早可能开始时间,又称为工作最早开始时间。它是指紧前工作全都完成,具备了本工作开始的必要条件的最早时刻。与起点节点相连的工作,当未规定其最早开始时间时,其值都定为零。中间节点发出的工作($i-j$)的最早开始时间为其所有紧前工作($h-i$)最早完成时间的最大值。即 $ES_{i-j}=0$, $i=1$ (若没有说明,约定起点节点编号为1); $ES_{i-j}=\max\{ES_{h-i}+D_{h-i}\}=\max\{EF_{h-i}\}$ 。

(3) EF_{i-j} (early finish time) ——工作($i-j$)的最早(可能)完成时间,是指一项工作如果按最早开始时间开始,该工作可能完成的最早时刻。由于工作持续时间固定,所以, $EF_{i-j}=ES_{i-j}+D_{i-j}$ 。

工作最早开始时间和最早完成时间统称为工作最早时间。由于最早时间以紧前工作的最早完成时间为依据,它的计算必须在各紧前工作都计算后才能进行。因此该种参数的计算,必须从网络计划图的起点节点开始,顺箭线方向逐项进行,直到终点节点为止。记终点节点编号为 n ,网络计划图中最后(结束)工作($i-n$)的最早完成时间的最大值即为整个工程的计算工期(calculated project duration),可称工期 T_C 。

(4) LF_{i-j} (late finish time) ——工作($i-j$)的最迟必须结束时间,又称工作最迟完成时间。它是指在不影响整个工程任务工期的条件下,一项工作必须完成的最迟时间。与终点节点相连的工作($i-n$)的最迟完成时间 LF_{i-n} 为工期 T_C ;其他工作($i-j$)的最迟完成时间等于其各紧后工作($j-k$)最迟开始时间的最小值,即:

$$LF_{i-n} = T_C$$

$$LF_{i-j} = \min\{LF_{j-k} - D_{j-k}\} = \min\{LS_{j-k}\}$$

(5) LS_{i-j} (late start time) ——工作($i-j$)的最迟(必须)开始时间,是在保证工作按最迟完成时间完成的条件下,该工作必须开始的最迟时刻。由于工作持续时间固定,所以,$LS_{i-j} = LF_{i-j} - D_{i-j}$ 。

工作最迟开始时间和最迟完成时间统称为工作最迟时间。该计算需依据计划工期或紧后工作的最迟开始进行。因此最迟时间的计算应从网络计划图的终点节点开始,逆着箭线方向依次逐项计算,整个计算工作为一个逆箭线方向的减法过程。

(6) TF_{i-j} (total floate) ——工作($i-j$)的总时差。工作总时差是指在不影响工期的前提下(在不影响紧后工作的最迟开始的前提下),一项工作所拥有机动时间的最大值。工作总时差为最迟时间减去相应的最早时间,即:

$$TF_{i-j} = LS_{i-j} - ES_{i-j} = LF_{i-j} - EF_{i-j}$$

总时差为“0”者,意味着该工作没有机动时间,即为关键工作(critical activity),由关键工作所构成的线路,就是关键线路(critical path)。在起点节点到终点节点的所有线路中,关键线路最长。求网络计划图的关键路径实际上就是求有向无环图的最长路径。类似于最短路问题,关键路径问题的数学模型为线性规划模型。关键线路至少有一条,但不见得只有一条。关键线路在网络计划图上应用粗线、双线或彩色线标注。工作总时差是网络计划调整与优化的基础,是控制施工进度、确保工期的重要依据。

(7) FF_{i-j} (free float) ——工作($i-j$)的自由时差。自由时差是总时差的一部分,是指一项工作在不影响其紧后工作最早开始的前提下,可以灵活使用的机动时间。自由时差等于本工作最早结束时间到紧后工作最早开始时间这段极限活动范围。即:

$$FF_{i-j} = ES_{j-k} - EF_{i-j}$$

完成节点为终点节点的工作($i-n$)没有紧后工作, ES_{j-k} 取工期 T_C ,故最后工作($i-n$)自由时差均等于总时差。总时差为零者,自由时差亦为零。

工作计算法计算时间参数可以在网络计划图上手工计算,工作的时间参数不必都标注,但都应标注在箭线之上。也可以将计算结果以表格形式表示。计算步骤为:

第一步:首先计算工作最早可能时间,先算工作最早可能开始时间 ES_{i-j} ,再算工作最早可能结束时间 EF_{i-j} 。

第二步:确定网络计划的计算工期 T_C 。

第三步:计算工作的最迟必须时间,先算工作的最迟必须结束时间 LF_{i-j} ,再算工作的最迟必须开始时间 LS_{i-j} 。

第四步:计算各工作的总时差 TF_{i-j} 和自由时差 FF_{i-j} 。

第五步:确定关键工作和关键线路。

例 8.3 计算例 8.1 各工作的时间参数。

图上计算法结果如图 8-6 所示。

各工作时间参数计算结果见表 8-2,表中最后一列(CP)表示是否为关键工作。

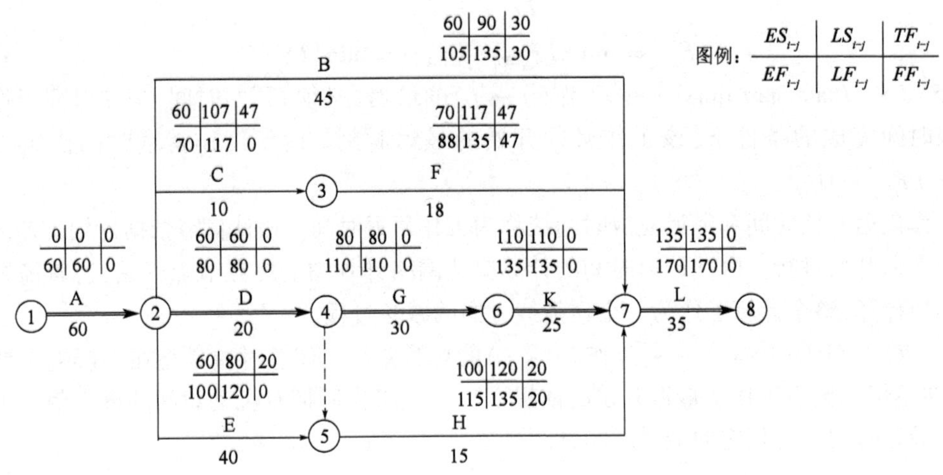

图 8-6　计算结果

各工作时间参数计算结果　　表 8-2

工序	ES_{i-j}	EF_{i-j}	LS_{i-j}	LF_{i-j}	TF_{i-j}	FF_{i-j}	CP
A	0	60	0	60	0	0	√
B	60	105	90	135	30	30	
C	60	70	107	117	47	0	
D	60	80	60	80	0	0	√
E	60	100	80	120	20	0	
F	70	88	117	135	47	47	
G	80	110	80	110	0	0	√
H	100	115	120	135	20	20	
K	110	135	110	135	0	0	√
L	135	170	135	170	0	0	√

8.2.2　节点计算法计算时间参数

从图 8-6 可以看出，以同一个节点作为开始节点的工作，其紧前工作完全相同，故这些工作的最早开始时间相同，我们称该时间为该节点的最早时间(early event time)；以同一个节点作为完成节点的工作，其紧后工作完全相同，故这些工作的最迟完成时间相同，称该时间为该节点的最迟时间(late event time)。节点最早时间和节点最迟时间统称为节点时间。

节点最早时间计算可以通过建立线性规划模型求解。记工序集合为 A，即 $(i-j) \in A$，d_{ij} 为工序 $(i-j)$ 的持续时间，设 x_i 为节点 i 的最早时间，其中起点节点 $x_1 = 0$，则可建立模型如下：

$$\min z = \sum_j x_j$$

$$\text{s.t. } x_j \geqslant x_i + d_{ij}\ ,\ (i-j) \in A$$

其中，不等式约束的松弛变量 d_{ij} 为该工序的自由时差。

用上面模型将工期求出来后，类似地可以建立节点最迟时间的线性规划模型。但是，通常采用网络计划图模型求解节点时间。

节点最早时间计算顺序为从起点节点开始,顺箭线方向计算;每个节点的最早时间等于以该节点为完成节点的各工作的开始节点最早时间与工作持续时间之和的最大值。计算规则为“顺线累加,逢圈取大”,即: $ET_i = 0$,其中 i 为起点节点; $ET_j = \max\limits_i \{ET_i + D_{i-j}\}$;工期 $T_C = ET_n$,其中 n 为终点节点。

节点最迟时间计算顺序为从终点节点开始,逆箭线方向计算;计算规则为“逆线累减,逢圈取小”,即 $LT_n = T_C$,其中 n 为终点节点, $LT_i = \min\limits_j \{LT_j - D_{i-j}\}$ 。

显然,工作的最早开始时间为其箭尾端节点最早时间。工作的最迟结束时间为其箭头端节点最迟时间。即 $ES_{i-j} = ET_i$; $LF_{i-j} = LT_j$ 。由此可以推导出其他时间参数对应关系: $EF_{i-j} = ET_i + D_{i-j}$, $LS_{i-j} = LT_j - D_{i-j}$, $TF_{i-j} = LT_j - ET_i - D_{i-j}$, $FF_{i-j} = ET_j - ET_i - D_{i-j}$ 。

节点计算法一般直接在网络计划图计算,并将计算结果标注在节点之上。例 8.1 用节点计算法求解,结果如图 8-7 所示。

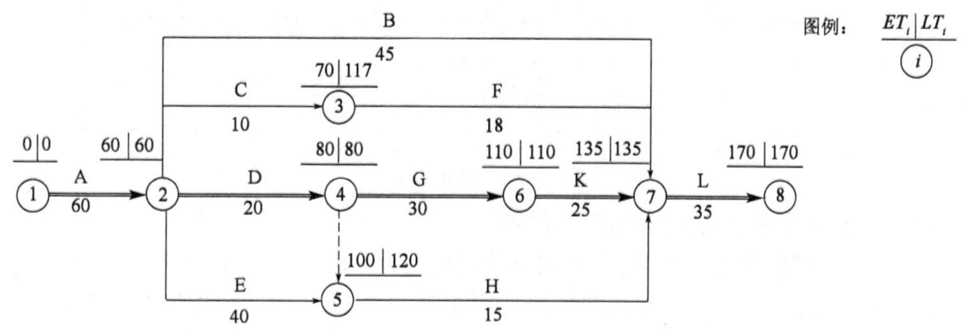

图 8-7　例 8.1 用节点计算法所得结果

由图 8-7 可知:关键工作的箭尾节点的最早时间与最迟时间相等,箭头节点的最早时间与最迟时间相等,最早时间与最迟时间相等的节点必定在某条关键路径上。但最早时间与最迟时间相等的节点相连的箭线不一定是关键工作,如图中工序 B。为了求关键线路,节点计算法也可用标号法实现,用节点的最早时间和源节点编号对节点标号,节点标号完成后,从终点节点开始,逆箭线方向按源节点回溯出关键线路。该方法可以看成是最短路径问题标号法的一种变形,结果如图 8-8 所示。

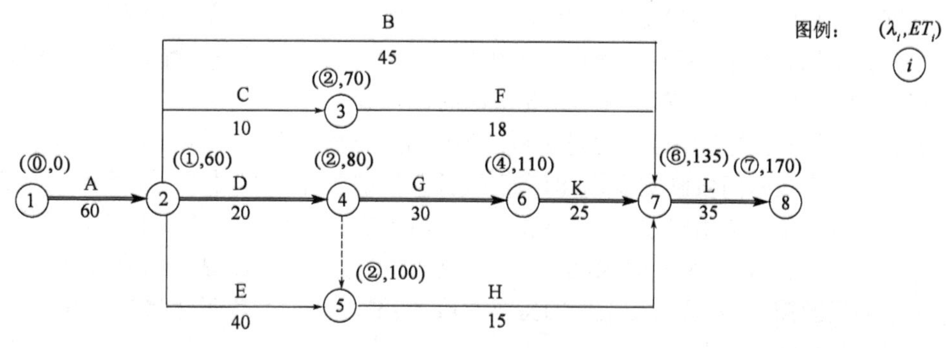

图 8-8　计算结果

8.3 时标网络计划图

时标网络计划图指在以时间坐标为尺度的时标计划表中编制的网络计划图(一般为双代号时标网络计划图)。图 8-9 为图 8-6 对应的时标网络计划图。

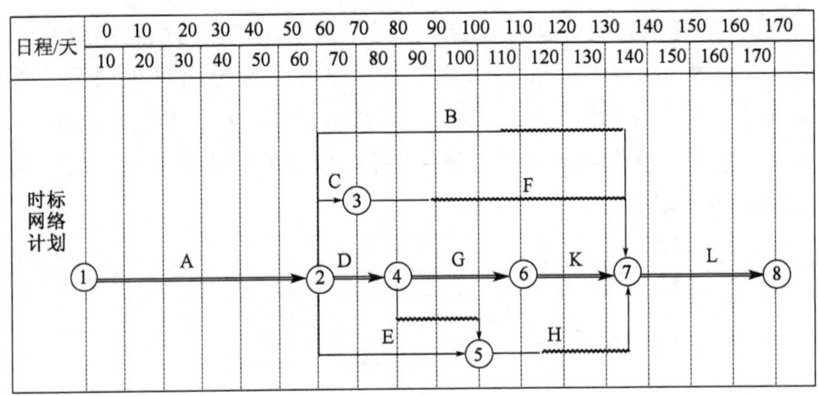

图 8-9 时标网络计划图

时标网络计划图的绘制,应遵循以下规则:

(1)编制时标网络计划图之前,应先按已确定的时间单位绘出时标计划表,时标计划表必须以水平方向坐标表示时间;时标长度单位必须注明,可标注在时标计划表的顶部或底部。

时标网络计划的坐标体系有计算坐标体系、工作日坐标体系和日历坐标体系 3 种:①计算坐标体系。计算坐标体系主要用作网络计划时间参数的计算,计算坐标体系的坐标是一个时刻数据,其起点从 0 开始。②工作日坐标体系。工作日是一个时段概念,所以其起点是从 1 开始,1 表示第一个工作日。从工作日坐标体系可明确看出工程开工后各个工作日有哪些工序处于工作状态,便于统计各工作日的资源需求量等。③日历坐标体系。日历坐标体系实际上就是将工作日坐标体系换算成日历,可以考虑扣除节假日休息时间。因此日历坐标体系可以明确表示出某个日期的工作内容,可以明确表示出整个工程的开工日期和完工日期以及各项工作的开始日期和完成日期。图 8-9 中第一行数据为计算坐标体系,第二行为工作日坐标体系,当然还可以在第二行下添加日期坐标体系。

时标网络计划图中部的刻度线宜为细线,为使图面清楚,此线也可以不画或少画;

(2)时标网络计划图中所有符号在计算坐标体系的水平投影位置,都必须与其时间参数相对应;节点中心必须对准计算坐标体系相应的时标位置。

(3)时标网络计划图宜按最早时间编制,即节点通常画在节点最早时间上,在工作的最早开始时间和最早完成时间段画实箭线,即实箭线长度反映工作持续时间。工作的最早完成时间到其完成节点为工作自由时差,用波浪线表示。由于虚工作不耗时间,故虚工作必须以垂直方向的虚箭线表示,有自由时差时加波形线。(说明:在网络计划资源优化分析时,由于利用总时差来平衡资源需求,需要改变工作的持续时段,实箭线通常不按工作最早时间画,而画在优化后该工作的最优时间上。)

(4)对于工期较长、工序持续时间差别比较大的时标网络计划图,可以采用不均匀时间标尺。

显然,时标网络计划图的计算工期,应是其终点节点与起点节点所在位置的时标值之差。时标网络计划图中工作的自由时差值应为表示该工作的箭线中波形线部分在坐标轴上的水平投影长度;时标网络计划图关键线路的确定,应自终点节点逆箭线方向朝起点节点观察,自始至终不出现波形线的线路为关键线路。

时标网络计划图兼有网络计划图和横道图优点,能清楚地表达计划的时间进程,能直接显示各项工作的自由时差及关键线路;不容易产生循环回路;同时图上可以直接统计资源需要量,便于资源优化和调整。

8.4 网络计划的优化

网络计划的优化是指在编制阶段,在一定约束条件下,按既定目标,对网络计划进行不断调整,直到寻找出满意结果为止的过程。网络计划的优化目标,应按计划任务的需要和条件选定,包括工期目标、费用目标、资源目标等。可根据首要优化目标将网络计划优化分成三类:工期优化、资源优化和费用优化。网络计划的优化手段主要有两个:一是利用非关键工作的总时差,调整非关键工作的工作时间,平衡资源;二是通过压缩关键工作持续时间,达到工期优化和费用优化的目的。

8.4.1 工期优化

当计算工期不满足要求工期时,可通过压缩关键工作的持续时间满足工期要求。工期优化的计算应按下述步骤进行:

(1)计算并找出初始网络计划的计算工期、关键线路及关键工作。

(2)按要求工期计算需要缩短的时间。

(3)确定各关键工作能缩短的持续时间。

(4)选择合适的关键工作,压缩其持续时间,并重新计算网络计划的计算工期 ,当计算工期仍超过要求工期时,则重复(1)~(4),直到满足工期要求或工期已不能再缩短为止。

选择应缩短持续时间的关键工作宜考虑下列因素:①缩短持续时间对质量和安全影响不大的工作;②有充足备用资源的工作;③缩短持续时间所需增加的费用最少的工作。

(5)当所有关键工作的持续时间都已达到其能缩短的极限而工期仍不能满足要求时,应对计划的原技术方案、组织方案进行调整或对要求工期重新审定。

8.4.2 资源优化

通常,资源优化有两种不同的目标:一种是在资源供应有限制的条件下,寻求工期最短的计划方案,称为“资源有限,工期最短”的优化;另一种是在工期不变的情况下,力求资源消耗均衡,称为“工期固定,资源均衡”的优化。“资源有限,工期最短”的优化宜逐时间单位进行资源检查,当出现某个时间单位资源需用量大于资源限量时,应进行计划调整。调整计划时,应对资源冲突的诸工作作新的顺序安排,顺序安排的选择标准是工期延长时间最短;“工期固定,资源均衡”的优化常用“削高峰法”,利用非关键工作的时差降低资源高峰值,获得资源消耗量尽可能均衡的优化方案。

8.4.3 费用优化

费用优化指费用—工期优化。编制网络计划图时,要研究如何使完成项目的工期尽可能缩短,费用尽可能少;或在保证既定项目完成时间条件下,所需要的费用最少;或在费用限制的条件下,项目完工的时间最短。这就是费用优化要解决的问题。完成一个项目的费用可以分为以下两大类。

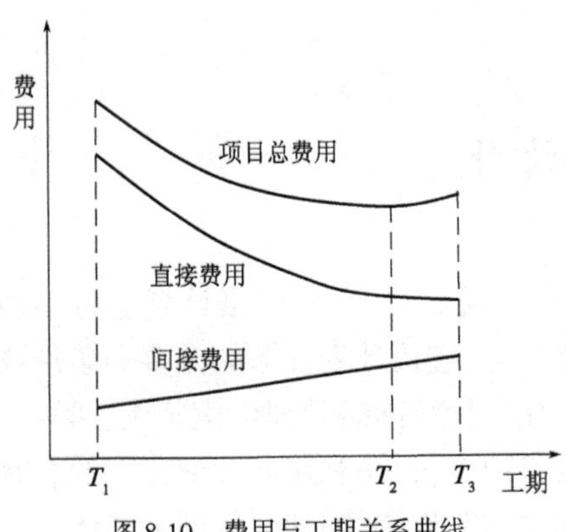

图 8-10 费用与工期关系曲线

T_1-最短工期,项目总费用最高;T_2-最经济的工期;T_3-正常的工期

1. 直接费用

直接与项目的规模有关的费用,包括材料费用、直接生产工人工资等。为了缩短工作的持续时间和工期,就需要增加投入,即增加直接费用。

2. 间接费用

间接费用包括管理费等。工期越短,间接费用就越少。通常假定间接费用与工期为线性关系。

一般项目的总费用、直接费用和间接费用与项目工期之间存在一定关系,可以用图 8-10 表示。

当总费用最少工期短于要求工期时,这就是最佳工期。

费用优化应按以下步骤进行:

(1)按工作正常持续时间找出关键工作及关键线路。

(2)计算各项工作的直接费用率(direct cost slope),简称费用率,费用率是指缩短工作持续时间一个时间单位所需要增加的费用。按下式计算:

$$\Delta C_{i-j} = \frac{CC_{i-j} - CN_{i-j}}{DN_{i-j} - DC_{i-j}}$$

式中:ΔC_{i-j}——工作($i-j$)的费用率;

CC_{i-j}——工作($i-j$)持续时间缩短为最短持续时间后所需要的直接费用;

CN_{i-j}——工作($i-j$)正常持续时间对应的直接费用;

DN_{i-j}——工作($i-j$)的正常持续时间;

DC_{i-j}——工作($i-j$)的最短持续时间。

(3)在网络计划图中找出费用率或组合费用率最低的(称为优选系数,有时综合考虑质量、安全、费用情况来确定优选系数,选优选系数最小或优选系数之和最小的)一项关键工作或一组平行关键工作作为缩短持续时间的对象,其缩短后的值不能小于最短持续时间,不能成为非关键工作。

(4)同时计算相应的增加的总直接费用,然后考虑由于工期缩短间接费用的变化,在这基础上计算项目的总费用。

重复以上步骤,直到获得满意的方案为止。

下面举例说明。例 8.1 中,已知项目的每天间接费用为 400 元,表 8-3 给出了各工序有关资料,试求其最优费用工期。

各工序有关资料　　表 8-3

序号	工作代号	正常持续时间（天）	工作直接费用（元）	最短工作时间（天）	工作直接费用（元）	费用率（元/天）
1	A	60	10000	60	10000	—
2	B	45	4500	30	6300	120
3	C	10	2800	5	4300	300
4	D	20	7000	10	11000	400
5	E	40	10000	35	12500	500
6	F	18	3600	10	5440	230
7	G	30	9000	20	12500	350
8	H	15	3750	10	5750	400
9	K	25	6250	15	9150	290
10	L	35	12000	35	12000	—

按图 8-7 所示网络计划图安排进度，项目正常工期为 170 天。对应的项目直接费用为 68900 元，间接费用为 $170 \times 400 = 68000$ 元，项目总费用为 136900 元。这是在正常条件下进行的方案，称为 170 天方案。

若要缩短这个方案的工期，首先缩短关键路线上直接费用率小于间接费用率的工作的持续时间，关键工作 A、D、G、K、L 中只有 K、G 满足条件。从表中可见这两项工作的持续时间都只能缩短 10 天。由此总工期可以缩短到 $170 - 10 - 10 = 150$ 天。按 150 天工期计算，这时总直接费用增加到 $68900 + (290 \times 10 + 350 \times 10) = 75300$ 元。由于缩短工期，可以减少间接费用 $400 \times 20 = 8000$ 元，工期为 150 天方案的总费用为 $75300 + 60000 = 135300$ 元。与工期 170 天方案相比，可以节省总费用 1600 元。但在 150 方案中已有两条关键路线，①→②→④→⑥→⑦→⑧与①→②→⑤→⑦→⑧。

如果再缩短工程周期，工序直接费用将大幅度增加，例如，若在 150 天方案的基础上再缩短工程工期 10 天，则 D 工序需缩短 10 天，H 工序需要缩短 5 天（只能缩短 5 天），E 工序缩短 5 天，则工序的直接费用为 $75300 + 400 \times 10 + 400 \times 5 + 500 \times 5 = 83800$ 元，间接费用为 $60000 - 400 \times 10 = 56000$ 元。总费用为 $83800 + 56000 = 139800$ 元。

显然这个 140 天方案的总费用比 150 天、170 天两个方案的任何一个的总费用都高。故 150 天方案为最优方案。计算结果表见表 8-4。

计 算 结 果　　表 8-4

工期方案	170 天方案	150 天方案	140 天方案
缩短关键工作		K，G	D，H，E
缩短工作持续时间（天）		10，10	10．5，5
直接费用（元）	68900	75300	83800
间接费用（元）	68000	60000	56000
总费用（元）	139600	135300	139800
工期方案	170 天方案	150 天方案	140 天方案

习题

8.1 某装修工程有3个楼层,有吊顶、顶墙涂料和铺木地板3个施工过程。其中每层吊顶确定为三周、顶墙涂料定为两周、铺木地板定为一周完成。试绘制双代号网络计划图。

8.2 图8-11为某项目网络计划图。试求:

(1)该工程总工期。

(2)节点⑥的最迟时间。

(3)工序g最迟开始时间。

(4)工序g工作总时差及工作自由时差。

(5)整个项目关键工序有哪些?

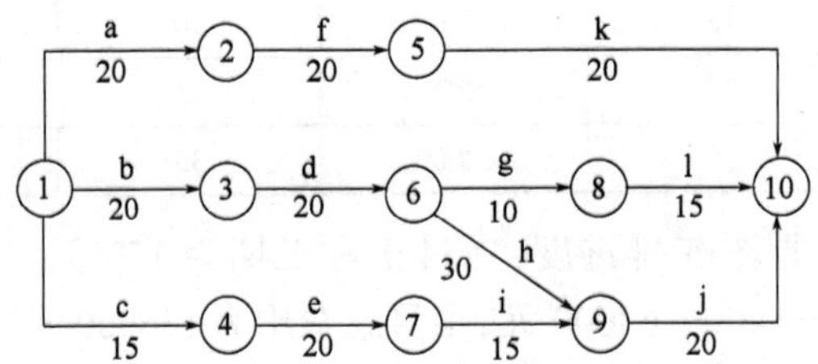

图8-11 网络计划图

8.3 网络计划图绘制如图8-12所示,试求:

(1)各节点的最早时间与最迟时间。

(2)各工序的最早开工、最早完工、最迟开工、最迟完工时间。

(3)各工序的总时差。

(4)关键路线。

(5)绘制其时标网络计划图。

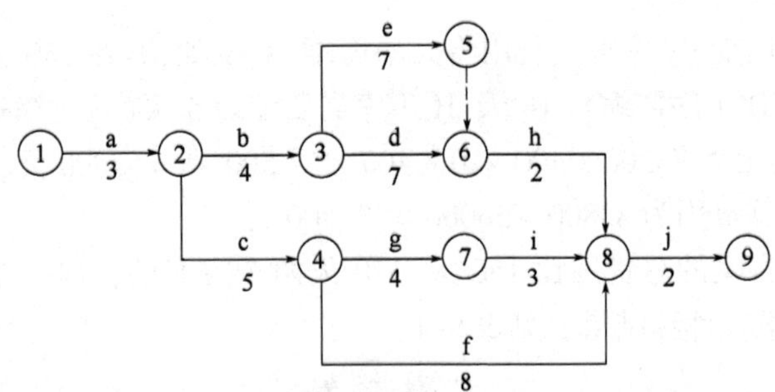

图8-12 网络计划图

8.4 已知表8-5所列数据,求该项工程总费用最低的最优工期。

题目8.4数据 表8-5

工序代号	正常时间	最短时间	紧前工序	正常完成的直接费用(百元)	单位费用(百元/天)
A	4	3	—	20	5
B	8	6	—	30	4
C	6	4	B	15	3

续上表

工序代号	正常时间	最短时间	紧前工序	正常完成的直接费用（百元）	单位费用（百元/天）
D	3	2	A	5	2
E	5	3	A	18	4
F	7	5	A	40	7
G	4	3	B、D	10	3
H	3	2	E、F、G	15	6
合计				153	
工程的间接费用				5（百元/天）	

8.5 判断题。

(1)(　　)双代号网络计划图求关键路径的问题可表达为求解一个线性规划模型。

(2)(　　)双代号网络计划图中虚箭线表示虚拟的工作，因此必然不在关键路径上。

(3)(　　)双代号网络计划图同一个节点发出的工序，其最早开始时间必相等。

(4)(　　)双代号网络计划图同一个节点结束的工序，其最迟结束时间必相等。

(5)(　　)双代号时标网络计划图一般按最早时间编制，其波纹线表示工序的自由时差。

(6)(　　)若一项工作的总时差为0，则其自由时差必然为0。

第 9 章

排队论

排队现象随处可见,车辆通过有信号灯的交叉路口需要排队,汽车在加油站加油需要排队,故障机器的停机待修,等等,这些都是有形或无形的排队系统。由于接受服务的顾客到达和服务时间的随机性,排队现象几乎是不可避免的。高速公路入口收费通道数设置,港口码头船舶泊位数设置,货运站装卸设备数设置,水库的存贮调节等都是排队服务系统要研究的内容。如增加服务设施,就要增加投资或造成设施空闲浪费,如服务设施太少,排队现象就会严重,影响服务质量。排队论就是为了解决上述问题而发展的一门学科。

排队论(queueing theory)是研究排队系统(又称随机服务系统)的数学理论和方法,是运筹学的一个重要分支。1909 年,电气工程师爱尔朗(A. K. Erlang)在研究电话系统时创立了排队论。20 世纪 30 年代中期,费勒引进生灭过程,排队论开始成为一门重要的学科。20 世纪 50 年代,肯德尔用马尔科夫链方法研究排队论,使排队论得到进一步发展。几十年来排队论的应用领域越来越广泛,理论也日渐完善。

排队论的研究内容主要包括 3 部分:①性态问题。研究各种随机服务系统主要数量指标在瞬时或平稳状态下的概率分布及数字特征,了解系统运行的基本特征,如平均等待时间、平均队长等。②最优化问题。分静态最优和动态最优,前者指最优设计;后者指现有排队系统的最优运营。③排队系统的统计推断。判断一个给定的排队系统符合哪种类型,以便根据排队理论进行分析研究。本章主要介绍排队论的一些基本知识,分析几种常见的排队模型,并简要介绍排队系统的优化问题。

9.1 排队系统概述

9.1.1 排队系统的组成和特征

生活中随处可见排队现象。例如,顾客到商店购买物品,病人到医院看病,旅客到售票处购买车票,学生去食堂就餐,驶入港口的货船要等候装卸货,进入高速公路收费站的汽车等候缴费,故障机器的停机维修、水库水量的存储调节等都是有形或无形的排队现象。上述各种问题虽互不相同,但却都有要求得到某种服务的人或物和提供服务的人或机构。排队系统里把要求服务的对象统称为“顾客”,而把提供服务的人或机构称为“服务台”或“服务员”。不同的顾客与服务组成了各式各样的服务系统。顾客为了得到某种服务而到达系统,若不能立即获得服务而又允许排队等待,则加入等待队伍,待获得服务后离开系统。图 9-1 就是排队过程的一般模型。

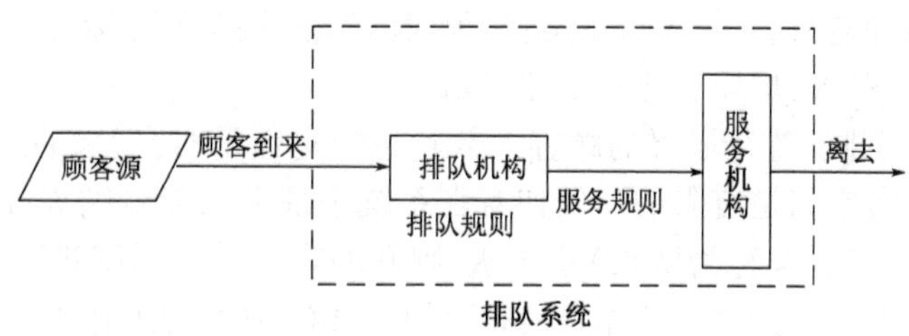

图 9-1 排队过程的一般模型

实际中的排队系统各不相同,但概括起来都由 3 个基本部分组成:①输入过程;②排队规则;③服务机构。现在分别说明各部分的特征。

1. 输入过程

输入即顾客到达排队系统,可以分以下情况描述顾客到达:

(1)顾客总体。

顾客总体又称顾客源、输入源,是指顾客的来源。顾客总体可能是无限的,也可能是有限的。工厂内停机待修的机器显然是有限的,到达高速公路入口的汽车可以认为是无限的。

(2)到达方式。

到达方式包括单个到达和成批到达。病人到医院看病是顾客单个到达的例子。在库存问题中若将生产器材进货或产品入库看作顾客,那么顾客则是成批到达的。

(3)顾客相继到达的时间间隔。

顾客相继到达的时间间隔可以是确定型的,也可以是随机型的。自动装配线上的各部件必须按确定的时间到达装配点,此时称顾客相继到达的时间间隔服从定长分布;到商店购物的顾客、通过路口的车辆一般可以认为他们是随机到达的。顾客流的概率分布一般有定长分布、二项分布、泊松流(最简单流)、爱尔朗分布等若干种。如果分布参数(如期望值、方差等)都与时间无关,则称其输入过程是平稳型的,否则为非平稳型的。

(4)顾客到达是否相互独立。

顾客到达可以是独立的,也就是说以前的到达情况对以后顾客的到来没有影响,否则就是关联的,我们主要讨论相互独立的情形。

2. 排队规则

(1)顾客到达,如所有服务台正在占用,在这种情况下顾客可以随即离去,也可以排队等候。随即离去的称为即时制或损失制,因为这将失掉许多顾客;排队等候的称为等待制。此外,还有等待制与损失制相结合的一种服务规则,称为混合制,一般是指允许排队,但又不允许队列无限长下去。

对于等待制,为顾客进行服务可以采用以下规则:先到先服务、后到先服务、随机服务、有优先权服务等。

先到先服务:即按到达次序接受服务,此为最常见情形。

后到先服务:乘用电梯的顾客通常是后入先出,仓库中堆放的钢材,后堆放上去的先被领走,即采用后到先服务规则。

随机服务:指服务员从等待的顾客中随机选取其一进行服务。

有优先权服务:如老人、儿童先进车站;危重病员先就诊;遇到重要数据需要处理计算机立即中断其他数据的处理等,均属于此种服务规则。

(2)系统容量:当排队等待服务的顾客人数超过规定数量时,后来的顾客就自动离去,另求服务,即系统的等待空间是有限的。例如若在系统中最多只能容纳 K 个顾客,当新顾客到达时,若系统中的顾客数(又称为队长)小于 K,则新顾客可进入系统排队或接受服务;否则,便离开系统,并不再回来。如水库的库容是有限的,旅馆的床位是有限的。

(3)队列数目:可以是单列,也可以是多列。

3. 服务机构

服务台可以从以下三方面来描述。

(1)服务台数量及构成形式。

从数量上说,服务台有单服务台和多服务台之分。从构成形式上看,服务台有:

①单队-单服务台式。

②单队-多服务台并联式。

③多队-多服务台并联式。

④单队-多服务台串联式。

⑤单队-多服务台并串联混合式。

⑥多队-多服务台并串联混合式。

(2)服务方式。这是指在某一时刻接受服务的顾客数,它有单个服务和成批服务两种。如公共汽车一次就可装载一批乘客就属于成批服务。

(3)服务时间的分布。服务时间可以是确定型的(定长分布)和随机型的。服务时间分布通常有定长分布、负指数分布、K 阶爱尔朗分布、一般分布(所有顾客的服务时间都是独立同分布的)等。

9.1.2 排队模型的分类

为了区别各种排队系统,根据输入过程、排队规则和服务机制的变化对排队模型进行描述或分类，可给出很多排队模型。为了方便对众多模型的描述，1953 年肯道尔(D. G. Kendall)归纳了对排队模型分类方法影响最大的特征，提出了一种目前在排队论中被广泛采用的"Kendall 记号"，完整的表达方式通常用到 6 个符号并取以下固定格式。

X/Y/Z/A/B/C

各符号的意义如下。

X 表示顾客相继到达间隔时间分布，常用下列符号表示：

M：到达过程为泊松过程或负指数分布(M 是 Markov 的字头，因为负指数分布具有无记忆性，即马尔柯夫性)。

D：定长输入(deterministic)。

E_k：K 阶爱尔朗(Erlang)分布。

G：一般(general)相互独立的随机分布。

Y 表示服务时间分布，常用下列符号表示。

M：服务过程为泊松过程或负指数分布。

D：定长分布。

E_k：K 阶爱尔朗分布。

G：一般相互独立的随机分布。

Z 表示服务台(员)个数 c。

A 表示系统中顾客容量限额 N，或称等待空间容量。$0 < N < \infty$，当 $N = c$(c 为服务台个数)时，说明系统不允许等待，即为损失制系统。$N = \infty$ 时为等待制系统。N 为大于 c 的有限整数时，表示为混合制系统。

B 表示顾客源数目 m，分有限与无限两种，∞ 表示顾客源无限。

C 表示服务规则，常用下列符号表示。

FCFS：先到先服务的排队规则。

LCFS：后到先服务的排队规则。

PR：有优先权服务的排队规则。

本书中只讨论先到先服务(FCFS)的情形。

例如，某排队问题为 $M/M/c/\infty/\infty$/FCFS/，则表示顾客到达间隔时间为负指数分布(泊松流)；服务时间为负指数分布；有 c 个服务台；系统等待空间容量无限(等待制)；顾客源无限，采用先到先服务规则。

Kendall 记号描述排队模型时，前面 3 个符号是必须填写的，后面三个符号如没有填写则为缺省值。

9.1.3 排队问题的求解

一个实际问题采用排队模型求解时，首先要研究它属于哪个模型，顾客到达间隔时间分布和服务时间的分布需要根据实测数据采用统计方法确定。研究排队系统的目的是通过了解系统运行的状况，对系统进行调整和控制，使系统处于最优运行状态。首先需要弄清系统的运行状况，求出判断系统运行优劣的数量指标。描述一个排队系统运行状况的主要数量指标有以下几个。

1. 队长和排队长(队列长)

队长是指系统中的顾客数,一般它的期望值记作L_s;排队长是指系统中正在排队等待服务的顾客数,一般它的期望值记作L_q。显然系统中的顾客数为排队等待的顾客数与正在接受服务的顾客数之和。

2. 逗留时间和等待时间

从顾客到达时刻起到他接受服务完成止这段时间称为逗留时间,其期望值记为W_s;从顾客到达时刻起到他开始接受服务止这段时间称为等待时间,其期望值记为W_q。显然,逗留时间为等待时间与服务时间之和。

3. 忙期和闲期

忙期是指从顾客到达空闲着的服务机构起,到服务机构再次成为空闲止的这段时间,即服务机构连续忙的时间。这是个随机变量,是服务员最为关心的指标,因为它关系到服务员的服务强度。与忙期相对的是闲期,即服务机构连续保持空闲的时间。在排队系统中,忙期和闲期总是交替出现的。

除了上述几个基本数量指标外,还会用到其他一些重要的指标,如在损失制或系统容量有限的情况下,由于顾客被拒绝,而使服务系统受到损失的顾客损失率或有效到达率及服务强度等,也都是十分重要的数量指标。

计算上述指标的基础是求出系统状态,即求出系统里有若干个顾客的概率。上面给出的这些数量指标一般都是和系统运行的时间有关的随机变量,求这些随机变量的瞬时分布一般是很困难的。为了分析上的简便,并注意到相当一部分排队系统在运行了一定时间后,都会趋于一个平衡状态(或称平稳状态)。在平衡状态下,队长的分布、等待时间的分布和忙期的分布都和系统所处的时刻无关,而且系统的初始状态的影响也会消失。因此,我们在本章中将主要讨论与系统所处时刻无关的性质,即统计平衡性质。

9.2 到达间隔的分布和服务时间的分布

分析排队问题首先要确定顾客到达间隔和服务时间分布。对于随机型的情形,要根据原始资料作出经验分布,然后用假设检验方法检验是否服从该分布,并估计它的参数值。有关假设检验的内容请参看数理统计方面的文献。许多随机现象都服从泊松分布,本节主要介绍泊松分布和负指数分布等常见理论分布的主要特征。

9.2.1 泊松流

记$N(t)$表示在区间$[0,t)$内到达的顾客数$(t>0)$,记$P_n(t_1,t_2)$表示时间区间$[t_1,t_2)\ (t_2>t_1)$内有n个顾客到达的概率,即:

$$P_n(t_1,t_2) = P\{N(t_2) - N(t_1) = n\},(t_2 > t_1, n \geqslant 0)$$

泊松(Poisson)流,又称最简单流。满足下面3个条件的输入称为泊松流。

(1)无后效性。

指在任意几个不相交的时间区间内,各自到达的顾客数是相互独立的,即在时间区间$[t,$

$t+\Delta t)$ 内到达的顾客数 $N(t)$，与 t 以前到达的顾客数独立。通俗地说就是以前到达的顾客情况，对以后顾客的到来没有影响。

(2)平稳性。

又称作输入过程是平稳的，指对于充分小的 Δt，在时间区间 $[t,t+\Delta t)$ 内有一个顾客到达的概率约与区间长 Δt 成正比，即：

$$P_1(t,t+\Delta t)=\lambda\Delta t+o(\Delta t)$$

其中 $o(\Delta t)$ 指关于 Δt 的高阶无穷小($\Delta t\to 0$)。$\lambda>0$ 是常数，它表示单位时间到达顾客平均数，称为泊松流强度。

(3)普通性。

在充分短的时间区间 Δt 内，到达两个或两个以上顾客的概率极小，可以忽略不计，即：

$$\sum_{n=2}^{\infty}P_n(t,t+\Delta t)=o(\Delta t)$$

研究上述条件下顾客到达数 n 的概率分布。由条件(2)可知，$P_n(0,t)=P_n(t)$，由条件(2)和条件(3)可得，在 $[t,t+\Delta t)$ 时间内没有顾客到达的概率为：

$$P_0(t,t+\Delta t)=1-\lambda\Delta t+o(\Delta t)$$

采用微分方程的方法求 $P_n(t)$。研究时间区间 $[0,t+\Delta t)$ 内的到达情况，将 $[0,t+\Delta t)$ 划分为两个互不重叠的区间 $[0,t)$ 和 $[t,t+\Delta t)$，要使 $t+\Delta t$ 时刻顾客个数为 n，有下列三种情况，各种情况发生概率见表 9-1。

各种情况及发生概率 表 9-1

情况	区间					
	$[0,t)$		$[t,t+\Delta t)$		$[0,t+\Delta t)$	
	个数	概率	个数	概率	个数	概率
A	n	$P_n(t)$	0	$1-\lambda\Delta t+o(\Delta t)$	n	$P_n(t)(1-\lambda\Delta t+o(\Delta t))$
B	$n-1$	$P_{n-1}(t)$	1	$\lambda\Delta t$	n	$P_{n-1}(t)\lambda\Delta t$
C	$n-2$	$P_{n-2}(t)$	2	$o(\Delta t)$	n	$o(\Delta t)$
	$n-3$	$P_{n-3}(t)$	3		n	
	⋮	⋮	⋮		⋮	
	0	$P_0(t)$	n		n	

在 $[0,t+\Delta t)$ 内到达 n 个顾客应是表中三种互不相容的情况之一，所以 $P_n(t+\Delta t)$ 应是表中三个概率之和，即：

$$P_n(t+\Delta t)=P_n(t)(1-\lambda\Delta t)+P_{n-1}(t)\lambda\Delta t+o(\Delta t)$$

变形得：

$$\frac{P_n(t+\Delta t)-P_n(t)}{\Delta t}=-\lambda P_n(t)+\lambda P_{n-1}(t)+\frac{o(\Delta t)}{\Delta t}$$

再令 $\Delta t\to 0$，则有：

$$\begin{cases}\dfrac{\mathrm{d}P_n(t)}{\mathrm{d}t}=-\lambda P_n(t)+\lambda P_{n-1}(t),n\geqslant 1\\ P_n(0)=0\end{cases}\tag{9-1}$$

当 $n=0$ 时，没有 B、C 两种情况，所以得：

$$\begin{cases}\dfrac{\mathrm{d}P_0(t)}{\mathrm{d}t}=-\lambda P_0(t)\\ P_0(0)=1\end{cases}\tag{9-2}$$

式(9-2)为变量可分离的微分方程,解之得,$P_0(t)=\mathrm{e}^{-\lambda t}$。

然后在(9-1)两边乘积分因子$\mathrm{e}^{\lambda t}$,移项得$\mathrm{e}^{\lambda t}\dfrac{\mathrm{d}P_n(t)}{\mathrm{d}t}+\lambda P_n(t)\mathrm{e}^{\lambda t}=\lambda \mathrm{e}^{\lambda t}P_{n-1}(t)$,$\dfrac{\mathrm{d}[P_n(t)\mathrm{e}^{\lambda t}]}{\mathrm{d}t}=\lambda P_{n-1}(t)\mathrm{e}^{\lambda t}$,积分得:

$$P_n(t)\mathrm{e}^{\lambda t}=\lambda\int_u^t P_{n-1}(t_1)\mathrm{e}^{\lambda t_1}d\,t_1$$

依次代入$n=1,2,\cdots$可求得:

$$P_n(t)=\frac{(\lambda t)^n}{n!}\mathrm{e}^{-\lambda t},t>0,n=0,1,2,\cdots$$

$P_n(t)$表示长为t的时间区间到达个顾客的概率,这就是概率论中离散型随机变量$\{N(t)=N(s+t)-N(s)\}$服从泊松分布的定义,它的数学期望和方差分别是:$E[N(t)]=\lambda t$;$\mathrm{Var}[N(t)]=\lambda t$。

9.2.2 负指数分布

连续型随机变量T的概率密度函数若是:

$$f_T(t)=\begin{cases}\lambda\,\mathrm{e}^{-\lambda t}, & t\geqslant 0\\ 0, & t<0\end{cases}$$

则称T服从负指数分布,也称指数分布。它的分布函数为:

$$F_T(t)=\begin{cases}1-\mathrm{e}^{-\lambda t}, & t\geqslant 0\\ 0, & t<0\end{cases}$$

其数学期望$E[T]=\dfrac{1}{\lambda}$;方差$\mathrm{Var}[T]=\dfrac{1}{\lambda^2}$。

负指数分布具有下列性质。

(1)由条件概率公式容易证明:

$$P\{T>t+s|T>s\}=P\{T>t\}$$

这个性质称为无记忆性或马尔柯夫性。这个性质说明下一个顾客到来所需时间与过去一个顾客到来所需时间无关。

(2)当输入过程是泊松流时,那么顾客相继到达的时间间隔一定服从负指数分布。这是因为对于泊松流,在$[0,t)$内至少有一个顾客到达的概率是:

$$1-P_0(t)=1-\mathrm{e}^{-\lambda t},t>0$$

$[0,t)$内至少有一个顾客到达也就是说顾客到达的时间间隔小于t的概率是:

$$P\{T\leqslant t\}=F_T(t)$$

顾客到达为泊松流(参数为λ),λ指单位时间内到达的平均顾客数,$1/\lambda$就表示顾客相继到达的平均间隔时间。服务时间为负指数分布(参数为 μ),其均值 $1/\mu$ 即为平均服务时间,μ 则为单位时间能服务的平均顾客数。

9.2.3 爱尔朗分布

设$v_1,v_2,\cdots,v_k$是个相互独立的随机变量,服从相同参数 $k\mu$ 的负指数分布,令:

$$T=v_1+v_2+\cdots+v_k$$

其概率密度为:

$$b_k(t)=\frac{\mu k\,(\mu kt)^{k-1}}{(k-1)!}\mathrm{e}^{-\mu kt},t>0$$

则 T 服从 K 阶爱尔朗分布,可得:

$E[T]=\dfrac{1}{\mu}$;$\mathrm{Var}[T]=\dfrac{1}{k\mu^2}$。

例如,设顾客到达为参数为 λ 的泊松流,对任意的 j 与 k,设第 j 与第 $j+k$ 个顾客之间的到达间隔为随机变量T_k。则T_k的分布为参数为 k 阶爱尔朗分布。

某排队系统有串联的 k 个服务台,每台服务时间相互独立,服从相同的负指数分布(参数为 $k\mu$),那么一顾客走完这 k 个服务台所需服务时间服从参数为 μ 的 k 阶爱尔朗分布。

显然,当 $k=1$ 时,爱尔朗分布即为负指数分布;当 $k\geqslant 30$ 时,爱尔朗分布近似于正态分布;当 $k\to\infty$ 时,$\mathrm{Var}[T]\to 0$,即爱尔朗分布为确定型分布。

9.3 生 灭 过 程

一类非常重要而广泛存在的排队系统是生灭过程排队系统。生灭过程是每一次状态转移都发生在相邻状态之间的齐次马氏链。任意 t 时刻顾客的到达与离去只与系统在 t 时刻的状态(t 时刻的顾客数)有关,满足以下性质:

(1)顾客到达或离去独立且总是单个到达或离去。

(2)当系统内顾客为 n 时,从该时刻起到下一个顾客到达时刻止的时间段内顾客到达服从参数λ_n的负指数分布,$n=0,1,2,\cdots$

(3)当系统内顾客为 n 时,从该时刻起到下一个顾客离去时刻止的时间段内顾客离去服从参数μ_n的负指数分布,$n=0,1,2,\cdots$则称此过程为一个生灭过程。

现在分析生灭过程的状态分布。记 t 时刻系统内有 n 个顾客的概率为$p_n(t)$。$n>0$ 时,对于时间段$[t,t+\Delta t)$,显然:

(1)在$[t,t+\Delta t)$时间段内有 1 个顾客到达的概率为$\lambda_n\Delta t+o(\Delta t)$;没有 1 个顾客到达的概率为 $1-\lambda_n\Delta t+o(\Delta t)$。

(2)在$[t,t+\Delta t)$时间段内有 1 个顾客离去的概率为$\mu_n\Delta t+o(\Delta t)$;没有 1 个顾客离去的概率为 $1-\mu_n\Delta t+o(\Delta t)$。

(3)在$[t,t+\Delta t)$时间段内有 2 个或 2 个以上顾客到达或离去的概率为 $o(\Delta t)$,可以忽略。

要使在 $t+\Delta t$ 时刻系统中有 n 个顾客,则在 t 时刻和$[t,t+\Delta t)$时间段内顾客状态必须是下列 4 种情况（到达或离去 2 个以上顾客的情况没有列入），见表 9-2。

各情况顾客状态 表 9-2

情　况	t 时刻顾客数	$[t,t+\Delta t)$ 时间段内		$t+\Delta t$ 时刻顾客数
		到达	离去	
A	n	×	×	n
B	$n+1$	×	O	n
C	$n-1$	O	×	n
D	n	O	O	n

注：O 表示发生一个，× 表示没有发生。

此 4 种情况发生概率为：

$P(A)=P_n(t)(1-\lambda_n\Delta t)(1-\mu_n\Delta t)$；

$P(B)=P_{n+1}(t)(1-\lambda_{n+1}\Delta t)\mu_{n+1}\Delta t$；

$P(C)=P_{n-1}(t)\lambda_{n-1}\Delta t(1-\mu_{n-1}\Delta t)$；

$P(D)=P_n(t)\lambda_n\Delta t\mu_n\Delta t$。

此 4 种情况互不相容，所以$P_n(t+\Delta t)$应为此四项之和，即：

$$P_n(t+\Delta t)=P_n(t)(1-\lambda_n\Delta t-\mu_n\Delta t+2\lambda_n\mu_n\Delta t^2)+P_{n+1}(t)(\mu_{n+1}\Delta t-\lambda_{n+1}\mu_{n+1}\Delta t^2)+P_{n-1}(t)(\lambda_{n-1}\Delta t-\lambda_{n-1}\mu_{n-1}\Delta t^2)$$

将“高阶无穷小”合成一项，得：

$$P_n(t+\Delta t)=P_n(t)(1-\lambda_n\Delta t-\mu_n\Delta t)+P_{n+1}(t)\mu_{n+1}\Delta t+P_{n-1}(t)\lambda_{n-1}\Delta t+o(\Delta t)$$

变形得：

$$\frac{P_n(t+\Delta t)-P_n(t)}{\Delta t}=\lambda_{n-1}P_{n-1}(t)+\mu_{n+1}P_{n+1}(t)-(\lambda_n+\mu_n)P_n(t)+\frac{o(\Delta t)}{\Delta t}$$

令 $\Delta t\to 0$，得到微分差分方程：

$$\frac{\mathrm{d}P_n(t)}{\mathrm{d}t}=\lambda_{n-1}P_{n-1}(t)+\mu_{n+1}P_{n+1}(t)-(\lambda_n+\mu_n)P_n(t),\ n=1,2,\cdots \tag{9-3}$$

当 $n=0$ 时，上表中只有 A、B 两种情况，且$[t,t+\Delta t)$时间段内无人离去的概率为 1，有 1 人离去的概率为 0。因此：

$$P_0(t+\Delta t)=P_0(t)(1-\lambda_0\Delta t)+P_1(t)(1-\lambda_1\Delta t)\mu_1\Delta t$$

求得：

$$\frac{\mathrm{d}P_0(t)}{\mathrm{d}t}=-\lambda_0P_0(t)+\mu_1P_1(t) \tag{9-4}$$

求状态分布瞬态解是很不容易的，一般即使求出也很难利用，此处笔者只研究稳态的情况，此时$P_n(t)$与时间 t 无关，$\frac{\mathrm{d}P_n(t)}{\mathrm{d}t}=0$，$P_n(t)$记作$P_n$，于是式(9-4)和式(9-3)可写为：

$$\begin{cases}-\lambda_0P_0+\mu_1P_1=0\\ \lambda_{n-1}P_{n-1}+\mu_{n+1}P_{n+1}-(\lambda_n+\mu_n)P_n=0\quad n\geqslant 1\end{cases} \tag{9-5}$$

这是关于P_n的差分方程，它表明了各状态间的转移关系，可以用下面的状态转移图(图 9-2)表示。

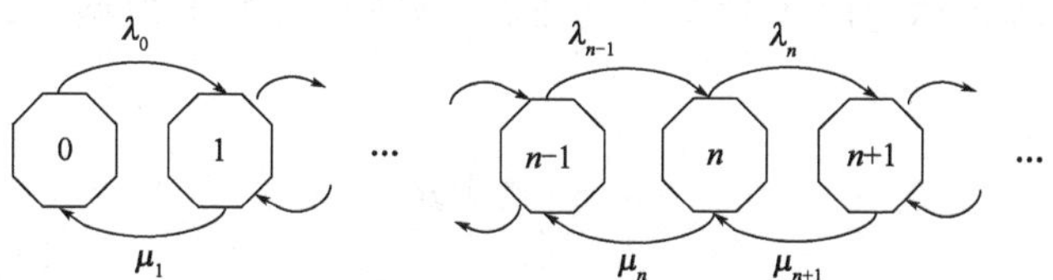

图 9-2 状态转移图

从图 9-2 可以看出,每一次状态转移都发生在相邻状态之间。例如:状态 0 到状态 1 的转移率为$\lambda_0 P_0$,状态 1 到状态 0 的转移率为$\mu_1 P_1$,对状态 0 必须满足平衡方程,解 $-\lambda_0 P_0 + \mu_1 P_1 = 0$,得:

$$P_1 = \left(\frac{\lambda_0}{\mu_1}\right) P_0$$

令式(9-5)中 $n=1$,并将P_1代入,可解得$P_2 = \frac{\lambda_0 \lambda_1}{\mu_1 \mu_2} P_0$,同理依次可解得:

$$P_n = \frac{\lambda_0 \lambda_1 \cdots \lambda_{n-1}}{\mu_1 \mu_2 \cdots \mu_n} P_0$$

记$c_n = \frac{\lambda_0 \lambda_1 \cdots \lambda_{n-1}}{\mu_1 \mu_2 \cdots \mu_n}$,则$P_n = c_n P_0$。

由 $\sum\limits_{n=0}^{\infty} P_n = 1$,将$P_n$关于$P_0$的表达式代入,可解得:

$$P_0 = \frac{1}{1 + \sum\limits_{n=1}^{\infty} c_n}$$

$$P_n = c_n P_0 = c_n \frac{1}{1 + \sum\limits_{n=1}^{\infty} c_n} \tag{9-6}$$

式(9-6)即为无限状态生灭过程状态概率计算公式(注意:只有当 $\sum\limits_{n=1}^{\infty} c_n$收敛时才能由上式得出平稳分布)。

后面讲述的 $M/M/1$、$M/M/c$ 模型顾客到达离去均为泊松流,都为无限状态生灭过程,可用式(9-6)计算其状态分布;$M/M/1/N/\infty$、$M/M/1/\infty/m$、$M/M/c/N/\infty$、$M/M/c/\infty/m$ 为有限状态生灭过程,其状态分布计算方法类似。

9.4 单服务台排队系统分析

9.4.1 *M/M/1* 模型

M/M/1 模型指适合下列条件的排队系统:

(1)输入过程——顾客单个到达相互独立,为齐次泊松流(到达率为 λ),顾客源无限。

(2)服务机构——单服务台,各顾客服务时间相互独立,服从相同参数的负指数分布(服务率为 μ)。

(3)排队规则——单队列,队长无限制,先到先服务。

此外,还假定顾客到达与服务时间相互独立。显然,$M/M/1$ 模型可表示生灭过程,根据式(9-6)可得:

$$P_n = \left(\frac{\lambda}{\mu}\right)^n P_0$$

令 $\rho = \frac{\lambda}{\mu} < 1$,又由 $\sum_{n=0}^{\infty} P_n = 1$,将 P_n 关于 P_0 的表达式代入,可解得 $P_0 = 1 - \rho$,回代入 P_n 关于 P_0 的表达式,得:

$$P_n = \rho^n (1 - \rho) \tag{9-7}$$

P_n 即为系统状态为 n 的概率。

式(9-7)中 ρ 有实际意义。$\rho = \frac{\lambda}{\mu}$,为平均到达率与平均服务率之比,反映了服务机构的利用率或者说工作强度,称为服务强度或话务强度。显然 $M/M/1$ 模型中 ρ 为排队系统处于工作状态的概率,或者说是系统中至少有一个顾客的概率,即 $\rho = 1 - P_0$。

由式(9-7),可以计算出排队系统的性能指标:

(1)系统中的平均顾客数(队长期望值)。

$$\begin{aligned} L_s &= \sum_{n=0}^{\infty} n P_n = \sum_{n=0}^{\infty} n(1-\rho)\rho^n \\ &= (\rho + 2\rho^2 + 3\rho^3 + \cdots) - (\rho^2 + 2\rho^3 + \cdots) \\ &= \rho + \rho^2 + \rho^3 + \cdots = \frac{\rho}{1-\rho} = \frac{\lambda}{\mu - \lambda} \end{aligned}$$

(2)在队列中等待的平均顾客数(队列长期望值、排队长期望值)。

$$L_q = \sum_{n=1}^{\infty} (n-1) P_n = \sum_{n=1}^{\infty} n P_n - \sum_{n=1}^{\infty} P_n = L_s - \rho = \frac{\rho\lambda}{\mu - \lambda}$$

(3)逗留时间与等待时间。

PASTA(Poisson arrivals see time average)定理(证明略):对于顾客为泊松流的排队系统,顾客到达之前瞬间时刻系统内有 n 个顾客的概率为系统内有 n 个顾客的平稳概率。

对于 $M/M/1$ 模型,设一顾客到达时,系统已有 n 个顾客,则此顾客的逗留时间为前面 m 个顾客和该顾客自身的服务时间之和,即 $w_{n+1} = T'_1 + T_2 + \cdots + T_n + T_{n+1}$,$T'_1$ 表示当前正在接受服务的顾客所需的剩余服务时间,由于负指数分布的无记忆性,T'_1 和 $T_i(i = 2,3,\cdots,n+1)$ 均服从参数为 μ 的负指数分布,故 w_{n+1} 服从 $n+1$ 阶爱尔朗分布。记 $f_{w,n+1}(t)$ 表示系统已有 n 个顾客条件下逗留时间的条件概率密度,即:

$$f_{w,n+1}(t) = \frac{\mu\,(\mu w)^n \mathrm{e}^{-\mu w}}{n!}$$

$$f_w(t) = \sum_{n=0}^{\infty} P_n f(w \mid n+1)$$

其中,P_n 指的是顾客到达时系统中恰有 n 个顾客的概率,即为平稳分布概率 $P_n = \rho^n(1-\rho)$,所以:

$$f(w) = \sum_{n=0}^{\infty} \rho^n (1-\rho) \frac{\mu\,(\mu w)^n \mathrm{e}^{-\mu w}}{n!}$$

$$= (1-\rho)\mu e^{-\mu w}\sum_{n=0}^{\infty}\frac{(\rho\mu w)^n}{n!}$$

$$= (\mu-\lambda)e^{-(\mu-\lambda)w}$$

所以，$M/M/1$ 模型顾客在系统中的逗留时间服从参数为 $\mu-\lambda$ 的负指数分布，即分布函数 $F_w(t)=1-e^{-(\mu-\lambda)t}$；密度函数 $f(w)=(\mu-\lambda)e^{-(\mu-\lambda)t}, t\geqslant 0$。

顾客在系统中逗留时间的期望值：

$$w_s = E(w) = \frac{1}{\mu-\lambda}$$

(4)等待时间。

记等待时间为随机变量 w_2，设一顾客到达时，系统已有 n 个顾客，如 $n=0$，则 $w_2=0$，故 $P(w_2=0)=P_0=1-\rho$；如 $n>0$，等待时间为前面 n 个顾客的服务时间之和 $w_{2,n+1}$，$w_{2,n+1}$ 服从 n 阶爱尔朗分布。

$$f_{w_{2,n+1}}(t) = \frac{\mu(\mu t)^{n-1}e^{-\mu t}}{(n-1)!}$$

$$f_{w_2}(t) = \sum_{n=1}^{\infty}\rho^n(1-\rho)f_{w_{2,n+1}}(t) = \rho(\mu-\lambda)e^{-(\mu-\lambda)t}$$

所以 w_2 的分布函数为：$F(w_2\leqslant t)=P_0+\rho(1-e^{-(\mu-\lambda)t})=1-\rho e^{-(\mu-\lambda)t}$，其期望值为 $w_q = 0\times(1-\rho)+\rho\times\frac{1}{\mu-\lambda}=\frac{\rho}{\mu-\lambda}$。

顾客等待时间的期望值：

$$w_q = w_s - \frac{1}{\mu} = \frac{\rho}{\mu-\lambda}$$

可得：

$L_s=\frac{\lambda}{\mu-\lambda}$；$L_q=\frac{\rho\lambda}{\mu-\lambda}$；$w_s=\frac{1}{\mu-\lambda}$；$w_q=\frac{\rho}{\mu-\lambda}$。

或：

$L_s=\lambda w_s$；$L_q=\lambda w_q$；$w_s=w_q+\frac{1}{\mu}$；$L_s=L_q+\rho$。

(5)忙期与闲期。

忙期 B 和闲期 I 为随机变量，求它们的分布是比较复杂的。以下求平均忙期和平均闲期。由于忙期和闲期出现的概率分别为 ρ 和 $1-\rho$，所以平衡状态下忙期与闲期的总长度之比为 $\rho:(1-\rho)$。又因为忙期与闲期是交替出现的，所以充分长的时间内它们出现的平均次数是相同的。于是忙期的平均长度和闲期的平均长度之比也应是 $\rho:(1-\rho)$，即：

$$\frac{\bar{B}}{\bar{I}} = \frac{\rho}{1-\rho}$$

又因为输入流为泊松(Poisson)流，根据 Poisson 流的无记忆性和到达与服务相互独立的假设可知，从系统空闲起到下一个顾客到达时刻止(闲期)的时间间隔仍服从参数为 λ 的负指数分布，因此平均闲期为 $1/\lambda$，平均忙期为：

$$\overline{B}=\frac{\rho}{1-\rho}\overline{I}=\frac{1}{\mu-\lambda}$$

可见，$M/M/1$ 模型顾客平均逗留时间与系统平均忙期相等。

例 9.1 病人候诊问题。某单位医院的一个科室有一位医生值班，经长期观察，每小时平均有 4 个病人，医生每小时平均可看 5 个病人，病人的到来服从泊松分布，医生的诊病时间服从负指数分布。

(1) 试分析该科室的工作状况。

(2) 如果满足 99% 以上的病人有座，此科室至少应设多少个座位？

(3) 如果该单位每天 24h 上班，病人看病 1h 则其工作单位要损失 30 元，这样单位平均每天损失多少元？

(4) 如果该科室提高看病速度，每小时平均可看 6 个病人，则病人工作单位每天可减少多少损失？可减少多少个座位？

(1) 由题意知 $\lambda=4$(人)，$\mu=5$(人/h)，$\rho=\frac{4}{5}=0.8$，则排队系统的稳态概率为：

$$P_n=0.2\times0.8^n,n=1,2,\cdots$$

该科室平均有病人数为：$L_s=\frac{\lambda}{\mu-\lambda}=4$(人)。

该科室内排队候诊病人的平均数为：$L_q=\frac{\rho\lambda}{\mu-\lambda}=3.2$(人)。

看一次病平均所需的时间为：$w_s=\frac{1}{\mu-\lambda}=1$(h)。

排队等候看病的平均时间为：$w_q=w_s-\frac{1}{\mu}=0.8$(h)。

(2) 为满足 99% 以上的病人有座，设科室应设 m 个座位，则 m 应满足：

$$\sum_{i=0}^{m}P_i=1-\rho^{m+1}\geqslant0.99$$

即 $m\geqslant\frac{\ln0.01}{\ln\rho}-1=20$，所以该科室至少应设 20 个座位。

(3) 如果该单位 24h 上班，则每天平均有病人 $24\times4=96$(人)，病人看病所花去的总时间为 $96\times1=96$(h)，病人工作单位平均每天损失 $30\times96=2880$(元)。

(4) 顾客逗留时间服从参数为 $\mu-\lambda$ 的指数分布，则病人看病时间超过 1h 的概率为 $e^{-(\mu-\lambda)t}=e^{-1}$。

(5) 如果医生每小时可看 6 个病人，$\mu=6$(人/h)，$\rho=\frac{2}{3}$，则：

$L_s=\frac{\lambda}{\mu-\lambda}=2$(人)，$L_q=\frac{\rho\lambda}{\mu-\lambda}=\frac{4}{3}$(人)；$w_s=\frac{1}{\mu-\lambda}=0.5$(h)，$w_q=w_s-\frac{1}{\mu}=\frac{1}{3}$(h)。

可得病人工作单位平均每天的损失费为 $96\times0.5\times30=1440$(元)，即可减少损失 $2880-1440=1440$(元)。为保证 99% 以上的病人有座，应设座位数 $m\geqslant\frac{\ln0.01}{[\ln(2/3)]}-1=11$(个)，即减少了 9 个。

9.4.2 系统容量有限制的情形($M/M/1/N/\infty$)

$M/M/1/N/\infty$ 排队系统,系统最大容量为 N,在某一时刻顾客到达时,如果系统中已有 N 个顾客,那么这个顾客就被拒绝进入系统。显然,当 $N=1$ 时,即为即时制(损失制)的情形,当 $N\to\infty$ 时,即为 $M/M/1$ 模型。分析其顾客到达离去特征可知,$M/M/1/N/\infty$ 排队系统为一有限状态生灭过程。

现只考虑稳态的情形,状态转移图如图 9-3 所示。

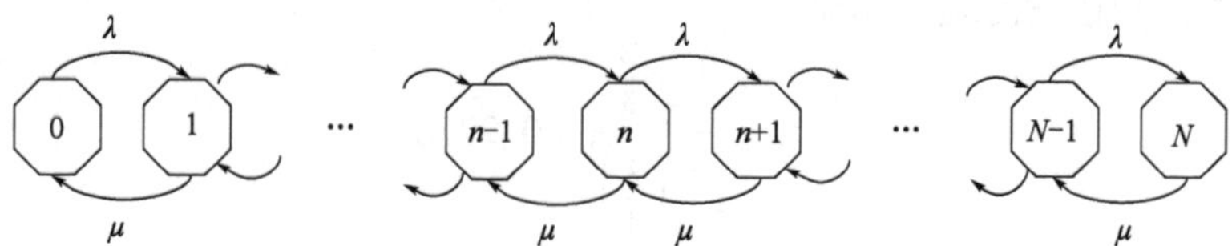

图 9-3 状态转移图

根据图 9-3,列出状态概率稳态方程:

$$\begin{cases} -\lambda P_0 + \mu P_1 = 0 \\ \lambda P_{n-1} + \mu P_{n+1} - (\lambda + \mu) P_n = 0, 1 \leqslant n \leqslant N-1 \\ -\lambda P_{N-1} + \mu P_N = 0 \end{cases}$$

可得:$P_n = \rho^n P_0, \rho = \dfrac{\lambda}{\mu}$。由于$P_0 + P_1 + \cdots + P_N = 1$,当 $\rho \neq 1$ 时,可解得:

$$P_n = \frac{1-\rho}{1-\rho^{N+1}}\rho^n, 0 \leqslant n \leqslant N$$

$\rho = 1$ 的情形本文不再讨论。下面推导 $\rho \neq 1$ 时系统的各种指标(计算过程略)。

(1)平均队长。

$$L_s = \sum_{n=0}^{N} n P_n = \frac{\rho}{1-\rho} - \frac{(N+1)\rho^{N+1}}{1-\rho^{N+1}}$$

(2)平均排队长。

$$L_q = \sum_{n=1}^{N} (n-1) P_n = L_s - (1 - P_0)$$

(3)有效到达率。

$M/M/1/N/\infty$ 模型为损失制排队模型,当系统中有 N 个顾客时,新到达顾客将不进入系统,因此系统的有效到达率为$\lambda_e = \lambda(1 - P_N)$。

此时,服务台的实际工作强度记为ρ_e(系统处于工作状态的概率),$1 - P_0 = \rho_e = \dfrac{\lambda_e}{\mu}$,故$\lambda_e = \mu(1 - P_0)$。

(4)顾客平均逗留时间。

$$w_s = \frac{L_s}{\lambda_e} = \frac{L_s}{\mu(1-P_0)}$$

(5)顾客平均等待时间。

$$w_q = w_s - \frac{1}{\mu}$$

把 $M/M/1/N/\infty$ 模型指标归纳如下($\rho \neq 1$ 时):

$$\begin{cases} L_s = \dfrac{\rho}{1-\rho} - \dfrac{(N+1)\rho^{N+1}}{1-\rho^{N+1}}; L_q = L_s - (1-P_0) \\ w_s = \dfrac{L_s}{\mu(1-P_0)}; w_q = w_s - \dfrac{1}{\mu} \end{cases} \tag{9-8}$$

例 9.2 单人理发馆有 6 个椅子(不包括理发的座位),当 6 个椅子都坐满时,后来到的顾客不进店就离开。顾客平均到达率为 3 人/h,理发平均需 15min,试分析该服务系统。

由题意知 $\lambda = 3$(人/h),$\mu = 4$(人/h),$N = 7$(人)。

(1)某顾客一到达就能理发的概率。

$$P_0 = \frac{1-\frac{3}{4}}{1-\left(\frac{3}{4}\right)^8} = 0.2778$$

(2)理发店平均顾客数。

$$L_s = \frac{\frac{3}{4}}{1-\frac{3}{4}} - \frac{8\left(\frac{3}{4}\right)^8}{1-\left(\frac{3}{4}\right)^8} = 2.11(\text{人})$$

(3)平均需要等待的顾客数量。

$$L_q = L_s - (1-P_0) = 2.11 - (1-0.2778) = 1.39(\text{人})$$

(4)有效到达率。

$$\lambda_e = \mu(1-P_0) = 4(1-0.2778) = 2.89(\text{人/h})$$

(5)顾客在理发馆平均逗留时间。

$$w_s = \frac{L_s}{\lambda_e} = \frac{2.11}{2.89} = 0.73(\text{h}) = 43.8(\text{min})$$

(6)顾客到达不等待就离开的概率。

$$P_7 = \rho^7\left(\frac{1-\rho}{1-\rho^8}\right) = \left(\frac{3}{4}\right)^7\left[\frac{1-\frac{3}{4}}{1-\left(\frac{3}{4}\right)^8}\right] \approx 3.7\%$$

9.4.3 顾客源有限的情形($M/M/1/\infty/m$)

以机器故障停机待修为例来说明。设共有 m 台机器(顾客总体),机器因故障停机表示到达,待修机器形成队列,修好后重新投入使用。投入使用后仍可能再出故障。为简单起见,设各个顾客到达率相同都为 λ(这里 λ 的含义是每台机器单位时间内发生故障的平均次数),本节只讨论单个维修工的情形,维修一台机器所需时间服从参数为 μ 的负指数分布。此时停机待修的机器构成一个 $M/M/1/\infty/m$ 排队模型。

先分析该排队模型的状态转移规律。系统状态为 n 时,系统中有 n 台机器处于待修或正在修理状态,即有 $m-n$ 台机器处于工作状态。每台工作状态的机器以 λ 为转换率独立地进入排队系统,故 $m-n$ 台机器中有一台进入排队系统的转换率为 $(m-n)\lambda$。由于单个维修机器维修时间服从参数为 μ 的负指数分布,故系统状态从 n 到 $n-1$ 的转换率为 μ。状态转移图如图 9-4 所示。

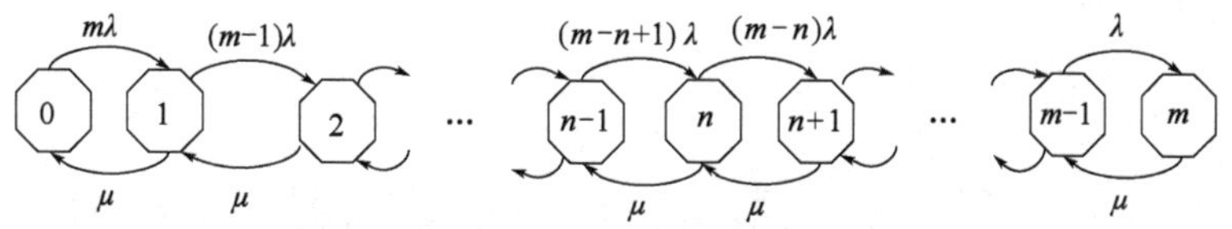

图 9-4 状态转移图

由图 9-4 列出状态概率稳态方程：

$$\begin{cases} -m\lambda P_0+\mu P_1=0 \\ (m-n+1)\lambda P_{n-1}+\mu P_{n+1}=[(m-n)\lambda+\mu]P_n, 1\leqslant n\leqslant m-1 \\ -\lambda P_{m-1}+\mu P_m=0 \end{cases}$$

由于$P_0+P_1+\cdots+P_m=1$，可解得：

$$\begin{cases} P_0=\dfrac{1}{\sum\limits_{i=0}^{m}\dfrac{m!}{(m-i)!}\left(\dfrac{\lambda}{\mu}\right)^i} \\ P_n=\dfrac{m!}{(m-n)!}\left(\dfrac{\lambda}{\mu}\right)^n P_0 \end{cases}$$

系统的各项指标为：

$$\begin{cases} L_s=m-\dfrac{\mu}{\lambda}(1-P_0) \\ L_q=m-\dfrac{(\lambda+\mu)(1-P_0)}{\lambda}=L_s-(1-P_0) \\ w_s=\dfrac{m}{\mu(1-P_0)}-\dfrac{1}{\lambda} \\ w_q=w_s-\dfrac{1}{\mu} \end{cases} \tag{9-9}$$

式(9-11)中，L_s可根据离散型随机变量的期望值计算公式求得。其结果可解释为：如用前面有效到达率符号λ_e表示平均到达率，则$\lambda_e=\lambda(m-L_s)$，服务台处于工作状态的概率为$(1-P_0)=\dfrac{\lambda_e}{\mu}$，$\lambda_e=\mu(1-P_0)$，所以，$L_s=m-\dfrac{\mu}{\lambda}(1-P_0)$。

由(9-11)可知：

$$w_s=\frac{m}{\mu(1-P_0)}-\frac{1}{\lambda}=\frac{L_s}{\mu(1-P_0)}=\frac{L_s}{\lambda_e}$$

例 9.3 某车间有 5 台机器，每台机器的连续运转时间服从负指数分布，平均连续运转时间为 15min，有一个修理工，每次修理时间服从负指数分布，平均每次 12min。求：

(1)修理工空闲的概率 P_0。

(2)5 台机器都出现故障的概率 P_5。

(3)出故障的平均台数 L_s。

(4)等待修理的平均台数 L_q。

(5)平均停工时间 w_s。

(6)平均等待修理时间 w_q。

(7)评价计算结果。

据题意知 $m=5$(台),$\lambda=\frac{1}{15}$(台/min),$\mu=\frac{1}{12}$(台/min),$\rho=\frac{\lambda}{\mu}=0.8$。

(1)$P_0=\left[\frac{5!}{5!}(0.8)^0+\frac{5!}{4!}(0.8)^1+\frac{5!}{3!}(0.8)^2+\frac{5!}{2!}(0.8)^3+\frac{5!}{1!}(0.8)^4+\frac{5!}{0!}(0.8)^5\right]^{-1}$

$=\frac{1}{136.8}=0.007$。

(2)$P_5=\frac{5!}{0!}(0.8)^5P_0=0.287$。

(3)$L_s=5-\frac{1}{0.8}(1-0.007)=3.76$(台)。

(4)$L_q=3.76-0.993=2.77$(台)。

(5)$w_s=\frac{5}{\frac{1}{12}(1-0.007)}-15=46$(min)。

(6)$w_q=46-12=34$(min)。

(7)机器停工时间过长,修理工几乎没有空闲时间,应当提高服务率减少修理时间或增加修理工人。

9.5 多服务台排队系统分析

9.5.1 *M/M/c* 模型

标准的 $M/M/c$ 模型可表示满足下列条件的排队系统。

(1)输入过程——顾客单个到达相互独立,为齐次泊松流(到达率为 λ),顾客源无限。

(2)服务机构——c 个服务台,各个服务台对各顾客服务时间相互独立(各服务台不协作),每个服务台服务时间服从负指数分布(服务率为 μ)。

(3)排队规则——单队列,队长无限制,先到先服务。

假定顾客到达与服务时间相互独立。服务机构的平均服务能力为 $c\mu$,令 $\rho=\frac{\lambda}{c\mu}$,显然只有 $\frac{\lambda}{c\mu}<1$ 才不会排成无限的队列,称 ρ 为这个排队系统的服务强度或服务机构的平均利用率。

当系统中的顾客数 $n\geqslant c$ 时,c 个服务台处于工作状态,整个服务机构的平均服务率为 $c\mu$,状态 n 向状态 $n-1$ 转移率为 $c\mu P_n$;当 $n<c$ 时,n 个服务台处于工作状态,整个服务机构的平均服务率为 $n\mu$,状态 n 向状态 $n-1$ 转移率为 $n\mu P_n$。状态转移图见图 9-5。

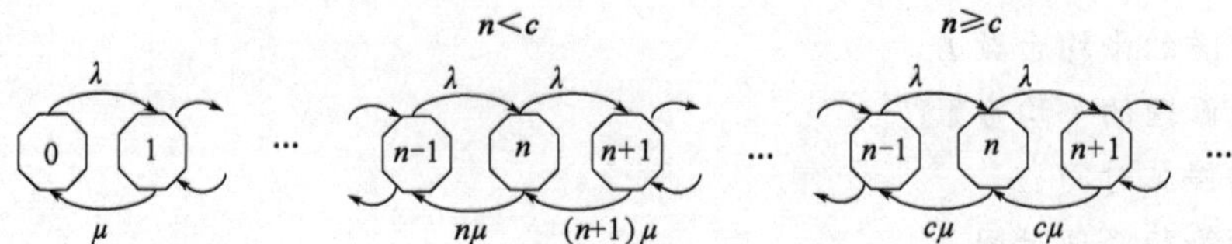

图 9-5 状态转移图

由图 9-5 可得：

$$\begin{cases} -\lambda P_0+\mu P_1=0 \\ (n+1)\mu P_{n+1}+\lambda P_{n-1}=(\lambda+n\mu)P_n, 0<n<c \\ c\mu P_{n+1}+\lambda P_{n-1}=(\lambda+c\mu)P_n, n\geqslant c \end{cases}$$

由 $\sum_{n=0}^{\infty}P_n=1$，用递推法可解得：

$$P_0=\left[\sum_{k=0}^{c-1}\frac{1}{k!}\left(\frac{\lambda}{\mu}\right)^k+\frac{1}{c!}\cdot\frac{1}{1-\rho}\left(\frac{\lambda}{\mu}\right)^c\right]^{-1}$$

$$P_n=\begin{cases} \dfrac{1}{n!}\left(\dfrac{\lambda}{\mu}\right)^n P_0 & n\leqslant c \\ \dfrac{1}{c!\ c^{n-c}}\left(\dfrac{\lambda}{\mu}\right)^n P_0 & n>c \end{cases}$$

有关系统性能指标的计算要注意：队长指的是顾客数，平均队长为系统顾客数的期望值。比如当有 2 台以上的服务机构处于工作状态时，正在接受服务的顾客数要按顾客数计入队长，而不是计为 1。

系统运行指标如下：

$$L_s=L_q+\frac{\lambda}{\mu}$$

$$L_q=\frac{(c\rho)^c\rho}{c!\ (1-\rho)^2}P_0$$

即：$L_q=\sum_{n=c+1}^{\infty}(n-c)P_n=\sum_{i=1}^{\infty}iP_{i+c}=\sum_{i=1}^{\infty}\frac{i}{c!\ c^i}(c\rho)^{i+c}P_0=P_0\frac{(c\rho)^c}{c!}\sum_{i=1}^{\infty}i\rho^i=\frac{(c\rho)^c\rho}{c!\ (1-\rho)^2}P_0$）。

平均逗留时间和等待时间为：

$w_s=\dfrac{L_s}{\lambda}$，$w_q=\dfrac{L_q}{\lambda}$。

例 9.4 某火车站售票处有三个窗口，顾客的到达服从泊松分布，平均每分钟有 0.9 人到达，服务时间服从负指数分布，平均每分钟可服务 0.4 人。现假设排成一队，依次向空闲的窗口购票，试分析该排队系统。

据题意知 $c=3$(台)，$\lambda=0.9$(人/min)，$\mu=0.4$(人/min)，$\rho=\dfrac{\lambda}{c\mu}=0.75$。

(1)整个售票处空闲的概率：

$$P_0=\left[1+\frac{0.9}{0.4}+\frac{1}{2!}\left(\frac{0.9}{0.4}\right)^2+\frac{1}{3!}\left(\frac{0.9}{0.4}\right)^3\cdot\frac{1}{1-0.75}\right]^{-1}=0.0748$$

(2)平均排队长：

$$L_q=\frac{\left(\frac{0.9}{0.4}\right)^3\cdot 3/4}{3!\ \left(\frac{1}{4}\right)^2}\times 0.0748=1.7(\text{人})$$

平均队长：

$$L_s = L_q + \frac{\lambda}{\mu} = 3.95(\text{人})$$

(3)平均等待时间：

$$w_q = \frac{1.7}{0.9} = 1.89(\text{min})$$

平均逗留时间：

$$w_s = w_q + \frac{1}{\mu} = 1.89 + \frac{1}{0.4} = 4.39(\text{min})$$

(4)顾客到达必须等待的概率：

$$P(n \geqslant 3) = \frac{\left(\frac{0.9}{0.4}\right)^3}{3!\ \frac{1}{4}} \times 0.0748 = 0.57$$

9.5.2 系统容量有限制的情形($M/M/c/N/\infty$)

设系统的容量最大限制为 $N(\geqslant c)$，当系统中的顾客数为 N 时，再来的顾客即被拒绝，其他条件与标准的 $M/M/c$ 模型相同。其状态转移图如图 9-6 所示。

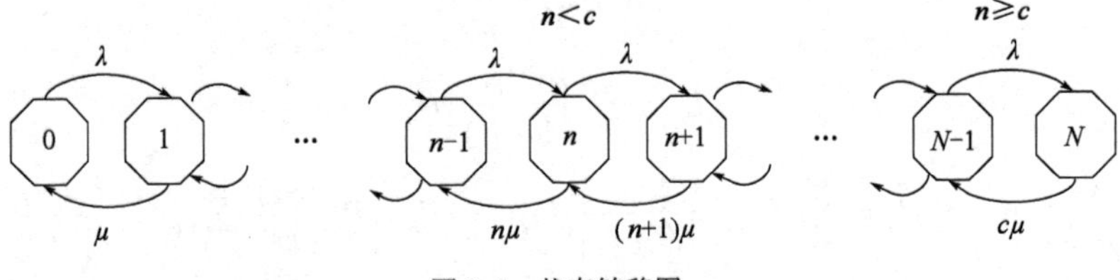

图 9-6 状态转移图

这时系统的状态概率和运行指标如下：

$$P_0 = \begin{cases} \left[\sum_{k=0}^{c} \frac{(c\rho)^k}{k!} + \frac{c^c}{c!} \cdot \frac{\rho(\rho^c - \rho^N)}{(1-\rho)}\right]^{-1}, \rho \neq 1 \\ \left[\sum_{k=0}^{c} \frac{(c\rho)^k}{k!} + \frac{(c\rho)^c}{c!}(N-c)\right]^{-1}, \rho = 1 \end{cases}$$

$$P_n = \begin{cases} \frac{(c\rho)^n}{n!} P_0, 0 \leqslant n \leqslant c \\ \frac{c^c}{c!} \rho^n P_0, c \leqslant n \leqslant N \end{cases}$$

其中，$\rho = \frac{\lambda}{c\mu}$。

当系统中有 n 个顾客时，到达率为：

$$\lambda_n = \begin{cases} \lambda, 0 \leqslant n \leqslant N-1 \\ 0, n = N \end{cases}$$

系统有效到达率为：

$$\lambda_e = \lambda(1 - P_N) + 0 \cdot P_N = \lambda(1 - P_N)$$

$$
\begin{cases}
L_q = \dfrac{P_0\rho\ (c\rho)^c}{c!\ (1-\rho)^2}[1-\rho^{N-c}-(N-c)\rho^{N-c}(1-\rho)] \\
L_s = L_q + c\rho(1-P_N) \\
w_q = \dfrac{L_q}{\lambda_e} = \dfrac{L_q}{\lambda(1-P_N)} \\
w_s = \dfrac{L_s}{\lambda_e} = w_q + \dfrac{1}{\mu}
\end{cases}
$$

例 9.5 某公司维修服务中心有两名维修工，中心内至多可以停放 6 台机器（包括正在维修的两台机器）。假设待修机器输入流为按泊松流。平均每小时 3 台。每个维修工独立维修，维修每台机器平均需要 20min，试求该系统的各项性能指数。

该子系统可看成一个 $M/M/2/6$ 排队系统。

$\lambda=3$（台/h），$\mu=3$（台/h），$c=2$（台），$\rho=\dfrac{\lambda}{c\mu}=\dfrac{1}{2}$，$N=6$（台）。

(1) 服务中心空闲的概率：

$$
P_0 = \left[\sum_{k=0}^{2}\frac{1}{k!}+\frac{2^2}{2!}\cdot\frac{0.5(0.5^2-0.5^6)}{(1-0.5)}\right]^{-1} \approx 0.34
$$

(2) 平均排队长：

$$
L_q = \frac{0.34\times0.5}{2!\ \times(1-0.5)^2}\times[1-0.5^4-4\times0.5^4\times(1-0.5)] \approx 0.28(\text{台})
$$

平均队长：

$$
L_s = L_q + c\rho(1-P_6) = 0.28 + \left[1-\frac{2^2}{2!}\left(\frac{1}{2}\right)^6 P_0\right] = 1.27(\text{台})
$$

(3) 平均等待时间：

$$
w_s = \frac{L_s}{\lambda_e} = \frac{L_s}{\lambda(1-P_6)} \approx 0.428(\text{h}) \approx 26(\text{min})
$$

平均逗留时间：

$$
w_q = \frac{L_q}{\lambda_e} = \frac{L_q}{\lambda(1-P_6)} \approx 0.09(\text{h}) \approx 6(\text{min})
$$

9.5.3 顾客源为有限的情形（$M/M/c/\infty/m$）

设顾客总体（顾客源）为有限数 m，且 $m>c$，和单服务台一样，设各个顾客到达率相同都为 λ（λ 指每台机器单位时间内发生故障的平均次数），记 n 为出故障的机器台数，即系统中有 n 个顾客时，系统到达率为 $\lambda_n=(m-n)\lambda$，当 $n\leqslant c$ 时，n 台故障机器都处于正在修理状态，当 $n>c$ 时，c 台故障机器处于正在修理状态，因此状态转移图如图 9-7 所示。

这时系统的状态概率和运行指标如下：

$$
P_0 = \frac{1}{m!}\cdot\left[\sum_{k=0}^{c}\frac{1}{k!\ (m-k)!}\left(\frac{c\rho}{m}\right)^k + \frac{c^c}{c!}\sum_{k=c+1}^{m}\frac{1}{(m-k)!}\left(\frac{\rho}{m}\right)^k\right]^{-1}
$$

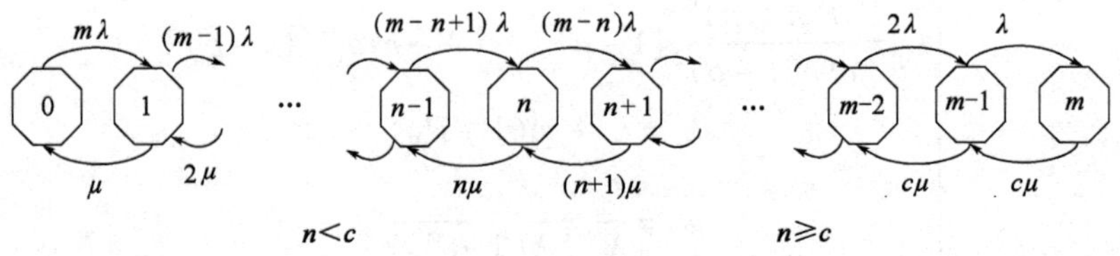

图 9-7 状态转移图

其中，$\rho=\dfrac{m\lambda}{c\mu}$。

$$P_n=\begin{cases}\dfrac{m!}{(m-n)!\ n!}\left(\dfrac{\lambda}{\mu}\right)^n P_0, & 1\leqslant n\leqslant c\\ \dfrac{m!}{(m-n)!\ c!\ c^{n-c}}\left(\dfrac{\lambda}{\mu}\right)^n P_0, & c\leqslant n\leqslant m\end{cases}$$

平均队长 L_s 和平均排队长 L_q 为：

$L_s=\sum\limits_{i=1}^{m} i P_i$；$L_q=\sum\limits_{i=c+1}^{m}(i-c)P_i$。

有效到达率 $\lambda_e=\lambda(m-L_s)$。

可以证明：

$$\begin{cases}L_s=L_q+\dfrac{\lambda_e}{\mu}\\ w_s=\dfrac{L_s}{\lambda_e}\\ w_q=\dfrac{L_q}{\lambda_e}\end{cases}$$

例 9.6 设有两个修理工人，负责 5 台机器的正常运行，每台机器的平均损坏率为每运转小时 1 次，两工人能以相同的平均修复率 4 次/h 修好机器。

(1) 等待修理的机器平均数 L_q。

(2) 需要修理的机器平均数 L_s。

(3) 平均损坏发生率 λ_e。

(4) 平均等待修理时间 w_q。

(5) 停工时间 w_s。

据题意知 $m=5$(台)，$\lambda=1$(台/h)，$\mu=4$(台/h)，$c=2$(台)，$\dfrac{c\rho}{m}=\dfrac{1}{4}$，

$$P_0=\frac{1}{5!}\left[\frac{1}{5!}\left(\frac{1}{4}\right)^0+\frac{1}{4!}\left(\frac{1}{4}\right)^1+\frac{1}{2!\ 3!}\left(\frac{1}{4}\right)^2+\frac{2^2}{2!\ 2!}\left(\frac{1}{8}\right)^3+\left(\frac{1}{8}\right)^4+\left(\frac{1}{8}\right)^5\right]^{-1}=0.3149。$$

$P_1=0.394$，$P_2=0.197$，$P_3=0.074$，$P_4=0.018$，$P_5=0.002$。

(1) $L_q=P_3+2P_4+3P_5=0.118$(台)。

(2)$L_s=\sum_{i=1}^{m} i\,P_i=L_q+c-2P_0-P_1=1.094$(台)。

(3)$\lambda_e=\lambda(m-L_s)=1\times(5-1.094)=3.906$(台/h)。

(4)$w_q=\dfrac{0.118}{3.906}=0.03$(h)。

(5)$w_s=\dfrac{1.094}{3.906}=0.28$(h)。

9.6 排队系统优化

从经济角度考虑,排队系统的费用应该包含以下两个方面:一是服务费用,它是服务水平的递增函数;二是顾客等待的机会损失(费用),它是服务水平的递减函数。两者的总和呈一条U形曲线。系统最优化的目标就是寻求上述合成费用曲线的最小点。在这种意义下,排队系统的最优化问题通常分为两类:一类称为系统的静态最优设计,目的在于使设备达到最大效益,或者说,在保证一定服务质量指标的前提下,要求机构最为经济;另一类称为系统动态最优运营,是指一个给定排队系统,如何运营可使某个目标函数得到最优。本节仅就μ,c这两个决策变量的分别单独优化,介绍两个较简单的模型,以便读者了解排队系统优化设计的基本思想。

9.6.1 *M/M/*1 模型的最优服务率μ^*

1. 标准 *M/M/*1 模型最优服务率

假设目标函数为单位时间内服务机构费用和顾客逗留费用之和z最小。假设服务机构单位时间费用与服务率μ成正比,c_s为$\mu=1$时服务机构单位时间的费用,c_w为每个顾客停留单位时间的费用。则目标函数为:

$$z=c_s\mu+c_wL_s$$

对于 *M/M/*1 模型,将$L_s=\dfrac{\lambda}{\mu-\lambda}$代入,得:

$$z=c_s\mu+c_w\frac{\lambda}{\mu-\lambda}$$

求极小值,令$\dfrac{\mathrm{d}z}{\mathrm{d}\mu}=0$,得$\mu^*=\lambda+\sqrt{\dfrac{c_w}{c_s}\lambda}$。

例 9.7 设货船按泊松流到达港口,平均每小时到达2艘,设装卸货时间服从服务率为μ的负指数分布,又知船在港口停一天的费用为1千元,单位时间装卸费用与服务率成正比,每天装卸完一条船的费用为2千元,求使总费用最小的平均服务率μ^*(每天按24h计)。

据题意知$\lambda=48$(艘/天),$c_s=2$(千元),$c_w=1$(千元),$\mu^*=\lambda+\sqrt{\dfrac{c_w}{c_s}\lambda}=48+\sqrt{\dfrac{1}{2}\times48}=$ 53(艘/天)。

2. 系统中顾客最大限制数为N情形

假设P_N为被拒绝的概率;$1-P_N$为能接受服务的概率;$\lambda_e=\lambda(1-P_N)$为有效到达率。在稳定状态下，λ_e 也等于单位时间内实际服务完成的平均顾客数。

假设每服务完1人能收入 G 元，则纯利润为：

$$z=\lambda(1-P_N)G-c_s\mu$$

由于：

$$P_N=\frac{1-\rho}{1-\rho^{N+1}}\rho^N$$

则：

$$z=\lambda G\frac{1-\rho^N}{1-\rho^{N+1}}-c_s\mu=\lambda\mu G\frac{\mu^N-\lambda^N}{\mu^{N+1}-\lambda^{N+1}}-c_s\mu$$

令$\frac{\mathrm{d}z}{\mathrm{d}\mu}=0$，得：

$\rho^{N+1}\frac{N-(N+1)\rho+\rho^{N+1}}{(1-\rho^{N+1})^2}=\frac{c_s}{G}$。

解这一方程可求得最优服务率μ^*。

3*. 顾客源为有限的情形

以机器修理为例。假设服务率 $\mu=1$ 时修理费为c_s，单位时间内每台机器运转可得收入 G 元。平均运转台数为 $m-L_s$，所以单位时间内纯利润为：

$$z=(m-L_s)G-c_s\mu=\frac{mG}{\rho}\frac{E_{m-1}\left(\frac{m}{\rho}\right)}{E_m\left(\frac{m}{\rho}\right)}-c_s\mu$$

其中，$E_m(x)=\sum_{k=0}^{m}\frac{x^k}{k!}\mathrm{e}^{-x}$；$\rho=\frac{m\lambda}{\mu}$；$\frac{\mathrm{d}\,E_m(x)}{\mathrm{d}x}=E_{m-1}(x)-E(x)$。

令$\frac{\mathrm{d}Z}{\mathrm{d}\mu}=0$，得：

$$\frac{E_{m-1}\left(\frac{m}{\rho}\right)E_m\left(\frac{m}{\rho}\right)+\frac{m}{\rho}\left[E_m\left(\frac{m}{\rho}\right)E_{m-2}\left(\frac{m}{\rho}\right)-E_{m-1}^2\left(\frac{m}{\rho}\right)\right]}{E_m^2\left(\frac{m}{\rho}\right)}=\frac{c_s\lambda}{G}$$

解上式可求得μ^*。

9.6.2 *M/M/c* 模型中最优的服务台数

M/M/c 模型在稳定状态下，单位时间内系统总费用为服务台成本和顾客等待成本之和，即：

$$z(c)=c'_s c+c_w L_s(c)$$

其中，c'_s为每个服务台单位时间的成本；c_w为每个顾客在系统停留单位时间的费用；c 为待求服务台个数；$L_s(c)$是平均队长（显然 L_s 与 c 相关）。求使 $z(c)$ 最小的 c。

因为 c 只能取整数，故不能用微分法，下面采用边际分析法。

设 $z(c^*)$ 为最小值，则满足 $z(c^*)\leqslant z(c^*-1)$，$z(c^*)\leqslant z(c^*+1)$，即：

$$c'_s c^*+c_w L_s(c^*)\leqslant c'_s(c^*-1)+c_w L_s(c^*-1)$$

$$c'_s c^* + c_w L_s(c^*) \leqslant c'_s(c^*+1) + c_w L_s(c^*+1)$$

可得：

$$L_s(c^*) - L_s(c^*+1) \leqslant \frac{c'_s}{c_w} \leqslant L_s(c^*-1) - L_s(c^*)$$

依次求 $c=1,2,3,\cdots$时 $L_s(c)$的值，满足以上关系的 c 值即为最小值 $z(c^*)$对应的 c^*，即使 $z(c)$最小的 c。

例 9.8 某检验中心为各工厂服务，要求作检验的工厂（顾客）的到来服从泊松流，平均到达率 λ 为每天 48 次，每次检验由于停工等原因损失 6 元。服务（作检验）时间服从负指数分布，平均服务率 μ 为每天 25 次，当设置 1 个检验员服务成本（工资及设备损耗）为每天 4 元。其他条件适合标准的 $M/M/c$ 模型，应设几个检验员（及设备）才能使总费用的期望值最小？

据题意知：$c'_s=4$（元），$c_w=6$（元），$\lambda=48$，$\mu=25$，$\frac{\lambda}{\mu}=1.92$，$\rho=\frac{1.92}{c}$，$\frac{c'_s}{c_w}=0.67$。

$P_0=\left[\sum_{k=0}^{c-1}\frac{1}{k!}\left(\frac{\lambda}{\mu}\right)^k+\frac{1}{c!}\cdot\frac{1}{1-\rho}\left(\frac{\lambda}{\mu}\right)^c\right]^{-1}$。

$L_s(c)=L_q+\rho=\frac{(c\rho)^c\rho}{c!\ (1-\rho)^2}P_0+\rho$。

求 $c=1,2,3,4,5$ 时的 $L_s(c)$和 $z(c)$，得表 9-3。

例 9.8 数 据 表 9-3

检验员数 c	$L_s(c)$	$[(L(c)-L(c+1)),(L(c-1)-L(c)]$	每天总费用 $z(c)$
1	∞		
2	21.61	[18.93,∞]	154.94
3	2.68	[0.612,18.93]	27.87
4	2.068	[0.116,0.612]	28.38
5	1.952		31.71

由表可知 $c^*=3$，最小总费用 $z(3)=27.87$ 元。

9.7 随机模拟*

在实际生活中，有很多问题，特别是随机性问题，很难用数学模型来表达，或者有些问题虽能用数学模型来表达，但由于模型中的随机因素太多，用解析的方法来求解非常困难，这时就需要借助随机模拟的方法。随机模拟简称模拟，又译作“仿真”，是一种应用随机数来进行模拟试验的方法。基本思想是建立一个试验模型，这个模型与所要研究的系统十分相似。因此，可以通过对这个试验模型的运行，获得所要研究的系统的必要信息。也称为蒙特卡罗模拟。这种方法名称来源于世界著名的赌城——摩纳哥的蒙特卡罗。

需要指出的是，运用随机模拟方法虽然可以用来解决难以建立数学模型或难以求解数学模型的问题,但运用模拟方法所求得的解一般来说并不是最优解,而只是近似最优解。

9.7.1 随机数的产生

本文不介绍随机数的产生原理,仅借助 Matlab 随机数函数来产生指定分布的随机数。先通过一个例题介绍随机数产生的基本思想。

例 9.9 某港区 2011 年载货 500t 以上的船舶日到达率见表 9-4。

例 9.9 数据 表 9-4

到达数x_i	0	1	2	3
概率$P_i=P(x=x_i)$	0.1	0.3	0.4	0.2
累积概率$F_i=\sum_{k\le i}P_k$	0.1	0.4	0.8	1

试用随机数模拟某 15 天船舶到达情况。

根据概率分布,我们可以做 10 张卡片,1 张上面写上 0,3 张上面写上 1,4 张上面写上 2,2 张上面写上 3。然后对卡片进行抽样 15 次,以每次抽到的卡片上的数据作为该次到达数,则 15 次的抽样结果即可作为 15 天船舶到达情况的一种模拟。

在计算机模拟中,可以借助均匀分布随机数来模拟上述操作。很多软件都能产生指定分布的随机数。比如 Matlab 软件产生区间[0,1]上的均匀分布随机数的函数为 rand。先建立一个累积概率表(表 9-4 第三行),然后产生[0,1]上的随机数 r,如果产生的随机数满足$F_{i-1}<r\leq F_i$,则认定为当日的到达数为x_i。

表 9-5 为用 rand 函数生成的 15 个随机数及其对应的到达数[随机数生成前预先运行 rand('seed',1000)设置种子,则可产生与表中数据相同的随机数序列,方便验证]。

随机数和到达数 表 9-5

序号	随机数	到达数	序号	随机数	到达数
1	0.9089	3	9	0.2529	1
2	0.4838	2	10	0.6284	2
3	0.3954	1	11	0.1504	1
4	0.0457	0	12	0.3598	1
5	0.6710	2	13	0.9228	3
6	0.2352	1	14	0.8355	3
7	0.9682	3	15	0.7143	2
8	0.0847	0			

由表 9-5 可知,船舶到达情况模拟结果为:到达数为 0 的 2 天,到达数为 1 的 5 天,到达数为 2 的 4 天,到达数为 3 的 4 天。

Matlab 随机数函数及其调用代码主要有以下几种。

rand:返回一个区间[0,1]上的均匀分布随机数。rand(m,n)返回一个 $m\times n$ 矩阵,矩阵元素为区间[0,1]上的均匀分布随机数。

randint:返回一个 0 或 1 的随机数,且出现概率一样。randint(m,n,irange)返回一个 $m \times n$ 矩阵,其中 irange 必须为整数。如 irange 为正数,则矩阵元素为[0, irange - 1]之间的整数且出现概率一样。如 irange 为负数,则矩阵元素为[irange + 1,0]之间的整数且出现概率一样。

unifrnd(a,b):返回一个区间[a,b]上的均匀分布随机数。

exprnd(λ):返回一个期望值为 λ 的指数分布随机数。

poissrnd(λ):返回一个期望值为 λ 的泊松分布随机数。

binornd(n,p):返回一个二项分布 $B(n,p)$ 随机数。

randn:返回标准正态分布随机数。

normrnd(μ,σ²):返回一个正态分布 $N(\mu,\sigma^2)$ 随机数。

randsrc:返回一个 1 或 -1 的随机数,且出现概率一样。randsrc(m,n,[a b;0.8 0.2])返回一个 $m \times n$ 矩阵,a 和 b 出现的概率分别为 0.8,0.2(这里 a 和 b 不必是整数)。randsrc(m, n,[imin:imax]),返回一个 $m \times n$ 矩阵,矩阵元素为 imin 再加上 imin ~ imax 之间的均匀随机整数。如果 imin 为整数,则元素为均匀随机整数。

9.7.2 排队系统随机模拟

当排队系统的相继到达时间间隔和服务时间的概率分布很复杂,或不能用公式给出时,就不能用解析式求解,这时用随机模拟法求解。

例 9.10 某加油站设有两个加油机,汽车加油时间服从负指数分布,平均加油时间为 1.5min,加油站另外只有 4 个停车位可以停放(单队列),如汽车到达无停车位则离去,已知前来加油的汽车在当日 18:00 到次日 17:00 为平均每分钟到达 1 辆的泊松流,17:00—18:00 为高峰期,为平均每分钟到达为 2 辆的泊松流。试分析高峰期加油站排队系统平均性能。

每一个时段的排队都可以视为一个 $M/M/2/6$ 排队系统。由于本题中车辆分时到达率呈周期性变化,按稳态概率公式计算出来的是平均性能指标,因此采用仿真计算其高峰期性能指标。为了简化,本文只模拟 17:00—18:00 时段,可以计算出,到达率为 1 时稳态条件下的平均顾客数 $L_s = 2.246$,故 17:00 时系统内的顾客数 = 2,当然这个数据也可根据各个状态概率用随机数生成。

先用负指数分布随机数生成函数生成一个小时内前来加油的车辆相继到达情况,一共到达 114 辆。然后再生成 116 个(114 加上 0 时刻的 2 辆)加油时间随机数,数据见表 9-6。

表 9-6 中数据含义:①i 为顾客编号(* 为 17:00 前遗留顾客);②τ_i 到达时刻(17:00 为 0 时刻);③s_i 服务时间;④w_i 等待时间;⑤g_i 离去时间;⑥n_i 为第 i 个顾客进入(或损失)系统前系统内顾客数;⑦l_i 为顾客接受服务的加油机序号,$l_i = 0,1,2$ 分别表示不加油离去、Ⅰ号位、Ⅱ号位加油。表 9-6 中前 3 列为基础数据,其他列为计算所得。

由表 9-6 可知(不计初始状态已进入的顾客),一共 41 辆车因排队已满没有进入加油站,占 35.9%,可见高峰期损失了较多的顾客。高峰期平均等待时间为 2.2min。时段[2.13, 2.42]内只有一台加油机在工作,其他时刻都是两台机器工作,因此服务机构处于高强度工作状态。根据系统中各状态的持续时长可以估算出各状态的概率分布,平均到达率、平均逗留时间等都可以根据上表近似估算,因此可以通过数值模拟的方法对系统性能有一个大致的了解。

例 9.10 数 据　　　　表 9-6

i	τ_i	s_i	w_i	g_i	n_i	l_i	i	τ_i	s_i	w_i	d_i	n_i	l_i
*	0	0.14	0	0.14	0	1	57	33.6	0	0	33.6	6	0
*	0	1.09	0	1.09	1	2	58	34.06	0	0	34.06	6	0
1	0.05	1.39	0.1	1.54	2	1	59	35.01	4.24	2.12	41.37	4	1
2	0.41	4.63	0.68	5.72	2	2	60	35.14	1.27	2.43	38.84	5	2
3	0.87	0.6	0.66	2.13	3	1	61	36.55	3.07	2.29	41.91	5	2
4	2.42	2.17	0	4.59	1	1	62	36.98	0.28	4.39	41.64	5	1
5	2.62	0.05	1.97	4.64	2	1	63	38	1.19	3.65	42.83	4	1
6	3.34	3.7	1.3	8.34	3	1	64	38.09	5.42	3.82	47.32	5	2
7	3.36	2.06	2.36	7.78	4	2	65	38.49	0	0	38.49	6	0
8	4.59	0.7	3.19	8.48	4	2	66	40.29	0	2.54	42.83	5	1
9	5.28	2.84	3.06	11.18	4	1	67	40.72	0	0	40.72	6	0
10	5.51	1.53	2.97	10.01	5	2	68	40.72	0	0	40.72	6	0
11	6.46	0.12	3.55	10.13	5	2	69	40.78	0	0	40.78	6	0
12	6.97	0	0	6.97	6	0	70	41.25	0	0	41.25	6	0
13	7.01	0	0	7.01	6	0	71	42.15	0.22	0.68	43.05	3	1
14	7.1	0	0	7.1	6	0	72	42.25	0.2	0.8	43.25	4	1
15	7.27	0	0	7.27	6	0	73	42.33	2.47	0.92	45.72	5	1
16	7.34	0	0	7.34	6	0	74	42.39	0	0	42.39	6	0
17	9.01	3.65	1.11	13.78	3	2	75	43.22	2.06	2.5	47.77	3	1
18	9.57	0.2	1.62	11.38	4	1	76	43.48	0.07	3.84	47.39	3	2
19	10.78	0.29	0.59	11.67	3	1	77	44.17	0.56	3.22	47.95	4	2
20	10.85	1.11	0.82	12.78	4	1	78	44.19	2.61	3.58	50.38	5	1
21	10.95	1.98	1.84	14.77	5	1	79	44.38	0	0	44.38	6	0
22	11.32	3.2	2.46	16.98	5	2	80	45.25	0	0	45.25	6	0
23	11.98	1.63	2.79	16.4	4	1	81	45.51	0	0	45.51	6	0
24	13.04	1.5	3.36	17.9	4	1	82	46.19	0.72	1.76	48.67	5	2
25	13.59	3.78	3.39	20.75	5	2	83	46.39	0	0	46.39	6	0
26	14.09	3.27	3.81	21.17	5	1	84	46.63	0	0	46.63	6	0
27	15.35	0.24	5.41	21	5	2	85	48.45	0.39	0.23	49.07	2	2
28	16.44	0.34	4.56	21.33	5	2	86	48.86	0.47	0.21	49.54	2	2
29	16.52	0	0	16.52	6	0	87	48.99	0.88	0.55	50.41	3	2
30	16.63	0	0	16.63	6	0	88	49.15	0.78	1.23	51.16	3	1
31	16.66	0	0	16.66	6	0	89	49.44	0.89	0.97	51.3	4	2
32	16.82	0	0	16.82	6	0	90	49.7	0.97	1.46	52.13	4	1
33	17.28	1.42	3.88	22.59	5	1	91	50	1.83	1.31	53.13	5	2
34	17.78	0	0	17.78	6	0	92	50.32	0	0	50.32	6	0
35	18.25	2.53	3.08	23.86	5	2	93	50.93	0.44	1.2	52.57	4	1
36	18.96	0	0	18.96	6	0	94	51.46	0.97	1.12	53.54	3	1
37	19.8	0	0	19.8	6	0	95	51.6	1.46	1.53	54.59	4	2
38	20.05	0	0	20.05	6	0	96	51.93	1.98	1.62	55.52	5	1
39	21.21	1.35	1.38	23.94	3	1	97	52.41	0.42	2.18	55.01	5	2
40	22.25	0.88	1.61	24.74	3	2	98	53.07	0.96	1.94	55.98	5	2
41	22.7	5.52	1.23	29.46	3	1	99	53.22	1.61	2.31	57.13	5	1
42	22.99	9.75	1.75	34.49	4	2	100	53.54	0	0	53.54	6	0
43	24.83	1.73	4.62	31.19	2	1	101	54.07	0.03	1.91	56.01	5	2
44	28.08	5.54	3.11	36.73	3	1	102	54.28	0	0	54.28	6	0
45	28.66	0.18	5.83	34.67	4	2	103	54.29	0	0	54.29	6	0
46	30.51	1.46	4.16	36.13	4	2	104	54.74	0.57	1.27	56.58	5	2
47	30.57	1.44	5.56	37.57	5	2	105	55.18	0.48	1.4	57.06	5	2
48	31.05	0	0	31.05	6	0	106	55.37	0	0	55.37	6	0
49	31.53	0.41	5.19	37.13	5	1	107	55.53	0.36	1.54	57.42	5	2
50	31.6	0	0	31.6	6	0	108	55.61	0	0	55.61	6	0
51	31.73	0	0	31.73	6	0	109	55.73	0	0	55.73	6	0
52	31.76	0	0	31.76	6	0	110	56.98	2.66	0.15	59.79	3	1
53	32.38	0	0	32.38	6	0	111	57.12	3.81	0.3	61.23	3	2
54	32.57	0	0	32.57	6	0	112	58	0.82	1.78	60.61	2	1
55	32.76	0	0	32.76	6	0	113	59.27	2.77	1.33	63.38	3	1
56	32.82	0	0	32.82	6	0	114	59.55	4.63	1.69	65.86	4	2

习题

9.1 已知某机器的连续运转时间服从负指数分布，平均连续运转时间为2天。现该机器已连续运转1天，问该机器还可以平均连续运转多少时间？

9.2 某铁路与公路相交的平面交叉口，当火车通过交叉口时，横木护栏挡住汽车同行，每次火车通过时，平均封锁公路3min，假定驶向交叉口的汽车为Poisson流，平均每分钟有4辆到达。求火车通过交叉口时，汽车排队长度超过12辆的概率（只写计算式，不需计算）。

9.3 某汽车加油站有一台油泵。来加油的汽车按泊松分布到达，到达率为平均每小时20辆，每辆汽车平均加油时间为3min，加油站由于场地限制最多可以停放4辆车（包括正在加油的汽车），当加油站已有n辆车时，新来的汽车不愿意等待而离去，离去概率为$n/4$，($n=1,2,3,4$)，油泵给一辆汽车加油所需时间为均值为3min的负指数分布。

(1)画出排队系统的状态转移图。

(2)导出状态转移方程式。

(3)求出加油站中汽车数的稳态概率分布。

(4)求在加油站加油的汽车平均逗留时间。

9.4 某收费公路入口处设有一收费亭，汽车按平均90辆/h的泊松流到达高速公路上的一个收费关卡，通过关卡时间服从负指数分布，平均时间为38s.试求：

(1)收费亭空闲的概率。

(2)收费亭前没有车辆排队的概率。

(3)收费亭前等待的汽车数超过(>)5辆的概率。

(4)平均排队长度。

(5)车辆逗留时间超过1min的概率（写表达式，不计算）。

(6)由于驾驶员反映等待时间太长，主管部门打算采用新装置，使汽车通过关卡的平均时间减少到平均30s。但增加新装置只有在原系统中等待的汽车平均数超过5辆和新系统中关卡的空闲时间不超过10%时才是合算的。根据这一要求，分析采用新装置是否合算？

9.5 某购物中心设有一个100个停车位的停车场，设轿车的到达为泊松流，顾客的购物时间服从负指数分布，当轿车到达停车场时，若停车场已满，则轿车不再等待而离去。

(1)用肯德尔扩展模型描述此排队问题。

(2)请解释本问题中系统状态概率P_i、平均队长L_s、平均排队长L_q、平均逗留时间W_s、W_q的实际意义并指出是否可以近似为0。

(3)如果购物中心经理希望知道是否需要扩大停车场容量，你认为对此应该如何分析？

9.6 某汽车修理服务站，前来修理的车辆随机到达，到达率为4辆/h，每辆汽车修理时间服从参数为0.5h的负指数分布。该修理站有5个修理服务台，试求前来修理的车辆不需等待的概率。

9.7 某港口外运公司的货场，装货汽车随机到达平均时间间隔为7.5min，服从负指数分布。装车设备为叉车，一台叉车装一辆货车的平均时间为12min，服从负指数分布，两台叉车同时装一辆货车时间为6min。

(1)“两台叉车同时装一辆货车模式”和“两台叉车各装一辆货车模式”分别属于哪种类

型的排队模型(用肯德尔三符号描述法表示)?

(2)分别计算(1)的两种模式的平均排队长L_q和平均等待时间w_q。

(3)某人根据(2)计算的L_q和w_q来比较两种作业方式,认为第二种作业方式更好,你认为对不对?为什么?

9.8 建造一口码头,要求设计装卸船只的泊位数。已知:预计到达λ等于3只/天,泊松流;装卸μ等于2只/天,负指数分布。装卸费每泊位每天$a=2$千元,停留损失费$b=1.5$千元/日。建立并求解目标函数,使总费用最少。

第 10 章
存储论

库存管理是企业现代化科学管理的一个重要内容,一个工厂、一个商店没有必要的库存就不能保证正常的生产活动和销售活动,库存不足就会造成工厂停工待料,商店缺货现象,以及经济损失,但是库存量太大就会积压流动资金,增加存储费用,使企业利润大幅下降,因此,必须对库存物资进行科学管理。专门研究这类有关存储问题的科学,构成运筹学的一个分支,叫作存储论(Inventory Theory),也称库存论。

早在 1915 年,哈李斯(F. Harris)针对银行货币的储备问题进行了详细的研究,建立了一个确定性的存储费用模型,求得了最佳批量公式。1934 年,威尔逊(R. H. Wilson)重新得出了这个公式,后来人们称这个公式为经济订购批量公式(E. O. Q 公式)。这是属于存储论的早期工作。存储论真正作为一门理论发展起来还是在 20 世纪 50 年代的事情。1958 年威汀(T. M. Whitin)出版了《存储管理的理论》一书,随后阿罗(K. J. Arrow) 等出版了《存储和生产的数学理论研究》,毛恩(P. A. Moran)在 1959 年出版了《存储理论》。此后,存储论成了运筹学中的一个独立的分支,有关学者相继对随机或非平稳需求的存储模型进行了广泛深入的研究。

10.1 存储论基本概念

所谓存储就是将一些物资,如原材料、外购零件、部件、产品等存储起来以备将来的使用和消费。在生产和生活中，人们经常进行各种各样的存储活动，商店存储商品，防止因缺货失去销售机会而造成损失，工厂存储材料是防止因为缺货停工待料造成生产损失。如果存储量过多，则会造成资金积压，同时需支付一笔存储保管费用。存储是缓解供应与需求之间出现供不应求或供过于求等不协调现象的必要和有效的方法和措施。但是要存储就需要资金和维护，存储的费用在企业经营的成本中占据非常大的部分，它是企业流动资金中的主要部分，因此如何最合理、最经济地解决好存储问题是企业经营管理中的大问题。

一个存储系统一般可以归结为图 10-1 所示的模式。“补充”是存储系统的输入，补充货物可以通过外部订货、采购等活动来进行，也可以通过内部的生产活动来进行；“需求”是存储系统的输出，指由于生产或销售的需求，从存储系统中取出一定数量的库存货物。因此，存储系统可以看作一个以存储为中心，补充与需求分别为输入输出的控制系统。

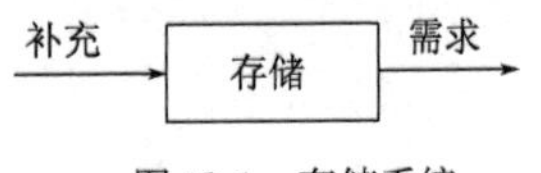

图 10-1　存储系统

1. 需求

一个存储系统的需求可以是确定的，也可能是随机的。企业在确定的生产计划下对某些原材料的需求是确定的，商店销售活动中，商品的需求量常常带有很大的随机性。

存储量因满足需求而减少。有的需求是连续均匀的，需求速度可用 R 表示，在输出期间存储量随时间连续均匀地减小；有的需求是间断式的，需求量可用 W 表示，此时存储量的减小也是间断式的。

2. 补充

补充就是存储系统的输入。补充可以通过向供货厂商订购或者自己组织生产来实现。从订货到货物进入存储往往需要一段时间，称为备货时间。从另一个角度看，为了在某一时刻使存储能补充到位，必须提前订货，因此备货时间也可称为提前时间。备货时间可能是确定的，也可能是随机的。

订购的货物一般可视为批量到达，除备货时间外，补充本身不需要时间。自己组织生产时，从生产计划启动到正式开始生产可视为备货时间或提前时间。自己组织生产时，一般可视为货物均匀产出（补充速度均匀），补充时间与补充量成正比。

3. 费用

存储系统主要包括以下费用。

（1）存储费，包括货物占用资金应付的利息以及使用仓库、保管货物、货物损坏变质等支出的费用，设定单位时间单位货物的存储费记为C_1。

（2）订货费，包括两项费用，一项是订购费用C_3（固定费用或一次性费用），如手续费、电信往来、派人员外出采购等费用。订购费与订货次数有关，而与订货数量无关。另一项是可变费用，它与订货数量及货物本身的价格、运费等有关。如货物单价为 K、订购费用为C_3、订货数量为 Q，则订货费用为C_3+KQ。

（3）生产费，即补充存储时，如果不需向外厂订货，由本厂自行生产，这时仍需要支出的费用。该费用包括两项，一项是准备、结束费用，如更换模、夹具需要工时，或添置某些专用设备等属于这项费用，一般是一次性的费用，也称固定费用，可用C_3表示。另一项是与生产产品的数量有关的费用如材料费、加工费等，也称可变费用。记生产单位产品所需可变费用为 K 元，则总的生产费用可记为C_3+KQ。

(4)缺货费,即当存储供不应求时所引起的损失对应的费用。如失去销售机会的损失、停工待料的损失以及不能履行合同而缴纳罚款等,记单位货物单位时间缺货损失费为C_2。在不允许缺货的情况下,在费用上处理的方式是缺货费为无穷大。

4. 存储策略

存储论就是要解决如何决策存储系统的输入,即决策什么时刻(时间间隔)下对存储进行补充,以及补充数量的多少。即所谓"存储策略"问题。存储策略的目标是防止超储和缺货,在现有资源约束下,以最合理的成本为用户提供期望水平的服务。

在实际应用中,还有以下几种常见的存储策略。

(1)定期订货,就是每隔一个固定时间订一次货,订货量一般取最大库存量 - 当前库存量。

(2)定点订货,指存储量降低到某一固定数据时(不考虑时间间隔)即订货,这一数据称为订货点。每次的订货量不变。

(3)(s,S)存储(定期与定点结合,又称二库法),指每隔一定时间检查一次库存,如库存量小于s,则订货补充到S;如库存量大于s,则不必订货补充。对于不易清点数量的存储,通常将存储分两堆存放,一堆的数量为s,其余的放另一堆。平时从另放的一堆中取用,当动用了数量为s的那一堆时即订货,如未动用数量为s的那一堆则不订货。故又称为二堆法或二库法。

由于具体条件有差别,制定存储策略时又不能忽视这些差别,因而模型也有多种类型。本章将按确定性存储模型及随机性存储模型两大类,分别介绍一些常用的存储模型。一个存储系统里有许多参数,如果这些参数都是确定的,就称为确定性存储模型;如果这些参数是随机的,就称为随机性存储模型。通常我们所说的随机性存储模型是指需求和备货时间二者或二者之一是不确定的存储模型。

10.2 确定性存储模型

10.2.1 模型Ⅰ:不允许缺货订购批量模型

模型Ⅰ(经济订购批量模型)模型假设:需求连续均匀,需求速度为R;不允许发生缺货,一旦存储量下降到零,则通过订货立即得到补充。补充时间极短,即货物瞬时到达。单位存储费C_1不变,每次订货量不变,每次订购费C_3不变。

模型Ⅰ中,由于货物可以瞬间得到补充,故选在存货量为0时按最优订购量Q补充,而且下一次补充是在存货量再次为0时,记订购周期为t。由于需求速度为R,故$Q=Rt$,$t=\frac{Q}{R}$。可见,由于需求速度不变,则订购周期、订购量都不变。分析该存储模型的费用,只需分析一个周期内的费用即可。取$[0,t]$为一个周期,画出该模型存储量随时间的变化曲线,如图10-2所示。

根据图10-2分析一个周期t内的费用情况。由于该问题不允许缺货,费用只包括订购费和存储费，一个周期内的平均存储量为$\frac{1}{2}Rt$，存储费为$\frac{1}{2}C_1Rt^2$。

订购费：$C_3+KQ=C_3+KRt$。

t时间内总费用：$\frac{1}{2}C_1Rt^2+C_3+KRt$。

（单位时间）平均总费用$C(t)=\frac{C_3}{t}+\frac{1}{2}C_1Rt+KR$。

通过求驻点求$\min C(t)$，令$C'(t)=-\frac{C_3}{t^2}+\frac{1}{2}C_1R=0$，得：

$$t=t^*=\sqrt{\frac{2C_3}{C_1R}} \tag{10-1}$$

且此时，$C''(t^*)>0$，故t^*为极小值点，即为最佳订货周期。对应地：

$$Q^*=Rt^*=\sqrt{\frac{2C_3R}{C_1}} \tag{10-2}$$

Q^*为最佳订货批量，此式常称为经济订购批量（Economic Ordering Quantity）公式，简称为E. O. Q公式，也称平方根公式或称经济批量（Economic Lot Size）公式。它是由美国经济学家Harris于1915年给出的。由于Q^*、t^*皆与K无关，所以此后在费用函数中略去这项费用。

$$\min C(t)=C(t^*)=\sqrt{2C_1C_3R} \tag{10-3}$$

从单位时间平均费用曲线分析最佳订货周期，如图10-3所示。

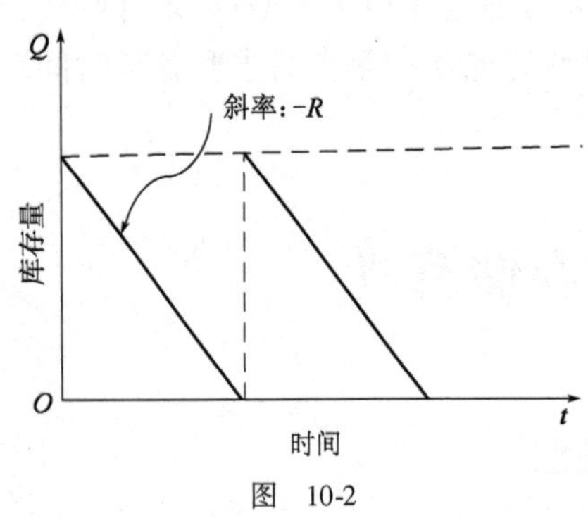

图 10-2

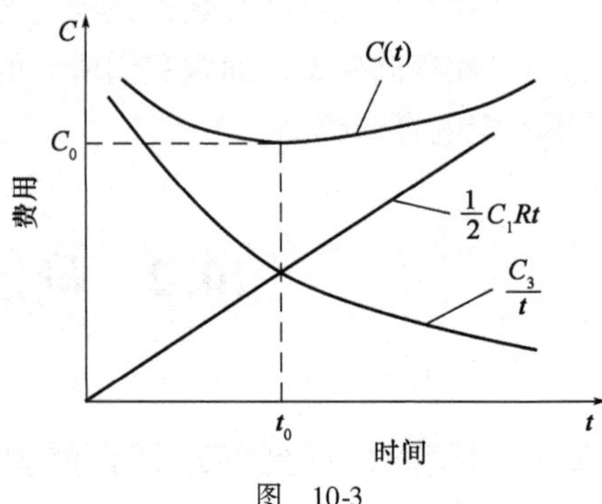

图 10-3

单位时间平均存储费用曲线：$\frac{1}{2}C_1Rt$。

单位时间平均订购费用曲线：$\frac{C_3}{t}$。

单位时间平均总费用曲线：$C(t)=\frac{C_3}{t}+\frac{1}{2}C_1Rt$。

$C(t)$曲线的最低点$\min C(t)$的横坐标t^*与存储费用曲线、订购费用曲线交点横坐标相同，即$\frac{1}{2}C_1Rt^*=\frac{C_3}{t^*}$，可求得$t^*=\sqrt{\frac{2C_3}{C_1R}}$。

例10.1 设某轧钢厂每月计划需产角钢3000t，每吨每月需存储费5.3元，每次生产需调整机器设备等，共需装配费 2500 元。利用 E. O. Q. 公式求出经济批量与生产相隔的周期，并与每月恰好安排一次生产的总费用进行比较。

（1）若每月恰好安排一次生产，生产批量为 3000t，则每月需总费用：

$5.3\times\frac{1}{2}\times3000+2500=10450$（元/月）。

则全年总费用为 $10450\times12=125400$（元/年）。

（2）现改用按 E. O. Q. 公式进行计算每次生产批量 Q^*。

$Q^*=\sqrt{\frac{2C_3R}{C_1}}=\sqrt{2\times2500\times3000/5.3}\approx1682$（t）。

最优月平均费用 $C(t^*)=\sqrt{2C_1C_3R}=\sqrt{2\times5.3\times2500\times3000}=8916$（元/月）。

相应的全年费用 $8916\times12=106995$（元/年）。

两者相比较，该厂在利用 E. O. Q. 公式求出经济批量进行生产即可每年节约资金 $125400-106995=18405$（元）。

10.2.2 模型Ⅱ：不允许缺货生产批量模型

模型Ⅱ（生产批量模型）与模型Ⅰ相似，仅是补充方式不同。模型Ⅰ是补充时间极短，模型Ⅱ是自行生产、连续均匀补充，即随着每批货物的生产，陆续供应需求，同时将多余的货物入库存储。由于并不需要提前期，因此这存货减至 0 时开始补充，当达到最大库存量时补充完毕，所以这里生产批量 Q 与最大库存量 S 不同。下一次补充是在存货量再次为 0 时刻，因此此两次存货为 0 的时段构成一个周期，由于生产速度、消耗速度确定，故补充周期不变，分析该存储模型的平均费用，只需分析一个周期即可。取 $[0,t]$ 为一个周期，画出该模型存储量随时间的变化曲线，如图 10-4 所示。

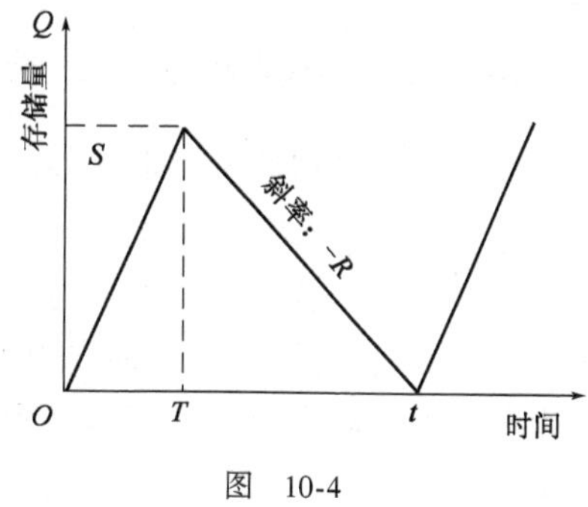

图 10-4

设生产速度为 P（常数），需求速度为 R（常数），周期长为 t，生产时长为 T，则生产批量 $Q=P\times T$，最大库存量为 $S=(P-R)\times T$，由一个周期内的总生产量等于总消耗量，即：$P\times T=R\times t$。

现根据图 10-4 分析一个周期 t 内的费用情况。

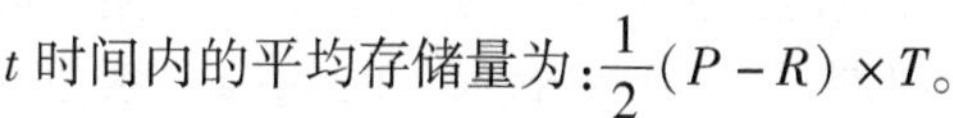

t 时间内的平均存储量为：$\frac{1}{2}(P-R)\times T$。

t 时间内所需存储费为：$\frac{1}{2}C_1(P-R)Tt$。

t 时间内所需装配费为：C_3。

t 时间内总费用为：$\frac{1}{2}C_1(P-R)Tt+C_3$。

（单位时间）平均总费用 $C(t)$：

$$C(t)=\frac{1}{t}\left[\frac{1}{2}C_1(P-R)Tt+C_3\right]=\frac{1}{t}\left[\frac{1}{2}C_1(P-R)\frac{Rt^2}{P}+C_3\right]$$

利用微积分方法可求 $\min C(t)$，可得：

$$t^* = \sqrt{\frac{2\,C_3P}{C_1R(P-R)}} \tag{10-4}$$

相应的生产批量：

$$Q^* = \sqrt{\frac{2\,C_3RP}{C_1(P-R)}} \tag{10-5}$$

$$\min C(t) = C(t^*) = \sqrt{\frac{2\,C_1C_3R(P-R)}{P}} \tag{10-6}$$

对比式(10-1)～式(10-3)和式(10-4)～式(10-6)，可发现它们只差一个因子$\sqrt{\frac{P-R}{P}}$，当$P\to\infty$时，两组公式就相同了。可见模型Ⅰ是模型Ⅱ的特例。

例 10.2 某厂每月需某产品1000件，每月生产率为5000件，每批装配费为500元，每月每件产品存储费为20元，求最低费用。

已知$C_1=20$[元/(月·件)]，$C_3=500$(元)，$P=5000$(件/月)，$R=1000$(件/月)，将各值代入式(10-5)、式(10-6)得：

$$Q^* = \sqrt{\frac{2\,C_3RP}{C_1(P-R)}} = \sqrt{\frac{2\times500\times1000\times5000}{20\times(5000-1000)}} = 250(\text{件})。$$

$$C(t^*) = \sqrt{\frac{2\,C_1C_3R(P-R)}{P}} = \sqrt{\frac{2\times20\times500\times1000\times(5000-1000)}{5000}} = 4000(\text{元})。$$

所以每月(不是每次)生产所需要的最低费用为4000元，对应每次生产批量为250件。

10.2.3 模型Ⅲ：允许缺货(缺货要补)订购批量模型

模型Ⅰ、模型Ⅱ是在不允许缺货的情况下推导出来的。而模型Ⅲ是允许缺货，并把缺货损失进行定量化研究。由于允许缺货，所以企业可以在库存降到零后，还可以再等一段时间再订货。这就意味着企业可以少付几次订货的固定费用，少支付一些存储费用。一般地说，当顾客遇到缺货时不受损失，或损失很小，而企业除支付少量的缺货费外也无其他损失，这时发生缺货现象可能对企业是有利的。我们称模型Ⅲ为允许缺货的经济订购批量模型。

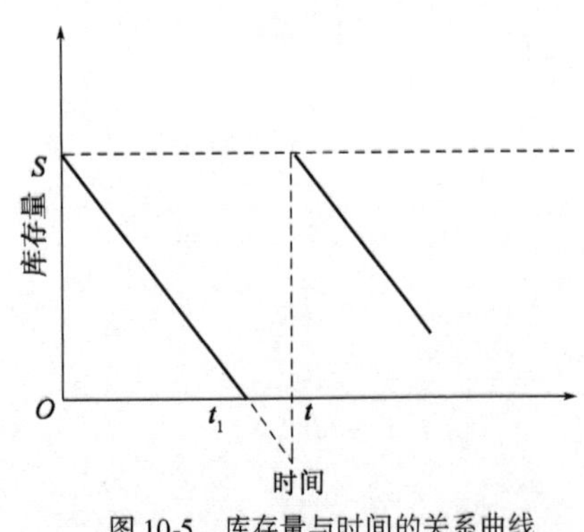

图10-5 库存量与时间的关系曲线

模型Ⅲ除允许缺货外，其余假设条件皆与模型一相同。同样只需分析一个周期内的平均费用。取[0，t]为一个周期，先画出存储量与时间的关系曲线，如图10-5所示。由图可以看出该模型Ⅲ与模型Ⅰ除了多了一段缺货期外，其他方面基本相同。

设单位时间单位存储费为C_1；每次订购费为C_3；单位物资缺货单位时间损失费为C_2；货物输出速度为R；最大库存为S；订货批量为Q；缺货量$S'=Q-S$；周期长为t，不缺货时段长t_1。

现根据图10-5分析一个周期t内的费用情况。

一个周期内的平均存储量为$\frac{1}{2}R\,t_1$，故存储费为：$\frac{1}{2}C_1R\,{t_1}^2$，订购费为C_3。

一个周期内的平均缺货量为$\frac{1}{2}R(t-t_1)$，故缺货损失费为：$\frac{1}{2}C_2R(t-t_1)^2$，t 时间内总费用为：$\frac{1}{2}C_1Rt_1^2+C_3+\frac{1}{2}C_2R(t-t_1)^2$。

（单位时间）平均费用为：$C(t,t_1)=\frac{1}{t}\left[\frac{1}{2}C_1Rt_1^2+C_3+\frac{1}{2}C_2R(t-t_1)^2\right]$。

式中有两个变量，令偏导数为0，解方程组可求得：

$$t^*=\sqrt{\frac{2C_3(C_1+C_2)}{C_1RC_2}} \tag{10-7}$$

$$t_1^*=\sqrt{\frac{2C_2C_3}{RC_1(C_1+C_2)}} \tag{10-8}$$

可求得：

$$Q^*=\sqrt{\frac{2C_3R(C_1+C_2)}{C_1C_2}} \tag{10-9}$$

$$S^*=\sqrt{\frac{2C_2C_3R}{C_1(C_1+C_2)}} \tag{10-10}$$

$$\min C(t,t_1)=C(t^*,t_1^*)=\sqrt{\frac{2C_1C_2C_3R}{C_1+C_2}} \tag{10-11}$$

最大缺货量为：

$$S'^*=Q^*-S^*=\sqrt{\frac{2C_1C_3R}{C_2(C_1+C_2)}} \tag{10-12}$$

对照模型Ⅲ与模型Ⅰ的系列公式可发现，如果不允许缺货情况的发生，即$C_2\to\infty$时，最大缺货量$S^{*'}=0$，式(10-7)、式(10-9)、式(10-11)与式(10-1)、式(10-2)、式(10-3)相同。这表明模型Ⅰ也是模型Ⅲ的特例。

例10.3 已知某每月需某工厂种原材料1600t，每吨原材料每月需存储费用为4元，每次订购费为80元，在允许缺货的情况下，每月每吨的缺货损失费为10元，求最佳订货批量及最大库存量。

已知$R=1600$t/月，$C_1=4$元/月，$C_2=10$元/月，$C_3=80$元/次，由式(10-9)及式(10-10)得：

$Q^*=\sqrt{\frac{2C_3R(C_1+C_2)}{C_1C_2}}\approx299$(t)。

$S^*=\sqrt{\frac{2C_2C_3R}{C_1(C_1+C_2)}}\approx214$(t)。

$S'^*=Q^*-S^*=85$(t)。

10.2.4 模型Ⅳ：允许缺货（缺货要补）生产批量模型

模型Ⅳ假设条件除允许缺货生产需一定时间外，其余条件皆与模型Ⅰ相同，其存储变化如图10-6所示，取$[0,t]$为一个周期，设t_1时刻开始生产。$[0,t_2]$时间内存储为零，B 表示最大缺货量。$[t_1,t_2]$时间内除满足需求外，补足$[0,t_1]$时间内的缺货。$[t_2,t_3]$时间内满足需求后的产品进入存储，存储量以 $P-R$ 速度增加。t_3时刻停止生产，存储量达到最大 S。$[t_3,t]$时间存

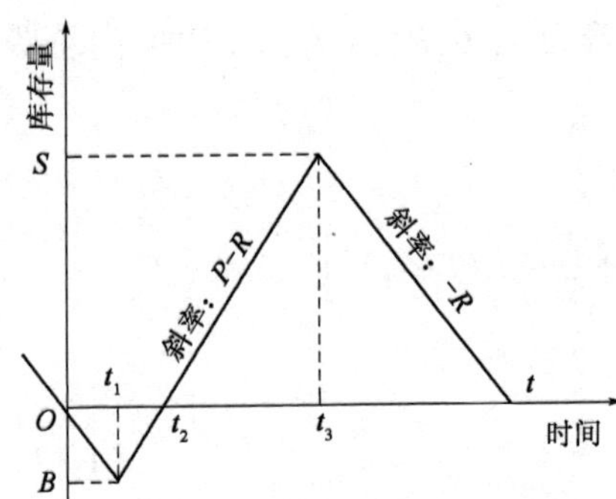

图 10-6 模型Ⅳ存储量变化曲线图

储量以需求速度 R 减少。图 10-6 中 4 个时间参数 t_1、t_2、t_3、t 不是独立变化的。考虑到计算缺货损失费和存储费都需要参数 t_2，计算平均费用需要参数 t，则以下用 t_2 和 t 表示 t_1 和 t_3。

由图 10-6 可知，最大缺货量 $B = Rt_1 = (P-R)(t_2-t_1)$，即：

$$t_1 = \frac{P-R}{P}t_2 \tag{10-13}$$

最大存储量 $S=(P-R)(t_3-t_2)=R(t-t_3)$，即：

$$t_3 - t_2 = \frac{R}{P}(t-t_2) \tag{10-14}$$

在$[0,t]$时间内所需费用如下。

存储费：$\frac{1}{2}C_1(P-R)(t_3-t_2)(t-t_2)$。

将式(10-14)代入上式消去t_3，得存储费：$\frac{1}{2}C_1(P-R)\frac{R}{P}(t-t_2)^2$。

缺货费：$\frac{1}{2}C_2Rt_1t_2$。

将式(10-13)代入上式消去t_1，得缺货费：$\frac{1}{2}C_2R\frac{P-R}{P}t_2^2$。

装配费：C_3。

单位时间费用：$C(t,t_2)=\frac{1}{t}\left[\frac{1}{2}C_1(P-R)\frac{R}{P}(t-t_2)^2+\frac{1}{2}C_2R\frac{P-R}{P}t_2^2+C_3\right]=\frac{1}{2}\frac{(P-R)R}{P}\left[C_1t-2C_1t_2+(C_1+C_2)\frac{t_2^2}{t}\right]+\frac{C_3}{t}$。

令$\frac{\partial C(t,t_2)}{\partial t}=0,\frac{\partial C(t,t_2)}{\partial t_2}=0$，可求得：

$$t_2=\frac{C_1}{C_1+C_2}t$$

$$t^*=\sqrt{\frac{2C_3}{C_1R}}\sqrt{\frac{C_1+C_2}{C_2}}\sqrt{\frac{P}{P-R}}$$

于是：

$$t_2^*=\frac{C_1}{C_1+C_2}\sqrt{\frac{2C_3}{C_1R}}\sqrt{\frac{C_1+C_2}{C_2}}\sqrt{\frac{P}{P-R}}$$

$$Q^*=Rt^*=\sqrt{\frac{2C_3R}{C_1}}\sqrt{\frac{C_1+C_2}{C_2}}\sqrt{\frac{P}{P-R}}$$

$$S^*=R(t^*-t_3^*)=R\frac{P-R}{P}\frac{C_2}{C_1+C_2}t^*=\sqrt{\frac{2C_3R}{C_1}}\sqrt{\frac{C_2}{C_1+C_2}}\sqrt{\frac{P-R}{P}}$$

$$B^*=Rt_1=R\frac{P-R}{P}t_2=\sqrt{\frac{2C_1C_3R}{(C_1+C_2)C_2}}\sqrt{\frac{P-R}{P}}$$

$$\min C(t,t_2)=C(t^*,t_2^*)=\sqrt{2C_1C_3R}\sqrt{\frac{C_2}{C_1+C_2}}\sqrt{\frac{P-R}{P}}$$

显然，模型Ⅰ、Ⅱ、Ⅲ是模型Ⅳ的特例。可以结合定性分析，通过记住模型Ⅰ的公式来记住模型Ⅱ、Ⅲ、Ⅳ的相关公式。

根据式(10-1)可知模型Ⅰ的最优订购周期为$t^{\mathrm{I}}=\sqrt{\frac{2C_3}{C_1R}}$，如果是生产补充(模型Ⅱ)，同时生产和输出的时候没有存储费用，所以模型Ⅱ最优周期t^{II}应延长，t^{II}等于t^{I}乘以一个大于1的系数，该系数与生产速度P(输出速度R)相关，并且也是一个平方根表达式，这个系数应为$\sqrt{\frac{P}{P-R}}$，即$t^{\mathrm{II}}=\sqrt{\frac{2C_3}{C_1R}}\sqrt{\frac{P}{P-R}}$；如果允许缺货(模型Ⅲ)，显然$t^{\mathrm{III}}\geqslant t^{\mathrm{I}}$，所以模型Ⅲ最优周期$t^{\mathrm{III}}$应延长，$t^{\mathrm{III}}$是$t^{\mathrm{I}}$乘以一个大于1的系数，该系数与$C_2$(与存储费率$C_1$的相对大小)相关，并且也是一个平方根表达式，这个系数应为$\sqrt{\frac{C_1+C_2}{C_2}}$，即$t^{\mathrm{III}}=\sqrt{\frac{2C_3}{C_1R}}\sqrt{\frac{C_1+C_2}{C_2}}$；综合起来，可得模型Ⅳ的最优周期：

$$t^{\mathrm{IV}}=\sqrt{\frac{2C_3}{C_1R}}\sqrt{\frac{C_1+C_2}{C_2}}\sqrt{\frac{P}{P-R}}$$

10.2.5 价格有折扣的存储问题

以上模型所讨论的货物单价是常量，得出的存储策略都与货物单价无关，以下介绍货物单价随订购(或生产)数量变化而变化的存储策略。在实际生活中的很多场合，物品的订购价格一般都随着订购批量的增大而下降。但订购批量的增大又要增加存储费用，如何在这之间寻找平衡点是需要解决的问题。

现设除去货物单价随订购数量而发生变化外，其余条件与模型Ⅰ的假设相同。

设货物的定购量与单位定价间满足如下关系式：

$$K(Q)=\begin{cases}K_1, Q\in[0,Q_1)\\ K_2, Q\in[Q_1,Q_2)\\ \quad\vdots\\ K_n, Q\in[Q_{n-1},\infty)\end{cases}$$

其中，K_i为价格折扣，$K_1>K_2>\cdots>K_n$；Q为订购量。

一个周期内所需费用为：$C_1\frac{1}{2}Q\frac{Q}{R}+C_3+K(Q)Q$。

$Q\in[0,Q_1)$时，所需费用为$C_1\frac{1}{2}Q\frac{Q}{R}+C_3+K_1Q$。

$Q\in[Q_1,Q_2)$时，所需费用为$C_1\frac{1}{2}Q\frac{Q}{R}+C_3+K_2Q$。

⋮ ⋮

$Q\in[Q_{n-1},\infty)$ 时，所需费用为$C_1\frac{1}{2}Q\frac{Q}{R}+C_3+K_{n-1}Q$。

平均每单位货物所需费用为：

$$\begin{cases} C^1(Q)=C_1\frac{1}{2}\frac{Q}{R}+\frac{C_3}{Q}+K_1, Q\in[0,Q_1) \\ C^2(Q)=C_1\frac{1}{2}\frac{Q}{R}+\frac{C_3}{Q}+K_2,\ Q\in[Q_1,Q_2) \\ \quad\vdots \qquad\qquad\qquad\qquad \vdots \\ C^n(Q)=C_1\frac{1}{2}\frac{Q}{R}+\frac{C_3}{Q}+K_{n-1}, Q\in[Q_{n-1},\infty) \end{cases} \tag{10-15}$$

式(10-15)中单位货物费用函数为一个只差一个常数项的函数族，如果不考虑定义域，其极小值点Q'相同。而且当$Q\leqslant Q'$，$C^i(\theta)$单调递减；当$Q\geqslant Q'$，$C^i(\theta)$单调递增。先求出极小值点Q'，由单调性可知，对于定义在区间$[Q_{i-1},Q_i)$的函数$C^i(Q)$：

若$Q'\leqslant Q_{i-1}$，则$C^i(Q)_{\min}=C^i(Q_{i-1})$。

若$Q_{i-1}\leqslant Q'<Q_i$，则$C^i(Q)_{\min}=C^i(Q')$。

若$Q'\geqslant Q_i$，由于$K_1>K_2>\cdots>K_n$，$C^i(Q)_{\min}$必定不是最优，故不必计算。

下面给出价格有折扣情况下的求解步骤。

(1)求出$C^i(Q)$(不考虑定义域)，求得极值点为Q'。

(2)若$Q_{i-1}\leqslant Q'<Q_i$，则将Q'代入式(10-15)求得平均每单位货物所需费用为$C^i(Q)_{\min}=C^i(Q')=C_1\frac{1}{2}\frac{Q'}{R}+\frac{C_3}{Q'}+K_i$。

(3)取Q分别为$Q_i,Q_{i+1},\cdots,Q_{n-1}$，代入式(10-15)中相应的单位货物费用函数，求出$C^{i+1}(Q)_{\min},C^{i+2}(Q)_{\min},\cdots,C^n(Q)_{\min}$，选取最小费用所对应的$Q$值即为最佳定购批量$Q^*$。

例10.4 某船厂需要购置船用配件。已知：订购费为12000元/次，存储费为0.3元/(个·月)，需求量为8000个/月，产品价格随订购量多少而变化，单价K(单位：元/个)与产量Q(单位：个)之间的关系为：

$$K(Q)=\begin{cases} 11, Q\in[0,10000) \\ 10, Q\in[10000,80000) \\ 9.5, Q\in[80000,\infty) \end{cases}$$

试求最优的订购批量。利用E.Q.Q.公式计算：

$$Q'=\sqrt{\frac{2C_3R}{C_1}}=\sqrt{\frac{2\times12000\times8000}{0.3}}\approx25298(\text{个})。$$

由$Q'\in[10000,80000)$，分别求每次订购25298个和80000个配件所需平均单位费用：

$$C(25298)=\frac{1}{2}\times0.3\times\frac{25298}{8000}+\frac{12000}{25298}+10\approx10.948(\text{元})。$$

$$C(80000)=\frac{1}{2}\times0.3\times\frac{80000}{8000}+\frac{12000}{80000}+9.5\approx11.150(\text{元})。$$

因$C(25298)<C(80000)$，所以最佳订购批量$Q^*=25298$(个)。

10.3 随机性存储模型

一般地,需求和订货提前期二者或二者之一是随机的,则称为随机存储模型。这里只讲述需求随机、概率分布确定的情形。通常用随机变量来描述需求,随机变量的分布可以是离散的,也可以是连续的。随机变量的概率分布针对一个确定的时段,如某时段某商品销售量服从泊松分布。这个确定的时段称为周期。随机性存储模型只在每个周期初始进行决策。其相关的费率参数,如单位存储费C_1、单位缺货损失费C_2指的是一个周期内单位货物的相应费用。随机性存储模型评价准则有概率准则、期望值准则、方差准则等,但多采用期望值准则,系统最优费用指的是一个周期内的最优期望总费用。

通常将随机性存储模型分为单周期随机性存储模型和多周期随机性存储模型。单周期随机性存储模型指在周期开始对某种货物的一次性订货,一旦决策完成,就不再存在补货的情况,直到这个存储周期结束,即通常所说有"一锤子"买卖。周期末库存货物与下一个周期无关,即各个周期内的订货量和销售量相互独立,报童问题就是一种比较典型的单周期存储模型。因为报纸若是当天卖不出去,第二天就失去了新闻价值。多周期随机性模型指对某种货物进行周期性订货。某个周期开始进行决策时系统有库存。

本节只讲述两种典型的随机性存储模型:报童问题(单周期无准备成本随机需求模型)和(s,S)策略随机需求模型。

10.3.1 模型V:报童问题

1. 需求是随机离散情形

下面我们以年历销售问题为例来探讨需求为离散型随机变量的无准备成本单周期存储模型。

例 10.5 年历销售问题。一位年历商人在年前购进一批年历,已知年前卖出一份年历可赚k元,如未卖出则年后作削价处理都能卖出,但每份亏损h元。根据历史数据,知道年前能卖掉年历的数量(r)的概率分布如表10-1所示,问年前购进的数量为多少时,商人的平均收益最大或平均损失最小?(表中数据满足$r_i<r_{i+1}$。)

年历卖出数量概率　　表10-1

年前卖掉年历数量(个)	r	r_0	r_1	…	r_n
概率	$P(r)$	$P(r_0)$	$P(r_1)$	…	$P(r_n)$

假设年前的订购年历数量为Q,销售量为随机数r,如$r<Q$,则收益为$kr-h(Q-r)$元;如$r\geqslant Q$,则收益为kQ元;因此订购数为Q的收益期望值为:

$$E(Q)=\sum_{r=0}^{Q-1}[kr-h(Q-r)]P(r)+kQ\sum_{r=Q}^{\infty}P(r) \tag{10-16}$$

由于Q的取值是不连续的,因而不能以求导的方法求$E(Q)$的极大值点。记$\Delta E(Q)=E(Q+1)-E(Q)$,则:

$$E(Q+1)=\sum_{r=0}^{Q}[kr-h(Q+1-r)]P(r)+k(Q+1)\sum_{r=Q+1}^{\infty}P(r)$$

$$= \sum_{r=0}^{Q}[kr - h(Q-r)]P(r) - h\sum_{r=0}^{Q}P(r) + kQ\sum_{r=Q+1}^{\infty}P(r) + k\sum_{r=Q+1}^{\infty}P(r)$$

则：

$$\begin{aligned}\Delta E(Q) &= kQP(Q) - h\sum_{r=0}^{Q}P(r) - kQP(Q) + k\sum_{r=Q+1}^{\infty}P(r) \\ &= -h\sum_{r=0}^{Q}P(r) + k\sum_{r=Q+1}^{\infty}P(r)\end{aligned} \tag{10-17}$$

式(10-17)也可以理解为：

当销售量 $r \leqslant Q$ 时，订购 Q 和订购 $Q+1$ 都是卖 r 个，正价卖赚钱都为 kr，但订购 Q 比订购 $Q+1$ 少花费 1 个单位的折价处理亏损费 h，故总亏损费少 $h\sum_{r=0}^{Q}P(r)$；当销售量 $r \geqslant Q+1$ 时，订购 Q 和订购 $Q+1$ 折价处理亏损费都为 0，订购 Q 比订购 $Q+1$ 少赚 1 个单位的效益，故总共少赚 $k\sum_{r=Q+1}^{\infty}P(r)$，所以得式(10-17)。

记分布函数 $F(Q) = F(r \leqslant Q) = \sum_{r=0}^{Q}P(r)$，则式(10-17)变为：

$$\Delta E(Q) = E(Q+1) - E(Q) = -(h+k)\sum_{r=0}^{Q}P(r) + k = -(h+k)F(Q) + k \tag{10-18}$$

由式(10-18)可知，$\Delta E(Q)$ 是关于 $F(Q)$ 的单调减函数，记商人订购年历的最佳数量为 Q^*，则当 $Q \leqslant Q^*$ 时 $\Delta E(Q) > 0$，$E(Q)$ 单调增；当 $Q \geqslant Q^*$ 时，$\Delta E(Q) < 0$，$E(Q)$ 单调减。即 $E(Q)$ 为关于 $F(Q)$ 的单峰函数，最佳数量 Q^* 只需满足 $E(Q^*) \geqslant E(Q^*+1)$ 和 $E(Q^*) \geqslant E(Q^*-1)$ 即可。

由 $E(Q^*) \geqslant E(Q^*+1)$，可知：

$$\Delta E(Q^*) = E(Q^*+1) - E(Q^*) = -(h+k)F(Q^*) + k \leqslant 0$$

$$F(Q^*) = F(r \leqslant Q^*) = \sum_{r=0}^{Q^*}P(r) \geqslant \frac{k}{h+k} \tag{10-19}$$

由 $E(Q^*) \geqslant E(Q^*-1)$，可知：

$$\Delta E(Q^*-1) = E(Q^*) - E(Q^*-1) = -(h+k)F(Q^*-1) + k \geqslant 0$$

$$F(Q^*-1) = F(r \leqslant Q^*-1) = \sum_{r=0}^{Q^*-1}P(r) \leqslant \frac{k}{h+k} \tag{10-20}$$

综合式(10-19)和式(10-20)，可得商人预订的年历数应该满足不等式：

$$\sum_{r=0}^{Q^*-1}P(r) < \frac{k}{h+k} \leqslant \sum_{r=0}^{Q^*}P(r) \tag{10-21}$$

式(10-21)是由最大收益期望值得出的结论，也可以从最小损失期望值得出。将式(10-16)变形如下：

$$\begin{aligned}E(Q) &= \sum_{r=0}^{Q-1}[kr - h(Q-r)]P(r) + kQ\sum_{r=Q}^{\infty}P(r) \\ &= k\sum_{r=0}^{Q-1}rP(r) - h\sum_{r=0}^{Q-1}(Q-r)P(r) + k\sum_{r=Q}^{\infty}QP(r) \\ &= k\sum_{r=0}^{\infty}rP(r) - h\sum_{r=0}^{Q-1}(Q-r)P(r) - k\sum_{r=Q}^{\infty}(r-Q)P(r)\end{aligned} \tag{10-22}$$

式(10-22)中，第一项为常数 $k\sum_{r=0}^{\infty}rP(r)$，为各种情况都恰好卖完(既没多进货也没少进货)的期望收入；第二项 $h\sum_{r=0}^{Q-1}(Q-r)P(r)$ 为因订购过多销售不完时的赔钱期望值；第三项 $k\sum_{r=Q}^{\infty}(r-$

$Q)P(r)$为因订购过少而失掉赚钱机会所造成的损失期望值。第二项和第三项加起来就得到商人的损失期望为：

$$C(Q)=h\sum_{r=0}^{Q-1}(Q-r)P(r)+k\sum_{r=Q}^{\infty}(r-Q)P(r) \tag{10-23}$$

由于式(10-23)与式(10-16)之和为常数，显然其最优解相同。

例 10.6 设有一报童卖晨报，他每天早上从批发商那里领回一定数量的报纸；又已知每份报纸的进价为 0.4 元，卖价为 0.5 元，若到下午 5 点之前还没卖完，则每份晨报以 0.3 元处理。若又已知卖晨报为 x 的概率为 $P(100)=0.1,P(150)=0.3,P(200)=0.4,P(250)=0.2$。问报童应怎样进货才能使其收益最大？

根据题意知 $k=0.1,h=0.1,\frac{k}{h+k}=\frac{0.1}{0.1+0.1}=0.5$；而$\sum_{r=0}^{100}P(r)=P(100)=0.1,\sum_{r=0}^{150}P(r)=P(100)+P(150)=0.4,\sum_{r=0}^{200}P(r)=P(100)+P(150)+P(200)=0.8$，所以，$\sum_{r=0}^{150}P(r)<\frac{k}{h+k}\leqslant\sum_{r=0}^{200}P(r)$，可知故报童每天早上进晨报量为 200 份时其收益最大。

2. 需求是连续型随机变量

假定例 10.5 中一个订购周期内的需求量 r 是一个连续型随机变量，$f(r)$为其概率密度函数，$F(r)=\int_0^r f(t)\mathrm{d}t$ 是其分布函数，其他参数相同。卖出一份年历可赚 k 元，如未卖出则每份亏损 h 元，一次性生产或订购的数量为 Q，问如何确定 Q 的数值，使盈利的期望值最大？

先求出其期望收益函数表达式。

如 $r<Q$，则收益为 $kr-h(Q-r)$元；如 $r\geqslant Q$，则收益为 kQ 元；因此订购数为 Q 的收益期望值为：

$$\begin{aligned}
E(Q)&=\int_0^Q[kr-h(Q-r)]f(r)\mathrm{d}r+\int_Q^{\infty}kQf(r)\mathrm{d}r\\
&=k\int_0^Q rf(r)\mathrm{d}r-h\int_0^Q(Q-r)f(r)\mathrm{d}r+k\int_Q^{\infty}Qf(r)\mathrm{d}r\\
&=k\int_0^{\infty}rf(r)\mathrm{d}r-h\int_0^Q(Q-r)f(r)\mathrm{d}r-k\int_Q^{\infty}(r-Q)f(r)\mathrm{d}r\\
&=kE(r)-\left[h\int_0^Q(Q-r)f(r)\mathrm{d}r+k\int_Q^{\infty}(r-Q)f(r)\mathrm{d}r\right]
\end{aligned}$$

其中，$k\int_0^{\infty}rf(r)\mathrm{d}r=kE(r)$ 为常量，为各种情况都恰好卖完（既没多进货也没少进货）的期望收入。

类似式(10-22)、式(10-23)，本题可改为求最小期望损失，记：

$$C(Q)=h\int_0^Q(Q-r)f(r)\mathrm{d}r+k\int_Q^{\infty}(r-Q)f(r)\mathrm{d}r \tag{10-24}$$

可用微分法求式(10-24)极小点：

$$\frac{\mathrm{d}C(Q)}{\mathrm{d}Q} = \frac{\mathrm{d}}{\mathrm{d}Q}\left[h\int_0^Q (Q-r)f(r)\,\mathrm{d}r + k\int_Q^\infty (r-Q)f(r)\,\mathrm{d}r\right]$$
$$= h\int_0^Q f(r)\,\mathrm{d}r - k\int_Q^\infty f(r)\,\mathrm{d}r$$

令$\frac{\mathrm{d}C(Q)}{\mathrm{d}Q}=0$,记 $F(Q) = \int_0^Q f(r)\,\mathrm{d}r$,则:

$$\frac{\mathrm{d}C(Q)}{\mathrm{d}Q} = hF(Q) - k[1-F(Q)] = (h+k)F(Q) - k \tag{10-25}$$

由$\frac{\mathrm{d}C(Q)}{\mathrm{d}Q}=0$,可得:

$$F(Q) = P(x \leqslant Q) = \frac{k}{h+k} \tag{10-26}$$

分布函数由式(10-26)求出最优 Q,记为Q^*。由式(10-25)可知,$\frac{\mathrm{d}^2C(Q)}{\mathrm{d}Q^2}=(h+k)f(Q)>0$,故 $C(Q)$为凸函数,Q^*为极小点。当 $Q \leqslant Q^*$ 时,$\frac{\mathrm{d}C(Q)}{\mathrm{d}Q} \leqslant 0$,$C(Q)$单调递减,当 $Q \geqslant Q^*$ 时,$\frac{\mathrm{d}C(Q)}{\mathrm{d}Q} \geqslant 0$,$C(Q)$单调递增。对比式(10-21)和式(10-26),式(10-21)指的是需求是离散型随机变量的问题,式(10-26)指的是需求是连续型随机变量的问题,均为单周期随机需求的问题,故最优订购批量计算公式类似。

例 10.7 某书店拟在年前出售一批新年挂历。每售出一本可盈利 20 元,如果年前不能售出,必须削价处理。假设削价一定可以售完,此时每本挂历要赔 16 元。根据以往的经验,市场的需求量近似服从均匀分布,其最低需求为 550 本,最高需求为 1100 本,问该书店应订购多少新年挂历,使其损失期望值为最小?

根据题意知:$k=20$,$h=16$,$\frac{k}{h+k}=\frac{20}{20+16}=\frac{5}{9}$。

而:$P(r \leqslant Q^*) = \frac{Q^*-550}{1100-550} = \frac{5}{9}$。

解之得$Q^*=856$(本)。

10.3.2 模型Ⅵ:(s,S)型存储策略*

1. 需求是连续型随机变量

设货物的单位成本为 K,单位存储费用为C_1,单位缺货费为C_2,每次订购费为C_3,需求 r 是连续的随机变量,密度函数为 $f(r)$,$\int_0^\infty f(r)\,\mathrm{d}r = 1$,分布函数 $F(r) = \int_0^r f(r)\,\mathrm{d}r$,期初存储量为 I(常数),订货量为 Q,问如何确定 Q 的值,使盈利期望值最大(或损失期望值最小)?

订货量为 Q,则假设订货完毕后存储量 $S=I+Q$。则本阶段订货费为C_3+KQ,其中 $KQ=K(S-I)$,本阶段需付存储费期望值为:

$$C_1\int_0^S (S-r)f(r)\,\mathrm{d}r$$

需付缺货费期望值为：

$$C_2\int_S^{\infty}(r-S)f(r)\,\mathrm{d}r$$

本阶段费用之和：

$$C(S)=C_3+K(S-I)+C_1\int_0^S(S-r)f(r)\,\mathrm{d}r+C_2\int_S^{\infty}(r-S)f(r)\,\mathrm{d}r$$

则

$$\begin{aligned}\frac{\mathrm{d}C(S)}{\mathrm{d}S}&=K+C_1\int_0^S f(r)\,\mathrm{d}r-C_2\int_S^{\infty}f(r)\,\mathrm{d}r=K+(C_1+C_2)\int_0^S f(r)\,\mathrm{d}r-C_2\\&=K-C_2+(C_1+C_2)F(S)\end{aligned}\tag{10-27}$$

令$\frac{\mathrm{d}C(S)}{\mathrm{d}S}=0$，得：

$$F(S)=\int_0^S f(r)\,\mathrm{d}r=\frac{C_2-K}{C_1+C_2}$$

一般来说，$C_2\geqslant K$，因为在紧急情况下取得一单位货物的代价往往大于货物单价。如果缺货费小于货物单价，这时完全可以放弃存货系统，最优策略是永远不要订购和存储货物。$\frac{C_2-K}{C_1+C_2}$严格小于1，称为临界值，对应的S记为S^*。

由式(10-27)，$\frac{\mathrm{d}^2C(S)}{\mathrm{d}S^2}=(C_1+C_2)f(S)>0$，故$C(S)$为凸函数，$S^*$为费用最小的库存量。当$S<S^*$时，$\frac{\mathrm{d}C(S)}{\mathrm{d}S}<0$，$C(S)$为关于$F(S)$的单调减函数；当$S>S^*$时，$\frac{\mathrm{d}C(S)}{\mathrm{d}S}>0$，$C(S)$为关于$F(S)$的单调增函数。

但如果本阶段不订货，则可节省订购费，因此还需确定“订货点”s来决定是否必须订货，不订货时的费用函数为：

$$C_0(s)=Ks+C_1\int_0^s(s-r)f(r)\,\mathrm{d}r+C_2\int_s^{\infty}(r-s)f(r)\,\mathrm{d}r$$

函数$C(S)$和$C_0(s)$只差一个常数项，其最低点都为S^*。由于函数关于$F(S)$的单调性，其图像如图10-7所示。由图10-7可知，当$C(S^*)-C_0(s)=0$时，可得订货点s^*。即s^*可由下式确定($s^*=s$)：

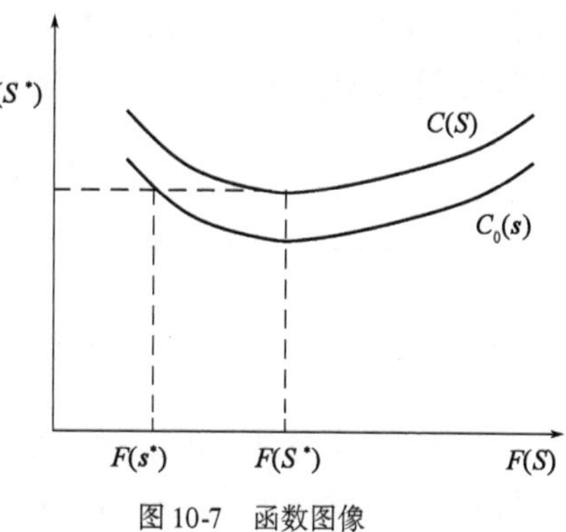

图10-7　函数图像

$$C_3+K(S^*-s)+C_1\left[\int_0^{S^*}(S^*-r)f(r)\,\mathrm{d}r-\int_0^s(s-r)f(r)\,\mathrm{d}r\right]+$$

$$C_2\left[\int_{S^*}^{\infty}(r-S^*)f(r)\,\mathrm{d}r-\int_s^{\infty}(r-s)f(r)\,\mathrm{d}r\right]=0\tag{10-28}$$

相应的存储策略是：在每阶段初期检查存储，当库存$I\leqslant s^*$时，需订货，订货量为$Q=S^*-I$；如$I>s^*$时，则不需订货。

例 10.8 某市石油公司，下设几个售油站。石油存放在郊区大型油库里，需要时用汽车将油送至各售油站。该公司希望确定一种补充存储的策略，以确定应存储的油量。该公司经营石油品种较多，其中销售量较多的品种是柴油，因而希望先确定柴油的存储策略。经调查后知，每月柴油出售量服从指数分布，平均销售量每月为 10^6L。其密度为：

$$f(r)=\begin{cases}0.000001\,\mathrm{e}^{-0.000001r}, r\geqslant 0\\ 0, r<0\end{cases}$$

柴油每升 6 元，不需订购费。由于油库归该公司管辖，油池灌满与未灌满时的管理费用实际上没有多少差别，故可以认为存储费用为零。如缺货就从邻市调用，缺货费 9 元/L。求柴油的存储策略。

根据题意知$C_1=0, C_3=0, K=6, C_2=9, \dfrac{C_2-K}{C_1+C_2}=\dfrac{9-6}{0+9}=0.333$。

所以需利用积分计算求出S^*。

$$F(S^*)=\int_0^{S^*}0.000001\,\mathrm{e}^{-0.000001r}\mathrm{d}r=0.333$$

即：

$$-\mathrm{e}^{-0.000001r}\Big|_0^{S^*}=0.333$$

$$\mathrm{e}^{-0.000001S^*}=0.667$$

得：$S^*=405000$(L)。

由费用函数 $C(S)$ 单调性可知，$s=S^*=405000$L 为唯一最优解。所以最优策略是，当库存柴油降到 405000L 时就应订购，使库存达到 405000L，其原因是不需订购费，可以频繁订货，又因为存储费率为 0，存储量多一些也不会增加费用。

2. 需求是离散型随机变量

设需求 r 为离散型随机变量，r 的可取值为$r_0, r_1, \cdots, r_n, r_i<r_{i+1}$，$r_i$对应的概率为 $P(r_i)$。货物的单位成本为 K，单位存储费用为C_1，单位缺货费为C_2，每次订购费为C_3，采用(s,S)型存储策略得到的最优解对应的 s 和 S（分别记为s^*和S^*）可由式(10-29)给出：

$$\begin{cases}\sum\limits_{r_i\leqslant S^*-1}P(r_i)<\dfrac{C_2-K}{C_1+C_2}\leqslant\sum\limits_{r_i\leqslant S^*}P(r_i)\\ C(S^*)-C_0(s)=C_3+K(S^*-s)+C_1\Big[\sum\limits_{r_i\leqslant S^*}(S^*-r_i)P(r_i)-\sum\limits_{r_i\leqslant s}(s-r_i)P(r_i)\Big]+\\ \qquad C_2\Big[\sum\limits_{r_i>S^*}(r_i-S^*)P(r_i)-\sum\limits_{r_i>s}(r_i-s)P(r_i)\Big]\leqslant 0\end{cases} \tag{10-29}$$

s^*为满足不等式(10-29)的 s 最大值。其证明方法与需求为连续型随机变量时的求解方法类似。当存储量下降至s^*时订货，将存量补充至S^*。

例 10.9 设某公司利用塑料作原料制成产品出售，已知每箱塑料购价为 800 元，订购费$C_3=60$ 元，存储费每箱$C_1=40$ 元，缺货费每箱$C_2=1015$ 元，原有存储量 $I=10$ 箱。已知对原料需求的概率 $P(r=30$ 箱$)=0.2$，$P(r=40$ 箱$)=0.2$，$P(r=50$ 箱$)=0.4$，$P(r=60$ 箱$)=0.2$。求该公司订购原料的最佳订购量。

$$\frac{C_2-K}{C_1+C_2}=\frac{1015-800}{1015+40}\approx 0.204$$

$$P(r\leqslant 30)=0.2$$

$$P(r\leqslant 40)=0.4$$

故$S^*=40$(箱)。

原有存储量$I=10$箱,故$Q^*=S^*-I=30$(箱)。

习题

10.1 厂家预测某产品中有一外购原材料年需求量为15000件,单价为48元,采用市场采购,订货提前期为0,不允许缺货,该原材料的年存储费为其单价的22%,一次订货所需费用为250元,试求经济定购批量。

10.2 某装配车间每月需要零件400件,该零件由厂内生产,生产率为每月800件,每批生产准备费为100元,每月每件零件的存储费为0.5元,试求最小费用与经济定购批量。

10.3 某电子设备厂对一种元件的需求为每年2000件,订货提前期为零,每次订货费为25元。该元件每件成本为50元,年存储费为成本的20%。如发生供应短缺,可在下批货达到时补上,但缺货损失为每件每年30元。求:

(1)经济定购批量及全年的总费用。

(2)如果不允许发生供应短缺,重新求经济订货批量,并同(1)的结果比较。

10.4 在确定性存储模型中,记C_1、C_3分别为存储费率、订购费,R为需求速度,不需要提前订货,且一订货即可全部供货,C_1、C_3,R为常数,请简单推导出不允许缺货和允许缺货(缺货损失费率C_2、缺货要补)的最佳经济订购批量Q_0^{I}、Q_0^{II}计算公式,并分析允许缺货时的平均费用C_0^{II}是否比不允许缺货时的平均费用C_0^{I}要大?

10.5 在确定性存储模型中,其他条件相同,模型A为订购瞬时补充,模型B为生产均匀补充。试比较:

(1)模型A的最佳存储周期是否一定比模型B短?

(2)模型A的最佳单位时间费用是否一定比模型B小?

10.6 某车间每年能生产本厂日常所需的某种零件80000个,全厂每年均匀地需要这种零件约20000个。已知每个零件存储一个月所需的存储费是0.1元,每批零件生产前所需的安装费是350元。当供货不足时,每个零件缺货的损失费为0.20元/月。所缺的货到货后要补足。试问应采取怎样的存储策略最合适?

10.7 某厂每年需某种元件5000个,每次订购费$C_3=500$元,保管费每件每年$C_1=10$元,不允许缺货。元件单价K(单位:元)随采购数量Q的不同而有变化。

$$K(Q)=\begin{cases}20, Q<1500\\ 19, Q\geqslant 1500\end{cases}$$

求该部件的最佳订购批量。

10.8 某报童每天向邮局订购报纸若干份。若报童一提出订购,立即可拿到报纸。设订购报纸每份0.35元,零售报纸每份0.50元,如果当天没有售完,第二天可退回邮局,邮局按每份0.10元退款。已知这种报纸需求的概率分布见表10-2,问报童应定多少份报纸才能保证损失最少而赚钱最多?

题 目 10.7 数 据 表 10-2

需求(份)	x	9	10	11	12	13	14
概率	$P(x)$	0.05	0.15	0.2	0.4	0.15	0.05

10.9 某厂对原料需求量的概率为 $P(r=80)=0.1$，$P(r=90)=0.2$，$P(r=100)=0.3$，$P(r=110)=0.3$，$P(r=120)=0.1$，订货费 $C_3=2825$ 元，货物单价 $K=850$ 元，存储费 $C_1=45$ 元（在本阶段的费用），缺货费 $C_2=1250$ 元（在本阶段的费用），求该厂存储策略。

第 11 章 决策论

所谓决策(Decision),简单地说就是做决定的意思;详细地说,就是为确定未来某个行动的目标,根据自己的经验,在占有一定信息的基础上,借助于科学的方法和工具,对需要决定的问题的诸因素进行分析、计算和评价,并从两个以上的可行方案中选择一个最优方案的分析判断过程。

对于决策问题的重要性,著名的诺贝尔经济学奖获得者西蒙有一句名言“管理就是决策,管理的核心就是决策”。决策分析在经济及管理领域具有非常广泛的应用。在投资分析、产品开发、市场营销、工业项目可行性研究等方面的应用中都取得过辉煌的成就。决策科学本身的内容也非常广泛,包括决策数量化方法、决策心理学、决策支持系统、决策自动化等。本章主要从运筹学的定量分析角度予以介绍。

11.1 决策论概述

11.1.1 决策的分类

从不同的角度,决策可以做不同的分类。

按照决策问题所涉及的时间跨度分类:短期决策、中期决策、长期决策。

按性质的重要性分类:战略决策、策略决策和执行决策,也称战略计划、管理控制和运行控制。

按照决策者的类型分类:个人决策、集体决策。

根据决策目标的多少分类:

单目标决策——只有一个明确的目标,方案的优劣完全由其目标值的大小决定,在追求经济效益的目标中,目标值越大,方案就越好。

多目标决策——至少有两个目标,这些目标往往有不同的度量单位,且相互冲突,不可兼而得之,这时,仅比较一个目标值的大小已无法判断方案的优劣。

按决策量化性质分类:定量决策和定性决策。描述决策对象的指标都可以量化时可定量决策,否则只能定性决策。

按照决策问题自然状态信息的掌握程度分类:确定型决策、不确定型决策和风险决策。确定型决策是指决策环境是完全确定的,做出的选择结果也是确定的;风险型决策是指决策的环境不是完全确定的,而其发生的概率是已知的;不确定型决策是指决策者对将发生结果的概率一无所知,只能凭决策者的主观倾向进行决策。

按决策过程的连续性分类:可分为单项决策和序贯决策。单项决策是指整个决策过程只作一次决策就得到结果,序贯决策是指整个决策过程由一系列决策组成。一般来讲,物流管理活动是由一系列决策组成的,但在这一系列决策中往往有几个关键环节要做决策,可以把这些关键的决策分别看作单项决策。

按照决策问题所面临的自然状态的性质分类:非竞争型决策和竞争型决策。

11.1.2 决策过程

决策过程就是实施决策的步骤,一般包括以下几个步骤。

(1)确定目标。面对所要解决的问题,决策目标要明确、具体,符合客观实际。如果决策的目标不止一个,应分清主次,优先实现主要目标。

(2)拟定可行方案。针对决策的目标和已具备的信息,就可以拟定各种可行方案,方案要有多样性和可行性,可行的方案是指技术上先进、经济上合理的方案。

(3)优选方案。首先应该确定优化方法,并对具体的决策进行优化分析、排序及优化方案的灵敏度分析。

(4)执行决策。经过大量反复的分析研究,给决策者提供大量的决策信息,最后由决策者做出选择并执行。

上述步骤如图 11-1 所示,决策并不是一次就能够完成的,应该反复修正,直到对各方面都尽可能满意。此外,决策方案也不是一成不变的,需要在实施过程中根据实际情况不断进行调整和完善。

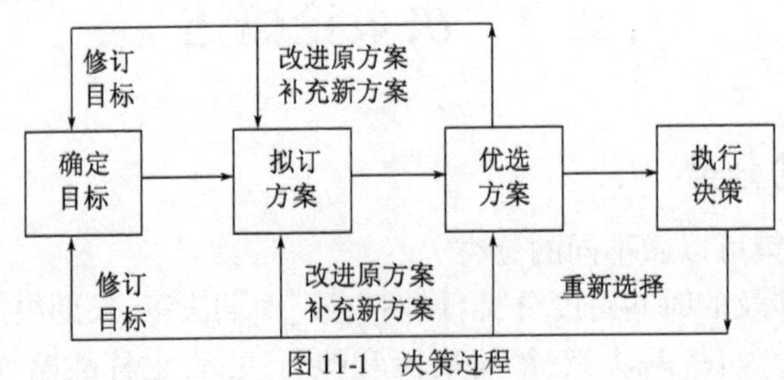

图 11-1 决策过程

11.1.3 决策论模型

前几章讨论的规划问题,通常设计决策变量,根据优化目标和约束条件构建优化模型,最终求出最优决策变量,即选出最优方案。从决策论的观点来看,这些都是确定型的决策问题。确定型决策指不包含随机因素的决策问题,每个决策都会得到一个唯一的事先可知的结果。本章主要讨论不确定型决策和风险型决策。一般地,本章讨论的决策问题包含以下四个要素:

(1)单一的决策目标。

(2)已拟定两个以上有限个数的决策方案,记决策方案为S_i。

(3)已知可能发生的自然状态(事件),且自然状态个数为两个或两个以上。记自然状态为E_j,E_j发生概率为$p(E_j)$,简记为p_j;当自然状态发生概率未知,即为不确定型决策问题,当自然状态发生概率已知,即为风险型决策问题。

(4)实施决策S_i后,遇到自然状态为E_j时,所产生的效益或损失值记为a_{ij},a_{ij}所构成的矩阵称为决策矩阵。根据决策矩阵中元素所示含义不同,可称为收益矩阵、损失矩阵、风险矩阵、后悔矩阵等。

通常用决策表、决策树来描述和求解决策问题。下面通过一个例子介绍用决策表来描述决策问题。

例 11.1 某超市每天清晨是按批购进鲜奶,每箱鲜奶的进价为 20 元,售价为每箱 30 元。如果每天销售不完,那么每箱损失 2 元。超市进货是按批进货,每一批是 10 箱,每天最多能销售 50 箱。超市负责人可选择的进货方案为 6 种:0 箱、10 箱、20 箱、30 箱、40 箱、50 箱。假设超市负责人对鲜奶的需求情况完全不知,试问这时他应该如何决策进货数量?

这个问题可选方案有 6 种,记作$S_i, i=1,2,\cdots,6$;自然状态(事件)这里指的是销售情况,也有 6 种,即销量为 0、10、20、30、40、50(箱),记作$E_j, j=1,2,\cdots,6$,但不知它们发生的概率。每个"策略-事件"对都可以计算出相应的收益值或损失值。例如,当选择进货 30(箱)时,而销出量为 20(箱),这时收益额为$20\times(30-20)-2\times(30-20)=180$(元)。

可以一一计算出各"策略-事件"对的收益值或损失值,记作a_{ij}。将这些数据汇总,即为损益表,见表 11-1。在损益表的基础上根据不同的决策准则形成不同的决策表。

损益表(单位:元)　　表 11-1

策　略　S_i	事　件　E_j					
	0	10	20	30	40	50
$S_1=0$	0	0	0	0	0	0
$S_2=10$	-20	100	100	100	100	100
$S_3=20$	-40	80	200	200	200	200
$S_4=30$	-60	60	180	300	300	300
$S_5=40$	-80	40	160	280	400	400
$S_6=50$	-100	20	140	260	380	500

11.2 不确定型决策

所谓不确定型决策是指决策者能掌握可能出现的各种自然状态,但不能估计各状态出现概率时的决策,决策者根据主观态度不同可分 4 种:持悲观主义准则、乐观主义准则、等可能性准则、最小机会准则的决策者。以下用例子分别说明。

11.2.1 悲观主义准则

悲观主义(maxmin)准则也称保守主义准则。当决策者面临的各事件的发生概率不清楚时,可能由于决策错误而造成重大经济损失,决策者在处理问题时就比较谨慎。决策者会先选出每个方案在不同自然状态下的最小收益值(最保险),然后从这些最小收益值中取最大的,从而确定行动方案,即 maxmin 准则。例 11.1 的悲观主义准则决策表见表 11-2。

悲观主义准则决策表(单位:元)　　表 11-2

策　略 S_i	事　件 E_j						min
	0	10	20	30	40	50	
$S_1=0$	0	0	0	0	0	0	0*
$S_2=10$	-20	100	100	100	100	100	-20
$S_3=20$	-40	80	200	200	200	200	-40
$S_4=30$	-60	60	180	300	300	300	-60
$S_5=40$	-80	40	160	280	400	400	-80
$S_6=50$	-100	20	140	260	380	500	-100

根据 maxmin 准则有:

$$\max(0,-20,-40,-60,-80,-100)=0$$

上式对应的策略为S_1,即为决策者应选的策略,即“什么也不生产”,这结论似乎荒谬,但在实际应用中可以先看一看,以后再作决定。上述计算用公式表示为:$S_k^*=\arg[\max\limits_i\min\limits_j(a_{ij})]$。

11.2.2 乐观主义准则

持乐观主义(maxmax)准则的决策者对待风险的态度与悲观主义者不同,当面临情况不明的策略问题时,他绝不放弃任何一个可获得最好结果的机会,以争取好中之好的乐观态度来选择他的决策策略。决策者在分析收益矩阵各策略的“策略-事件”对的结果中选出最大值,记在表的最右列,再从该列数值中选择最大者,以它对应的策略为决策策略,例 11.1 的乐观主义准则决策表见表 11-3。

乐观主义准则决策表(单位:元) 表 11-3

策 略 S_i	事件E_j						max
	0	10	20	30	40	50	
$S_1=0$	0	0	0	0	0	0	0
$S_2=10$	-20	100	100	100	100	100	100
$S_3=20$	-40	80	200	200	200	200	200
$S_4=30$	-60	60	180	300	300	300	300
$S_5=40$	-80	40	160	280	400	400	400
$S_6=50$	-100	20	140	260	380	500	500*

根据 maxmax 决策准则有:

$$\max(0,100,200,300,400,500)=500$$

它对应的策略为S_6,用公式表示为:

$$S_k^*=\arg(\max_i\max_j(a_{ij}))$$

11.2.3 等可能性准则

等可能性(Laplace)准则是19世纪数学家Laplace提出的。他认为:当一个人面临着某事件集合,在没有什么确切理由来说明这一事件比那一事件有更多发生机会时,只能认为各事件发生的机会是均等的,即每一事件发生的概率都是$\frac{1}{\text{事件数}}$。决策者计算各策略的收益期望值,然后在所有这些期望值中选择最大值,以它对应的策略为决策策略,例11.1的等可能性准则决策表见表11-4。

等可能性准则决策表(单位:元) 表 11-4

策 略 S_i	事 件 E_j						$E(s_i)$
	0	10	20	30	40	50	
$S_1=0$	0	0	0	0	0	0	0
$S_2=10$	-20	100	100	100	100	100	80
$S_3=20$	-40	80	200	200	200	200	140
$S_4=30$	-60	60	180	300	300	300	180
$S_5=40$	-80	40	160	280	400	400	200*
$S_6=50$	-100	20	140	260	380	500	200*

然后按$S_k^*=\arg(\max_i E(s_i))$决定决策策略:$\max_i E(s_i)=\max(0,80,140,180,200,200)=200$。得到$S_5$、$S_6$为决策策略。

11.2.4 折中主义准则

当用悲观主义准则或乐观主义准则来处理问题时,有的决策者认为这样太极端了,于是提出将这两种准则综合,称为乐观系数准则或胡魏兹(Hurwicz)准则。令α为乐观系数,且$0\leqslant\alpha\leqslant1$,假设:

$$CV_i=\alpha\max_j a_{ij}+(1-\alpha)\min_j a_{ij}$$

例 11.1 的折中主义准则决策表见表 11.5（设 $\alpha=\frac{1}{3}$，计算得到的CV_i值记在表 11-5 的右端）。选择$S_k^*=\arg(\max_i CV_i)$。

折中主义准则决策表（单位：元） 表 11-5

策 略 S_i	事 件 E_j						CV_i
	0	10	20	30	40	50	
$S_1=0$	0	0	0	0	0	0	0
$S_2=10$	-20	100	100	100	100	100	20
$S_3=20$	-40	80	200	200	200	200	40
$S_4=30$	-60	60	180	300	300	300	60
$S_5=40$	-80	40	160	280	400	400	80
$S_6=50$	-100	20	140	260	380	500	100*

解 max(0,20,40,60,80,100)=100，得到决策策略为S_6。

11.2.5 最小机会损失准则

最小机会损失准则也称最小遗憾值准则、后悔值准则或沙万奇(Savage)准则。决策者在制定决策之后，如果不能符合理想情况，必然有后悔的感觉。记“策略-事件”对(S_i,E_j)的后悔值为R_{ij}：

(1)先求出每个自然状态E_j的最大收益值（损失矩阵取最小值），即在收益矩阵中取E_j所在列的最大值作为该自然状态（列）的理想目标值$T_j=\max_l a_{lj}$。

(2)然后计算R_{ij}，每个R_{ij}取值为用理想值T_j减“策略-事件”对(S_i,E_j)对应的收益值a_{ij}，即$R_{ij}=T_j-a_{ij}=\max_l a_{lj}-a_{ij}$。

这样，从收益矩阵就可以计算出后悔矩阵。

(3)最后从各方案最大后悔值中取最小者，从而确定决策方案。

$$S_k^*=\arg(\min_i\max_j R_{ij})$$

例 11.1 的最小机会损失准则决策表见表 11-6。

最小机会损失准则决策表（单位：元） 表 11-6

策 略 S_i	事 件 E_j						$\max_j R_{ij}$
	0	10	20	30	40	50	
$S_1=0$	0-0	100-0	200-0	300-0	400-0	500-0	500
$S_2=10$	0-(-20)	100-100	200-100	300-100	400-100	500-100	400
$S_3=20$	0-(-40)	100-80	200-200	300-200	400-200	500-200	300
$S_4=30$	0-(-60)	100-60	200-180	300-300	400-300	500-300	200
$S_5=40$	0-(-80)	100-40	200-160	300-280	400-400	500-400	100*
$S_6=50$	0-(-100)	100-20	200-140	300-260	400-380	500-500	100*
$\max_i a_{ij}$	0	100	200	300	400	500	

求解 min(500,400,300,200,100,100)=100 得到决策策略为S_5或S_6。

在不确定性决策中决策者是因人、因地、因时选择决策准则的,悲观主义准则("坏中求好")决策方法主要由那些比较保守稳妥并害怕承担较大风险的决策者所采用;乐观主义准则("好中求好")决策方法主要是由那些对有利情况的估计比较有信心的决策者所采用;折中主义准则(乐观系数)决策方法主要由那些对形势判断既不乐观也不太悲观的决策者所采用;本章的其他准则("最小最大后悔值")决策方法主要由那些对决策失误的后果看得较重的决策者所采用。在实际中,当决策者面临不确性决策问题时,有的决策者首先是获取有关各事件发生的信息,使不确定性决策问题转化为风险决策问题。

11.3 风险决策

风险决策是指将发生的各事件的概率是已知的。决策者往往通过调查,根据过去的经验或主观估计等途径获得这些概率。在风险决策中常用的准则有最大可能准则、最大期望收益准则和最小机会损失准则。

例 11.2 假设例 11.1 中,进货量为 0 箱、10 箱、20 箱、30 箱、40 箱、50 箱的概率分别为 0.1、0.2、0.25、0.2、0.15、0.1,此时问题变为一风险决策问题。

11.3.1 最大可能准则

根据概率论的原理,一个事件的概率越大,其发生的可能性就越大。基于这种想法,可在风险决策问题中选择一个概率最大的自然状态进行决策,而不论其他的自然状态如何,这样就变成了确定型的决策问题,例 11.2 的最大可能准则决策表见表 11-7。

最大可能准则决策表(单位:元) 表 11-7

策 略 S_i	事 件 E_j						最大概率 $\max p_j$
	0	10	20	30	40	50	
	0.1	0.2	0.25	0.2	0.15	0.1	
$S_1=0$	0	0	0	0	0	0	0
$S_2=10$	-20	100	100	100	100	100	100
$S_3=20$	-40	80	200	200	200	200	200*
$S_4=30$	-60	60	180	300	300	300	180
$S_5=40$	-80	40	160	280	400	400	160
$S_6=50$	-100	20	140	260	380	500	140

可得决策策略为S_3。

11.3.2 最大期望收益准则

最大期望收益准则(Expected Monetary Value,EMV)是根据各自然状态发生的概率 p_j,求不同方案的期望收益值,取其中最大者为选择的方案,即:

$$\mathrm{EMV}(S_i)=\sum_j p_j a_{ij}$$

然后从这些期望收益值中选取最大值,其对应的为决策应选策略,即

$$S_k^* = \arg(\max_i \text{EMV}(S_i))$$

例 11.2 的最大期望收益准则决策表见表 11-8。

最大期望收益准则决策表(单位:元) 表 11-8

策 略 S_i	事 件 E_j						EMV(S_i)
	0	10	20	30	40	50	
	0.1	0.2	0.25	0.2	0.15	0.1	
$S_1=0$	0	0	0	0	0	0	0
$S_2=10$	−20	100	100	100	100	100	88
$S_3=20$	−40	80	200	200	200	200	152
$S_4=30$	−60	60	180	300	300	300	186
$S_5=40$	−80	40	160	280	400	400	196*
$S_6=50$	−100	20	140	260	380	500	188

$\max\{0,88,152,186,196,188\}=196$,得到决策策略为$S_5$。EMV 适用于一次决策多次重复进行生产的情况,所以它是平均意义下的最大收益。

11.3.3 最小机会损失准则

风险决策中,最小机会损失准则(Expected Opportunity Loss,EOL)根据收益矩阵$\{H_{ij}\}$计算出后悔值矩阵$\{H_{ij}\}$;然后计算各策略期望后悔值 $\text{EOL}(S_i)=\sum_j p_j R_{ij}$;最后从这些期望损失值中选择最小值,它对应的策略应是决策策略,即$S_k^*=\arg(\min_i \text{EOL}(S_i))$。

例 11.2 的最小机会损失准则决策表见表 11-9。

最小机会损失准则决策表(单位:元) 表 11-9

策 略 S_i	事 件 E_j						EOL(S_i)
	0	10	20	30	40	50	
	0.1	0.2	0.25	0.2	0.15	0.1	
$S_1=0$	0	100	200	300	400	500	240
$S_2=10$	20	0	100	200	300	400	152
$S_3=20$	40	20	0	100	200	300	88
$S_4=30$	60	40	20	0	100	200	54
$S_5=40$	80	60	40	20	0	100	44*
$S_6=50$	100	80	60	40	20	0	52
$\max_l a_{lj}$	0	100	200	300	400	500	

求解$\min_i \text{EOL}(S_i)=\min(240,152,88,54,44,52)=44$,得到决策策略为$S_5$。

11.3.4 完全情报价值

例 11.2 中,假设超市负责人进货前可以完全确认当日销售量,这时所得的期望收益为全情

报的期望收益(EPPL)，该收益应当大于或至少等于最大期望收益，即 EPPL≥EMV*，称 EPPL－EMV*为完全情报价值 EVPI(Expected Value of Perfact Information)。

例 11.2 中，假设调查结果为销售量为 0，则策略为$S_1=0$，收益为 0。销售量为 0 发生概率为 0.1；销售量为 10，则策略为$S_2=10$，收益为 100，此种情况发生概率为 0.2。销售量为其他情形时有相应决策和收益。$EPPL=0\times0.1+100\times0.2+200\times0.25+300\times0.2+400\times0.15+500\times0.1=240$(元)。

$EMV^*=196$(元)。

$EVPI=EPPL-EMV^*=46$(元)，即为完全情报价值。当获得 EVPI 需要的成本小于 46 元时，决策者应该调查获取全情报，否则不应调查。

11.3.5 决策树法

对于风险决策问题，前面介绍的几种决策方法都是用决策表进行决策的。这些方法虽然比较常用，但对于较为复杂的，特别是多阶段的风险决策问题，就显得勉为其难，而采用"决策树法"就可以弥补这个不足。决策树是对决策局面的一种图解，这种方法的形态好似树形结构，故起名决策树方法。它是把各种备选方案、可能出现的自然状态及各种损益值简明地绘制在一张图上。用决策树来表示风险型决策问题比较直观，便于对问题未来的发展情况进行预测，能随意删除非最优分支，在增加新的情况时也可以随时增添分支。

例 11.3 某物流公司计划在某地新建一个配送中心，市场状况会出现 3 种情况：市场状况差，市场状况一般，市场状况好。3 种情况出现的概率分别为 0.5、0.3、0.2。已知新建配送中心平均每年投资 7 万元，如果市场状况差则无法收回投资，而市场状况一般可收入 12 万元，如果市场状况好则可收入 27 万元。试画出其决策树进行决策。

当用决策树求解该问题时，首先将该问题的决策树绘制出来，如图 11-2 所示。

(1)决策树的组成。

图 11-2 中，图中的"□"称为决策节点，表示决策者要在此进行决策，从它引出的每个分支称为方案支，表示各种可行方案；各方案支的末端"○"为状态节点，从该点引出的几个分支称为"概率支"，上面标出各个状态发生的概率；概率支的末端"△"表示某方案在某状态下的损益值。

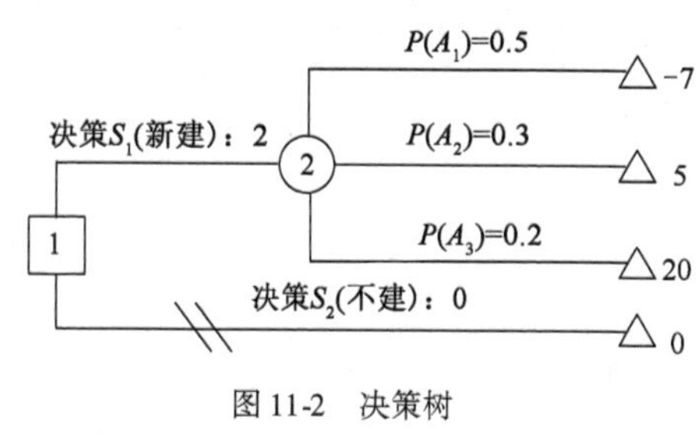

图 11-2 决策树

(2)决策树的制作是从左向右，步骤如下：

①绘出决策点和方案支，在方案支上标出对应的备选方案。

②绘出方案节点和状态支，在状态支上标出对应的自然状态出现的概率值。

③在状态支的末端标出对应的损益值，这样就得出一个完整的决策图。

(3)决策树的分析。

决策树的分析程序是先从损益值开始由右向左推导，称为反推决策树法。从右向左计算各方案的期望值，并将结果标在相应方案节点的上方；选收益期望值最大(损失期望值最小)的方案为最优方案，并在其他方案分支上打//记号(剪支)。

图 11-2 中，A_i，$i=1,2,3$ 分别表示市场状况差、市场状况一般、市场状况好 3 种自然状态，

最优方案是S_1,即新建一个配送中心,收益期望值为2万元。

11.3.6 贝叶斯决策

进行决策分析时所依据的信息是过去经验、资料、历史数据或决策者的估计,这种信息称为先验信息。先验概率是指对决策在实施中所遇到的状态的概率的估计,一般是根据历史资料或经验判断得到的。

根据这些先验信息进行决策,有可能并不能完全地、准确地反映所做出的决策在实施过程中所遇到的状态。为了提高决策分析的准确性,需要在进行决策分析时,获得更多的信息,修正、改善先验信息,以获得一个比先验信息更完全、更准确的决策信息,这种信息称为后验信息。把在解决实际问题时搜集的新信息补充进来,这种补充通常会改变原有的估计,这样得到的状态的概率的估计称为后验概率。根据样本信息将先验信息修改为后验信息需要利用贝叶斯公式。利用贝叶斯定理求得后验概率,并以此进行决策的方法,称为贝叶斯决策。

贝叶斯定理:设A_i,$(i=1,2,\cdots,n)$是样本空间U的一个划分(互斥且完备),即$A_i \cap A_j = \varnothing$,$\forall i \neq j, U=\sum_{i=1}^{n} A_i, P(A_i)>0$。$B$是任一事件,给定$B$条件下,$A_i$发生的概率称为条件概率,记作$P(A_i/B)$。事件$A_i$、$B$同时发生的概率(联合概率),记作$P(A_iB)$。则$P(A_i/B)=\dfrac{P(A_i)P(B/A_i)}{\sum_{i=1}^{n}P(A_i)P(B/A_i)}$。

证明:

$P(A_i/B)=\dfrac{P(A_iB)}{P(B)}$,即$P(A_iB)=P(B)P(A_i/B)$。同理,$P(A_iB)=P(A_i)P(B/A_i)$,于是$P(B)=\sum_{i=1}^{n}P(A_iB)=\sum_{i=1}^{n}P(A_i)P(B/A_i)$。此式称为全概率公式。

可得:

$$P(A_i/B)=\frac{P(A_i)P(B/A_i)}{\sum_{i=1}^{n}P(A_i)P(B/A_i)}$$

即为贝叶斯公式。

先通过例11.4来理解贝叶斯公式。

例11.4 为了提高某产品的质量,企业决策人考虑增加投资来改进生产设备,预计需投资90万元。但从投资效果看,下属部门有两种意见:一是认为改进设备后高质量产品可占90%,二是认为改进设备后高质量产品可占70%。根据经验,决策人认为第一种意见可信度(发生的概率)为40%,第二种意见可信度为60%。为慎重起见,决策人先做了个小规模试验:试制了5个产品,结果全是高质量产品。问现在决策人对两种意见的可信程度有什么变化?

记事件A_1为改进设备后高质量产品可占90%,事件A_2为改进设备后高质量产品可占70%,事件B为5个产品全是高质量产品。

$P(A_1)=0.4, P(A_2)=0.6$。$P(B/A_1)=0.9^5=0.59, P(B/A_2)=0.7^5=0.168$。

$P(B)=P(B/A_1)P(A_1)+P(B/A_2)P(A_2)=0.59\times0.4+0.168\times0.6=0.337$，$P(A_1/B)=\frac{P(B/A_1)P(A_1)}{P(B)}=\frac{0.236}{0.337}=0.7$，$P(A_2/B)=\frac{P(B/A_2)P(A_2)}{P(B)}=\frac{0.101}{0.337}=0.3$。

可以看到，试验后决策人对两种意见的可信程度变为了 0.7 和 0.3。这就是贝叶斯决策的后验概率。

例 11.5 例 11.3 中，为了进一步了解市场状况，邀请专家对竞争状况进行考察，考察结果是竞争状况为竞争激烈、竞争一般和竞争较小。根据经验估计，市场和竞争的关系见表 11-10。已知决策者采用最大期望收益准则决策，如果专家论证费用需 1 万元，请问是否需要请专家论证？应怎样根据考察结果来决定是否新建？

市场和竞争的关系 表 11-10

市场状况A_i	竞争状况B_j		
	竞争激烈	竞争一般	竞争较小
市场状况差	0.6	0.3	0.1
市场状况一般	0.3	0.4	0.3
市场状况好	0.1	0.4	0.5

记A_i，$i=1,2,3$ 分别表示市场状况差、市场状况一般、市场状况好。则 $P(A_1)=0.5$，$P(A_2)=0.3$，$P(A_3)=0.2$。此为先验概率。

记B_j，$j=1,2,3$ 分别表示竞争激烈、竞争一般和竞争较小。B_j为专家考察结论信息，为先验概率基础上追加的新信息。显然本题关键是求当专家考察结论为B_j时A_i的后验概率$P(A_i \mid B_j)$。

$P(B_1)=P(B_1/A_1)P(A_1)+P(B_1/A_2)P(A_2)+P(B_1/A_3)P(A_3)=0.6\times0.5+0.3\times0.3+0.1\times0.2=0.41$。

$P(B_2)=P(B_2/A_1)P(A_1)+P(B_2/A_2)P(A_2)+P(B_2/A_3)P(A_3)=0.3\times0.5+0.4\times0.3+0.4\times0.2=0.35$。

$P(B_3)=P(B_3/A_1)P(A_1)+P(B_3/A_2)P(A_2)+P(B_3/A_3)P(A_3)=0.1\times0.5+0.3\times0.3+0.5\times0.2=0.24$。

现在根据贝叶斯公式计算后验概率。

$$P(A_1/B_1)=\frac{P(A_1B_1)}{P(B_1)}=\frac{P(B_1/A_1)P(A_1)}{P(B_1)}=\frac{0.6\times0.5}{0.41}=0.7317\text{。}$$

$$P(A_2/B_1)=\frac{P(A_2B_1)}{P(B_1)}=\frac{P(B_1/A_2)P(A_2)}{P(B_1)}=\frac{0.3\times0.3}{0.41}=0.2195\text{。}$$

$$P(A_3/B_1)=\frac{P(A_3B_1)}{P(B_1)}=\frac{P(B_1/A_3)P(A_3)}{P(B_1)}=\frac{0.1\times0.2}{0.41}=0.0488\text{。}$$

同理，$P(A_1/B_2)=\frac{0.3\times0.5}{0.35}=0.4286$。

$$P(A_2/B_2)=\frac{0.4\times0.3}{0.35}=0.3428\text{。}$$

$$P(A_3/B_2)=\frac{0.4\times0.2}{0.35}=0.2286\text{。}$$

$P(A_1/B_3)=\dfrac{0.1\times0.5}{0.24}=0.2083$。

$P(A_2/B_3)=\dfrac{0.3\times0.3}{0.24}=0.375$。

$P(A_3/B_3)=\dfrac{0.5\times0.2}{0.24}=0.4167$。

聘请专家论证和不请专家论证两种决策方案分别记为I_1和I_2，新建和不建设两种决策方案分别表示为S_1和S_2。

如采取聘请专家论证方案(I_1)，考查结果有3种情况：

(1)如果考察结果是竞争激烈(B_1)，记作($B_1|I_1$)。

决策S_1(构建配送中心)记作($S_1|B_1|I_1$)，收益期望值为：

$\text{EMV}(S_1|B_1|I_1)=(-8)\times0.7317+4\times0.2195+19\times0.0488=-4.0484$。

决策S_2(不构建配送中心)记作($S_2|B_1|I_1$)，收益期望值为：

$\text{EMV}(S_2|B_1|I_1)=-1$。

由于$\text{EMV}(S_2|B_1|I_1)>\text{EMV}(S_1|B_1|I_1)$，故此时决策为$S_2$。

$\text{EMV}(B_1|I_1)=\text{EMV}(U_2|B_1|I_1)=-1$。

(2)如果考察结果是竞争一般(B_2)，记作($B_2|I_1$)。

S_1记作($S_1|B_2|I_1$)，收益期望值为：

$\text{EMV}(S_1|B_2|I_1)=(-8)\times0.4286+4\times0.3428+19\times0.2286=2.2858$。

S_2记作($S_2|B_2|I_1$)，收益期望值为：

$\text{EMV}(S_2|B_2|I_1)=-1$。

由于$\text{EMV}(S_1|B_2|I_1)>\text{EMV}(S_2|B_2|I_1)$，故此时决策为$S_1$。

$\text{EMV}(B_2|I_1)=\text{EMV}(U_1|B_2|I_1)=2.2858$。

(3)如果考察结果是竞争较小(B_3)，记作($B_3|I_1$)。

S_1记作($S_1/B_3/I_1$)，收益期望值为：

$\text{EMV}(S_1|B_3|I_1)=(-8)\times0.2083+4\times0.375+19\times0.4176=7.768$。

S_2记作($S_2|B_3|I_1$)，收益期望值为：

$\text{EMV}(S_2|B_3|I_1)=-1$。

由于$\text{EMV}(S_1|B_3|I_1)>\text{EMV}(S_2|B_3|I_1)$，故此时决策为$S_1$。

$\text{EMV}(B_3|I_1)=\text{EMV}(S_1|B_3|I_1)=7.768$。

由(1)(2)(3)可知，请专家论证收益期望值为：

$\text{EMV}(I_1)=\text{EMV}(B_1|I_1)\times P(B_1)+\text{EMV}(B_2|I_1)\times P(B_2)+\text{EMV}(B_3|I_1)\times P(B_3)=-1\times0.41+2.2858\times0.35+7.768\times0.24=2.52435$。

$\text{EMV}(I_2)$在例11.2中已计算，$\text{EMV}(I_2)=\text{EMV}(S_1|I_2)=2<\text{EMV}(I_1)$，说明请专家论证能增加期望收益。

做出决策树，如图11-3所示。决策序列为：先请专家考察论证(I_1)，如果考察结果是竞争激烈(B_1)，则决策为S_2；如果考察结果是竞争一般(B_2)或竞争较小(B_3)，则决策为S_1。

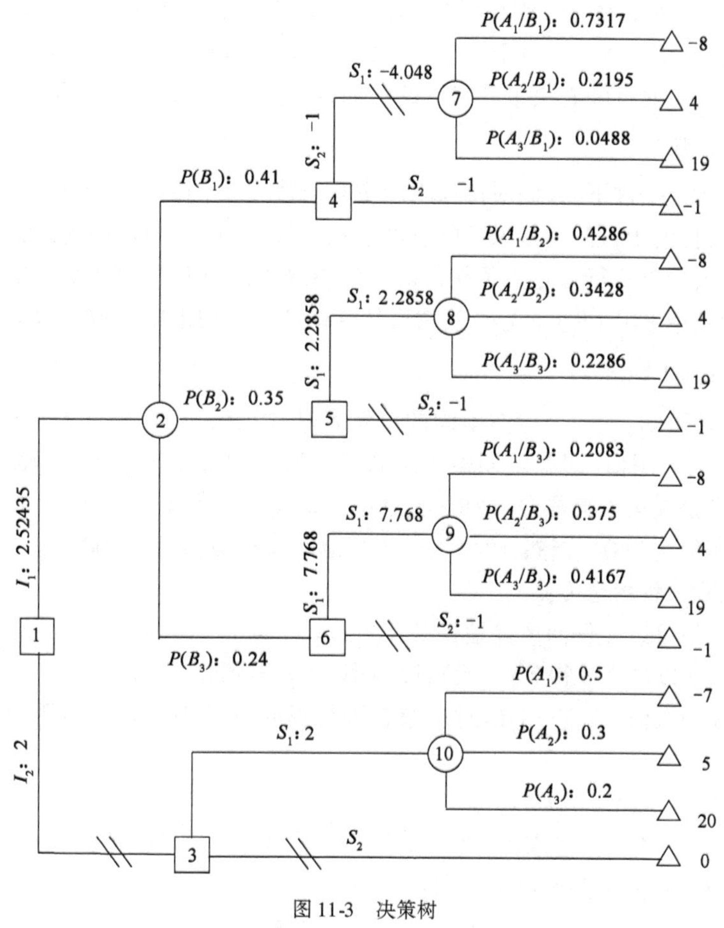

图 11-3　决策树

11.4 效用决策

在实际工作中常常可以看到，投资的最终决策不仅取决于投资经济效益期望值的大小和风险程度，同时也取决于人们对风险的态度。有的决策者敢冒风险，而另外有的人则求稳妥。例如，方案一有 0.5 的概率可以得到 300 元，有 0.5 的概率损失 100 元。方案二以概率为 1 得到 50 元。方案一的期望收益为 100 元，方案二的期望收益为 50 元。但不同的风险偏好者决策方案不一样。

贝努利（Berneuli）提出用效用（Utility）的概念来量化决策者对待风险的态度。所谓效用是指某事或某物对决策者所具有的作用和效果，是一种以决策者现状为客观基础的主观价值（精神感受），是价值观念在决策中的表现。

贝努利效用理论主要包括两个原理。

1. 边际效用递减原理

一个人对于财富的占有多多益善，即效用函数一阶导数大于 0；随着财富的增加，满足程度的增加速度不断下降，即效用函数二阶导数小于 0。即人们对钱财的真实价值的考虑与他的钱财拥有量之间(货币效用函数)是对数关系。通俗地讲,对于每个人来说,财富增加得越多越好,但是增加财富1000元,对于一个身价百万的富豪和口袋里只剩100元的失业者,其满足程度完全不一样。而且随着决策者财富的增加,这种满足程度的增加速度不断下降。

2. 最大效用原理

在风险和不确定条件下,人们对待风险的主观态度是不同的。对于具有一定期望值和风险程度的同一项目,由于人们对待风险的态度不同,有的人评价为效用高,而另一些人可能评价为效用低。个人的决策行为是为了获得最大期望效用值(EUV)而非最大期望收益值,即先计算各决策期望效用 $\mathrm{EUV}(S_i)=\sum_j p_j u_{ij}$,然后从这些期望效用值中选取最大者,其对应决策策略 S_K^A,$S_K^A=\arg[\max_i \mathrm{EUV}(S_i)]$。

由第1个原理可知,同一个方案不同的决策者其效用值不同,因此需针对决策者测定其对待风险的态度的效用值,即确定期望效用曲线。通常的做法是采用心理测试法。

一般规定,凡是决策者最喜爱、最偏向、最愿意的事件,效用值定为1。而最不喜爱、最不愿意的事件,效用值定为0。当然,也可以采用其他数值范围,如0~100。

设决策者面临两种可选方案:

方案A,表示他可以无任何风险地得到x_2(元)。

方案B,表示他以概率p得到x_1(元),以概率$1-p$得到x_3(元)。

固定x_1、x_3、p的取值,改变x_2的值对决策者进行提问直到决策者认为两个方案等价,此时则认为:

$U(x_2)=pU(x_1)+(1-p)U(x_3)$。

如果效用$U(x_1)$、$U(x_3)$已求出,则可以求出一个"新的x_2的效用值"。

例如,假定决策者面临两种可选方案:

方案A:以0.5的概率可以得到200元,以0.5的概率损失100元。

方案B:以概率为1得到25元。

现在规定200元的效用值为1,-100元的效用值为0。可以用提问的方式来测试决策者对不同方案的选择。

(1)若被测试者认为选择方案B可以稳获25元,比方案A稳妥。这就说明对他来说25元的效用值大于方案A的效用值。

(2)把方案B的25元降为10元,问他如何选择?若他认为稳获10元比方案A稳妥,这仍说明10元的效用值大于方案A的效用值。

(3)把方案B的25元降为-10元,问他如何选择?若此时他不愿意付出10元,而宁愿选择方案A,这就说明-10元的效用值小于方案A的效用值。

这样经过若干次提问之后,假设被测试者认为当方案B的25元降到0元时,选择方案A和方案B均可。这说明对他来说0元的效用值与方案A的效用值是相同的,即 $U(0)=0.5\times U(200)+0.5\times U(-100)=0.5\times1+0.5\times0=0.5$,即收益值0元效用值为0.5,这样,就得到效用曲线上的一点。

再次以0.5的概率得到收益200元、以0.5的概率得到0元作为方案A。重复类似的提问过程,假定经过若干次提问,最后判定80元的效用值与这个方案的效用值相等,$U(80)=0.5\times U(200)+0.5\times U(0)=0.5\times1+0.5\times0.5=0.75$,即收益值80元效用值为0.75,于是在0~

200 范围内又得到一点。

再求 -100 元至 0 元之间的点,以 0.5 的概率得 0 元、以 0.5 的概率得 -100 元作为方案 A。经过几次提问,最后判定 -60 元的效用与这个方案的效用值相等,则 $U(60)=0.5\times U(-100)+0.5\times U(0)=0.5\times0+0.5\times0.5=0.25$,即 -60 元的效用值 0.25,于是又得到一点,如图 11-4 所示。按照同样的提问方法,能够得到若干这样的点,把它们连起来,就成为效用曲线,必要时可以用解析式拟合效用曲线。从效用曲线上可以找出各收益值对应的效用值。作出效用曲线后,在决策准则下选出效用值最大的方案,作为最优方案。

效用曲线一般分为保守型、中间型、冒险型 3 种类型,如图 11-5 所示。

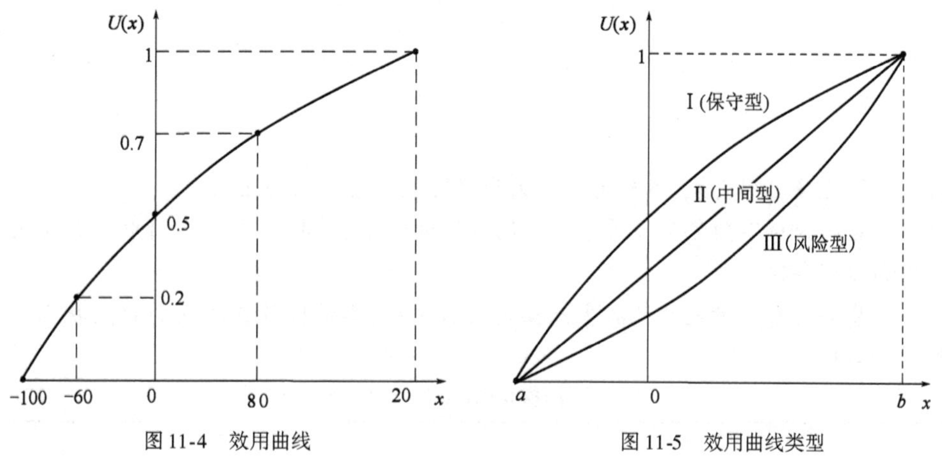

图 11-4 效用曲线

图 11-5 效用曲线类型

保守型效用曲线的特点是其决策者对肯定能够得到的某个收益值的效用大于具有风险的相同收益期望值的效用。这种类型的决策者对损失比较敏感,对利益比较迟缓,是一种避免风险、不求大利、小心谨慎的保守型决策人。

冒险型效用曲线代表的决策者的特点恰恰相反。他们对利益比较敏感,对损失反应迟钝,是一种谋求大利、敢于承担风险的冒险型决策人。

中间型效用曲线代表的决策者认为收益值的增长与效用值的增长成正比关系,是一种只会循规蹈矩、完全按照期望值的大小来选择决策方案的人。实际应用时,决策者可能在不同的货币区间分属 3 种类型。

例 11.6 例 11.3 中,设决策者的效用曲线如图 11-6所示,试根据最大期望效用值进行决策。

由例 11.3 可知两方案在不同状态下的收益值。从确立的效用曲线上找出各收益值的效用值。

$U(-7)=0$;$U(20)=1$;$U(0)=0.4$;$U(5)=0.61$。

将这些效用值填在决策树各损益值旁边括号内。

计算各方案的期望效用值。

方案S_1(新建)的期望效用值为:$0.5\times0+0.3\times0.61+0.2\times1=0.383$。

方案S_2(不建)的期望效用值为 0.4。

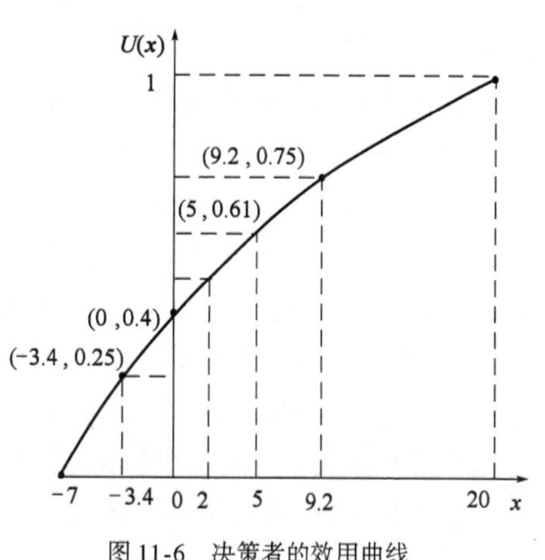

图 11-6 决策者的效用曲线

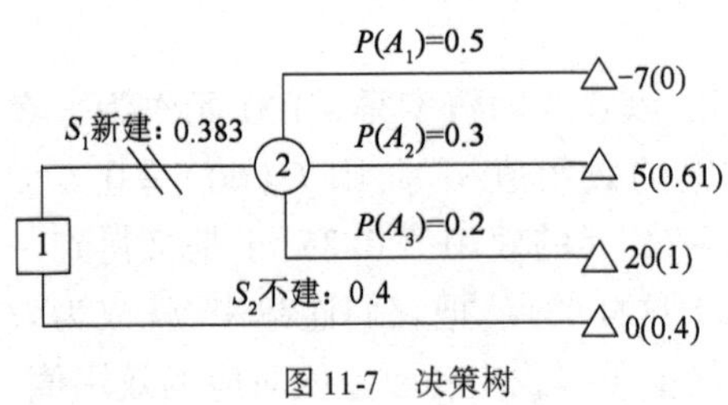

图 11-7 决策树

应选期望效用值大的方案S_2，即不建。决策树如图 11-7 所示。

例 11.6 根据最大期望效用值和最大期望收益值决策的结果不同，其原因是决策者是保守型。可见，每一决策者因自身的个性、经历、环境不同，效用曲线也各不相同。相应地，同样条件下，对方案的喜好程度也不同，从而造成最优方案的选择也不同，所以，决策时要慎重考虑决策者的效用曲线。

习题

11.1 简述确定型决策、不确定型决策和风险型决策之间的区别。

11.2 对比分析不确定型决策中的不同准则的区别，并指出采用不同准则时决策者所面临的环境和心理条件。

11.3 某公司需要对某新产品生产批量做出决策，各种批量在不同的自然状态下的损益情况见表 11-11。

损益矩阵（单位：元） 表 11-11

策 略 S_i	事 件 E_j	
	E_1（需求量大）	E_2（需求量小）
	$P(E_1)$	$P(E_2)$
S_1：大批量生产	30	-6
S_2：中批量生产	20	-2
S_3：小批量生产	10	5

（1）若各事件发生概率未知，分别用不同准则（乐观系数 $\alpha=0.3$）选出决策方案。

（2）若 $P(E_1)=0.3, P(E_2)=0.7$，那么 EMV 准则会选择哪个方案？

11.4 例 11.3 中，已知先验概率 $P(E_1)=0.3, P(E_2)=0.7$，现在该公司欲委托一个咨询公司做市场调查。咨询公司调查的市场结果也有两种，需求量大(I_1)和需求量小(I_2)，并且根据该咨询公司积累的资料统计得知，当市场需求量已知时，咨询公司调查结论的条件概率为：$P(I_1 \mid E_1)=0.8, P(I_2 \mid E_1)=0.2, P(I_1 \mid E_2)=0.1, P(I_2 \mid E_2)=0.9$，问该如何用样本情报进行决策？如果样本情报要价 3 万元，是否要使用这样的情报呢？试用决策树描述决策过程。

11.5 某工厂由于生产工艺落后产品成本偏高，在产品销售价格高时才能盈利，在产品价格中等时收益为 0，在产品价格低时亏损。现在工厂的高级管理人员准备将这项工艺加以改造，用新的生产工艺来代替。新工艺的取得有两种途径：一种时自行研制，成功的概率是 0.6；另一种是购买专利技术，预计谈判成功的概率是 0.8。但是不论研制还是购买，企业的生产规模都有两种方案：一个是产量不变，另一个是增加产量。如果研制或者购买均告失败，则按照原工艺进行生产，并保持产量不变。按照市场调查和预测的结果，预计今后几年内这种产品价格上涨的概率是 0.4，价格中等的概率是 0.5，价格下跌的概率是 0.1。通过计算得到各种价格下的损益值,见表11-12。试用决策树确定企业选择何种决策方案最为有利。

各种价格下的损益值

表11-12

策略		价格下跌0.1	价格中等0.5	价格上涨0.4
原工艺生产		-100	0	100
买专利(0.8)	产量不变	-200	50	150
	增加产品	-300	50	250
自行研制(0.6)	产量不变	-200	0	200
	增加产品	-300	-250	600

第 12 章

对策论

对策论(Games Theory)就是研究对策行为中斗争各方是否存在着最合理的行动方案,以及如何找到这个合理的行动方案的数学理论和方法,亦称竞赛论或博弈论。一般认为,它既是现代数学的一个新分支,也是运筹学中的一个重要学科。现代对策论起源于 1944 年 J. Von Neumann和 O. Morgenstern 的著作 *Theory of Games and Economic Behavior*。20 世纪 50 年代是对策论发展的鼎盛时期,纳什和夏普利等提出了讨价还价模型和合作对策的"核"的概念。同时,非合作对策也开始创立。纳什于 1950 年和 1951 年发表了两篇关于非合作对策的文章,图克于 1950 年定义了"囚徒困境"问题。20 世纪 60 年代,泽尔腾(1965)引入动态分析,提出"精练纳什均衡"概念;海萨尼则把不完全信息引入对策论的研究。对策论发展的历史并不长,对策论在投资分析、价格制定、费用分摊、财政转移支付、投标与拍卖、对抗与追踪、国际冲突、双边贸易谈判、劳资关系以及动物行为进化等领域得到广泛应用。

12.1 对策论概述

12.1.1 对策行为与对策论

在日常生活中,经常可以看到一些具有相互斗争或竞争性质的行为,如下棋、打牌、体育比赛等,还有企业间的竞争、军队或国家间的战争、政治斗争等,它们都具有对抗的性质。这种具有竞争或对抗性质的行为称为对策行为。在这类行为中,各方具有不同的目标和利益。为实现自己的目标和利益,各方必须考虑对手可能采取的行动方案,并力图选择对自己最为有利或最为合理的行动方案。例如,我国战国时期的"田忌赛马"就是典型的对策行为。

对策论把各式各样的冲突现象抽象成一种数学模型,然后给出分析这些问题的方法和解。应该说明的是,所谓解是指对策中的所有参与者都按最佳策略行动而得到的结果。对策论的研究中一般都假设:在对策中所有参与者都是"完全理智"的,在采取的策略上没有任何失误。

12.1.2 对策行为的基本要素

对策问题各种各样,所以对策模型也千差万别,但本质上都包括3个基本要素。

(1)局中人。

局中人是在一个对策行为中,有权决定自己行动方案的对策参加者。一般要求一个对策中至少要有两个局中人。通常用 I 表示局中人的集合,对于一个有 n 个局中人的对策问题,用 i 表示第 i 个局中人,即 $i \in I = \{1,2,\cdots,n\}$。

(2)策略集。

一局对策中,可供局中人选择的一个实际可行的完整的行动方案称为一个策略。一个局中人全体策略构成的集合,称为此局中人的策略集。第 i 个局中人的策略集记为S_i。一般每个局中人的策略集至少包含两个策略。

(3)赢得函数(支付函数)。

在一局对策中,各局中人所选定的策略形成的策略组称为一个局势,即若$s_i \in S_i$是第 i 个局中人的一个策略,则 n 个局中人的策略组 $s = (s_1, s_2, \cdots, s_n)$ 就是一个局势。全体局势的集合 S 可用各局中人策略集的笛卡尔积表示,即:

$$S = \prod_{i=1}^{n} S_i = S_1 \times S_2 \times \cdots \times S_n$$

当局势出现后,对策的结果也就确定了。也就是说,对任一局势 $s \in S$,局中人 i 可以得到一个赢得值$H_i(s)$。显然,$H_i(s)$是局势 s 的函数,称为第 i 个局中人的赢得函数。这样,就得到一个向量赢得函数 $\boldsymbol{H}(s) = (H_1(s), H_2(s), \cdots, H_n(s))$。

一般来说,当这3个要素确定了,一个决策模型也就给定了。

例12.1 两个参加者甲、乙各出示一枚硬币,在不让对方看见的情况下,将硬币放在桌子上,若两个硬币都呈正面或都呈反面则甲得1分,乙扣1分;若两个硬币一个呈正面另一个呈反面则乙得1分,甲扣1分。

整个对策问题中,局中人为甲、乙两人;两人的策略集分别为$S_{甲} = \{正,反\}$,$S_{乙} = \{正,反\}$;一共有 $2 \times 2 = 4$ 个局势,局势集为:

$S = \{(正,正),(正,反),(反,正),(反,反)\}$,甲的支付函数为:$H_{甲} = \begin{cases} 1, & s = (正,正)或(反,反) \\ -1, & s = (正,反)或(反,正) \end{cases}$。

12.1.3 对策问题分类

(1)按局中人的多少分为两人对策和多人对策。

(2)按策略集中策略的有限或无限,分为有限对策和无限对策。

(3)按各局中人赢得函数的代数和是否为0,分为零和对策和非零和对策。

(4)根据局中人间是否允许合作,分为合作对策和非合作对策。

此外,还有许多其他的分类方式。

在众多对策(问题)中,占有重要地位的是二人有限(问题)零和对策(问题),又称矩阵对策(问题)。例12.1即为二人有限零和对策问题。本节将着重介绍矩阵对策(问题)。

12.2 矩阵对策纯策略意义下的解

矩阵对策就是两人有限零和对策。设两个局中人为Ⅰ、Ⅱ,它们各自的策略集为$S_1=\{\alpha_1,\alpha_2,\cdots,\alpha_m\}$,$S_2=\{\beta_1,\beta_2,\cdots,\beta_n\}$。在局势$(\alpha_i,\beta_j)$下Ⅰ的收入为$a_{ij}$,这样的局势共有$m\times n$个,故Ⅰ的收入可以用矩阵$\boldsymbol{A}=(a_{ij})_{m\times n}$表示出来。称$\boldsymbol{A}$为局中人Ⅰ的赢得矩阵。由于是有限零和对策,故局中人Ⅱ的赢得矩阵为$-\boldsymbol{A}^{\mathrm{T}}$。可见矩阵$\boldsymbol{A}$能完整地描述整个对策问题,这就是矩阵对策名称的由来。将这个矩阵对策记成$G=\{\text{Ⅰ},\text{Ⅱ};S_1,S_2;\boldsymbol{A}\}$或$G=\{S_1,S_2;\boldsymbol{A}\}$。

例12.2 求解矩阵对策问题$G=\{\text{Ⅰ},\text{Ⅱ};S_1,S_2;\boldsymbol{A}\}$,$S_1=\{\alpha_1,\alpha_2,\alpha_3,\alpha_4\}$,$S_2=\{\beta_1,\beta_2,\beta_3\}$。

$$\boldsymbol{A}=\begin{pmatrix}-7 & 1 & -8\\ 3 & 2 & 4\\ 10 & -1 & -3\\ -3 & 0 & 5\end{pmatrix}$$

假定局中人均理性,对于局中人Ⅰ来说,选α_3可能会获得最大赢得值10,但获得赢得值10的前提是局中人Ⅱ选β_1,但理性的Ⅱ肯定不会选β_1,如果他估计Ⅰ选α_3,他肯定会选β_3。也就是说双方在决策时要考虑对方可能做何种策略。所以Ⅰ会进行如此分析:

当Ⅰ选α_1时,如Ⅱ选β_3,Ⅰ的赢得值为$\min\limits_j(a_{1j})=\min(-7\ 1\ -8)=-8$。

当Ⅰ选α_2时,如Ⅱ选β_2,Ⅰ的赢得值为$\min\limits_j(a_{2j})=\min(3\ 2\ 4)=2$。

当Ⅰ选α_3时,如Ⅱ选β_3,Ⅰ的赢得值为$\min\limits_j(a_{3j})=\min(10\ -1\ -3)=-3$。

当Ⅰ选α_4时,如Ⅱ选β_1,Ⅰ的赢得值为$\min\limits_j(a_{4j})=\min(-3\ 0\ 5)=-3$。

由于$\max\limits_i\min\limits_j(a_{ij})=2$,所以Ⅰ的稳妥策略应是$\alpha_2$。同理,对于Ⅱ来说,由于$\min\limits_j\max\limits_i(a_{ij})=2$,所以Ⅱ的理性策略应是$\beta_2$。当Ⅰ选$\alpha_2$、Ⅱ选$\beta_2$时,$\max\limits_i\min\limits_j(a_{ij})=\min\limits_j\max\limits_i(a_{ij})=2$,两者的决策形成了一个稳定的局势,就是各局中人单方面改变策略,都不可能增大赢得或减小损失。于是这个矩阵对策问题的解即为(α_2,β_2)。可以直接在赢得矩阵上表示上述分析过程:

$$\begin{array}{cc}
 & \begin{array}{ccc}\beta_1 & \beta_2 & \beta_3\end{array} \quad \min \\
\boldsymbol{A}=\begin{array}{c}\alpha_1\\ \alpha_2\\ \alpha_3\\ \alpha_4\end{array} & \begin{pmatrix}-7 & 1 & -8\\ 3 & 2 & 4\\ 10 & -1 & -3\\ -3 & 0 & 5\end{pmatrix}\begin{array}{c}-8\\ 2\checkmark\\ -3\\ -3\end{array} \\
\max & \begin{array}{ccc}10 & 2\checkmark & 5\end{array}
\end{array}$$

由于$\max\limits_i \min\limits_j (a_{ij}) = \min\limits_j \max\limits_i (a_{ij}) = 2$，所以，本题最优解为$(\alpha_2, \beta_2)$，最优值为2。

对于一般矩阵对策，有如下定义。

定义 12.1 设矩阵对策$G = \{I, II; S_1, S_2; \boldsymbol{A}\}$，其中$S_1 = \{\alpha_1, \alpha_2, \cdots, \alpha_m\}$，$S_2 = \{\beta_1, \beta_2, \cdots, \beta_n\}$；$\boldsymbol{A} = (a_{ij})_{m \times n}$，若等式$\max\limits_i \min\limits_j (a_{ij}) = \min\limits_j \max\limits_i (a_{ij}) = a_{i^*j^*}$成立，则$G$有稳定解，记$V_G = a_{i^*j^*}$，称$V_G$是对策$G$的值，称局势$(\alpha_{i^*}, \beta_{j^*})$为$G$在最优纯策略下的解（或平衡局势），分别称$\alpha_{i^*}$、$\beta_{j^*}$为局中人$I$、$II$的最优纯策略。

定理 12.1 矩阵对策$G = \{S_1, S_2; \boldsymbol{A}\}$在纯策略意义下有解（有确定解）的充分必要条件是：存在纯局势$(\alpha_{i^*}, \beta_{j^*})$，使得对一切$i = 1, \cdots, m, j = 1, \cdots, n$，均有

$$a_{ij^*} \leqslant a_{i^*j^*} \leqslant a_{i^*j}$$

此时，$a_{i^*j^*}$既是矩阵$\boldsymbol{A}$第i^*行的最小值，又是$\boldsymbol{A}$第j^*列的最大值，称$a_{i^*j^*}$为矩阵的一个鞍点。

证明：先证充分性，由于对于任意i、j，均有$a_{ij^*} \leqslant a_{i^*j^*} \leqslant a_{i^*j}$，故$\max\limits_i a_{ij^*} \leqslant a_{i^*j^*} \leqslant \min\limits_j a_{i^*j}$。

又因：

$$\min_j \max_i (a_{ij}) \leqslant \max_i a_{ij^*}$$

$$\min_j a_{i^*j} \leqslant \max_i \min_j (a_{ij})$$

所以：

$$\min_j \max_i (a_{ij}) \leqslant a_{i^*j^*} \leqslant \max_i \min_j (a_{ij}) \tag{12-1}$$

另外，对于任意i、j有：

$$\min_j a_{ij} \leqslant a_{ij} \leqslant \max_i a_{ij}$$

所以：

$$\max_i \min_j (a_{ij}) \leqslant \min_j \max_i (a_{ij}) \tag{12-2}$$

由式(12-1)和式(12-2)有$\max\limits_i \min\limits_j (a_{ij}) = \min\limits_j \max\limits_i (a_{ij}) = a_{i^*j^*}$。

再证必要性。

由已知$\max\limits_i \min\limits_j (a_{ij}) = \min\limits_j \max\limits_i (a_{ij}) = a_{i^*j^*}$。

设有i^*、j^*，使得：

$$\min_j a_{i^*j} = \min_j \max_i (a_{ij}) = a_{i^*j^*}$$

$$\max_i a_{ij^*} = \max_i \min_j (a_{ij}) = a_{i^*j^*}$$

即对于任意i、j，均有：

$$a_{ij^*} \leqslant \max_i a_{ij^*} = a_{i^*j^*} = \min_j a_{i^*j} \leqslant a_{i^*j}$$

12.3 矩阵对策的混合策略

先看一个简单的例子：设矩阵对策$G = \{\text{Ⅰ}, \text{Ⅱ}; S_1, S_2; \boldsymbol{A}\}$，其中$S_1 = \{\alpha_1, \alpha_2,\}$，$S_2 = \{\beta_1, \beta_2,\}$；$\boldsymbol{A} = \begin{pmatrix} 3 & 6 \\ 5 & 4 \end{pmatrix}$。

双方根据最不利情形中选取最有利结果的原则进行决策，对于局中人Ⅰ来说，$\max\limits_i \min\limits_j (a_{ij})=4$，应选择$\alpha_2$，对于局中人Ⅱ来说，$\min\limits_j \max\limits_i (a_{ij})=5$，应选$\beta_1$。然而局势$(\alpha_2,\beta_1)$对应的赢得值为5，比Ⅰ的预期赢得要大。因此$\beta_1$不是Ⅱ的最优策略，Ⅱ会考虑选$\beta_2$，但局中人Ⅰ也会采取相应的办法选$\alpha_1$使得赢得为6；而局中人Ⅱ又可采取策略$\beta_1$来应对Ⅰ采取$\alpha_1$，换句话说，对这两个局中人来说，由于$\max\limits_i \min\limits_j (a_{ij}) \neq \min\limits_j \max\limits_i (a_{ij})$，不存在一个双方均可接受的平衡局势，矩阵对策不存在纯策略意义下的解，双方选各策略的概率都存在，即所谓的混合策略。

定义 12.2 设矩阵对策 $G=\{\mathrm{I},\mathrm{II};S_1,S_2;\boldsymbol{A}\}$，其中$S_1=\{\alpha_1,\alpha_2,\cdots,\alpha_m\}$，$S_2=\{\beta_1,\beta_2,\cdots,\beta_n\}$；$\boldsymbol{A}=(a_{ij})_{m\times n}$，设$x_i(i=1,\cdots,m)$为局中人Ⅰ选择策略$\alpha_i$的概率，$y_j(j=1,\cdots,n)$为局中人Ⅱ选择策略$\beta_j$的概率，显然必须满足：

$$x_i \geqslant 0,\sum_{i=1}^{m} x_i = 1$$

$$y_j \geqslant 0,\sum_{j=1}^{n} y_j = 1$$

记：

$$S_1^* = \{x \in E^m \mid x_i \geqslant 0, i=1,\cdots,m, \sum_{i=1}^{m} x_i = 1\}$$

$$S_2^* = \{y \in E^n \mid y_j \geqslant 0, j=1,\cdots,n, \sum_{j=1}^{n} y_j = 1\}$$

则称S_1^*和S_2^*分别为局中人Ⅰ和局中人Ⅱ的混合策略集，称$\boldsymbol{x}=(x_1,x_2,\cdots,x_m)^{\mathrm{T}}\in S_1^*$和$\boldsymbol{y}=(y_1,y_2,\cdots,y_n)^{\mathrm{T}}\in S_2^*$为局中人Ⅰ和局中人Ⅱ的混合策略，称$(x,y)$为一个混合局势，此时局中人Ⅰ的赢得函数为：

$$E(x,y)=\boldsymbol{x}^{\mathrm{T}}\boldsymbol{A}y=\sum_{i=1}^{m}\sum_{j=1}^{n} a_{ij}x_i y_j$$

这样得到一个新的对策记为$G^*=\{\mathrm{I},\mathrm{II};S_1^*,S_2^*;E\}$，称$G^*$为对策$G$的混合扩充。显然，纯策略是混合策略的特例。

下面讨论矩阵对策G在混合策略意义下的解。

双方根据最不利情形中选取最有利结果的原则进行决策，则局中人Ⅰ可以保证自己的赢得期望值不少于$\max\limits_{x\in S_1^*}\min\limits_{y\in S_2^*}E(x,y)$，同理，局中人Ⅱ可以保证自己的损失期望值不超过$\min\limits_{y\in S_2^*}\max\limits_{x\in S_1^*}E(x,y)$。当$\max\limits_{x\in S_1^*}\min\limits_{y\in S_2^*}E(x,y)=\min\limits_{y\in S_2^*}\max\limits_{x\in S_1^*}E(x,y)$时，类似于用最优纯策略的定义最优混合策略，并给出矩阵对策在混合策略意义下解存在的鞍点型充要条件。

定义 12.3 设$G^*=\{S_1^*,S_2^*;E\}$是$G=\{S_1,S_2;\boldsymbol{A}\}$的混合扩充，如果

$$\max_{x\in S_1^*}\min_{y\in S_2^*}E(x,y)=\min_{y\in S_2^*}\max_{x\in S_1^*}E(x,y) \tag{12-3}$$

记其值为V_G，称V_G为G^*的值，称满足式(12-3)成立的混合局势(x^*,y^*)为G在混合策略意义下解(或简称解)，分别称x^*、y^*为局中人Ⅰ和Ⅱ的最优混合策略(或简称最优策略)。

现约定对$G=\{S_1,S_2;\boldsymbol{A}\}$及其混合扩充$G^*=\{S_1^*,S_2^*;E\}$一般不加以区别，都用$G=\{S_1,S_2;\boldsymbol{A}\}$表示，当$G$在纯策略意义下不存在解时，自动认为讨论的是在混合策略意义下的解。

定理 12.2 矩阵对策在混合策略意义下有解的充要条件是：存在$x^*\in S_1^*$，$y^*\in S_2^*$，使

(x^*, y^*) 为 $E(x,y)$ 的一个鞍点，即对一切 $x \in S_1^*, y \in S_2^*$，有 $E(x,y^*) \leqslant E(x^*,y^*) \leqslant E(x^*,y)$。

其证明类似于定理12.1，过程略。

定理12.3（J. Von Neumann 定理） 任意矩阵对策 $G = \{S_1, S_2; \boldsymbol{A}\}$，总有 $\max\limits_{x \in S_1^*} \min\limits_{y \in S_2^*} E(x,y) = \min\limits_{y \in S_2^*} \max\limits_{x \in S_1^*} E(x,y)$，即一般矩阵对策问题的混合策略意义下的解总是存在的。

证明：

$$
\text{s. t.} \begin{cases} \max w \quad (\text{问题 P}) \\ \sum\limits_{i=1}^{m} a_{ij} x_i \geqslant w, j = 1,2,\cdots,n \\ \sum\limits_{i=1}^{m} x_i = 1, x_i \geqslant 0, i = 1,2,\cdots,m \end{cases} \tag{12-4}
$$

$$
\text{s. t.} \begin{cases} \min v \quad (\text{问题 D}) \\ \sum\limits_{j=1}^{n} a_{ij} y_j \leqslant v, i = 1,2,\cdots,m \\ \sum\limits_{j=1}^{n} y_j = 1, y_j \geqslant 0, j = 1,2,\cdots,n \end{cases} \tag{12-5}
$$

易验证，问题(P)和(D)是互为对偶的线性规划问题，而且都存在可行解。由线性规划对偶理论可知，问题(P)和(D)分别存在最优解(x^*, w^*)和(y^*, v^*)，且$w^* = v^*$，即存在$x^* \in S_1^*, y^* \in S_2^*$，和数$v^*$，对于任意的 $i = 1,2,\cdots,m, j = 1,2,\cdots,n$，满足：

$$
\sum_{j=1}^{n} a_{ij} y_j^* \leqslant v^* \leqslant \sum_{i=1}^{m} a_{ij} x_i^*
$$

所以：

$$
E(x, y^*) = \sum_{i=1}^{m} \sum_{j=1}^{n} a_{ij} y_j^* x_i \leqslant \sum_{i=1}^{m} v^* x_i = v^*
$$

令 $x = x^*$，则 $E(x^*, y^*) \leqslant v^*$，得：

$$
E(x^*, y) = \sum_{j=1}^{n} \sum_{i=1}^{m} a_{ij} x_i^* y_j \geqslant \sum_{j=1}^{n} v^* y_j = v^*
$$

令 $y = y^*$，则 $E(x^*, y^*) \geqslant v^*$，故：

$$
E(x^*, y^*) = v^*
$$

即：

$$
E(x, y^*) \leqslant E(x^*, y^*) \leqslant E(x^*, y)
$$

此定理的证明为一构造性证明，不仅证明了解的存在性，而且给出了利用线性规划求解矩阵对策的方法。

定理12.4 设有两个矩阵对策$G_1 = \{S_1, S_2; \boldsymbol{A}_1\}$，$G_2 = \{S_1, S_2; \boldsymbol{A}_2\}$，$\boldsymbol{A}_1 = (a_{ij})$，$\boldsymbol{A}_2 = (ka_{ij} + L)$，$k \neq 0$，$L$ 为一常数，此两矩阵对策问题同解，且对策值满足$V_{G_2} = kV_{G_1} + L$。

定理12.4 证明略。

12.4 矩阵对策的求解

12.4.1 矩阵对策的简化

定义 12.4 给定矩阵对策 $G=\{S_1,S_2;\boldsymbol{A}\}$，其中$S_1=\{\alpha_1,\alpha_2,\cdots,\alpha_m\}$，$S_2=\{\beta_1,\beta_2,\cdots,\beta_n\}$；$\boldsymbol{A}=(a_{ij})_{m\times n}$，如果对于任意$j=1,2,\cdots,n$，都有$a_{kj}\geqslant a_{lj}$，即矩阵$\boldsymbol{A}$的第$k$行元素均不小于第$l$行对应的元素，则称局中人Ⅰ的策略$\alpha_k$优超于策略$\alpha_l$。如果对于任意$j=1,2,\cdots,n$，都有$a_{kj}>a_{lj}$，则称局中人Ⅰ的策略$\alpha_k$严格优超于策略$\alpha_l$。如果对于任意$i=1,2,\cdots,m$，都有$a_{ik}\leqslant a_{il}$，则称局中人Ⅱ的策略$\beta_k$优超于策略$\beta_l$。如果对于任意$i=1,2,\cdots,m$，都有$a_{ik}<a_{il}$，则称局中人Ⅱ的策略$\beta_k$严格优超于策略$\beta_l$。

局中人Ⅰ的策略α_k严格优超于策略α_l，则局中人Ⅰ采用策略α_k，无论局中人Ⅱ采用何种策略，Ⅰ的赢得都比采用策略α_l要多。因而对于Ⅰ来说策略α_l出现的概率为0，可以在赢得矩阵中删除该策略对应的行。同样，局中人Ⅱ的策略β_k严格优超于策略β_l，无论局中人Ⅰ采用何种策略，Ⅱ的赢得都比采用策略α_l要多，对于Ⅱ来说策略β_l出现的概率为0，可以在赢得矩阵中删除该策略对应的列。

此外还可以定义一个纯策略被另外若干个纯策略的凸线性组合所超越的情形。此时也可以通过将删除被优超的纯策略所在的行或列来降低赢得矩阵的阶。

例 12.3 设矩阵对策G的赢得矩阵为：

$$\boldsymbol{A}=\begin{pmatrix}3&2&4&0\\3&4&2&3\\4&3&4&2\\0&4&0&8\end{pmatrix}$$

求解该矩阵对策问题。

由于第一行被第三行优超，将第一行去掉：

$$\begin{pmatrix}3&4&2&3\\4&3&4&2\\0&4&0&8\end{pmatrix}$$

第一列被第三列优超，将第一列去掉：

$$\begin{pmatrix}4&2&3\\3&4&2\\4&0&8\end{pmatrix}$$

不难看出，这个3×3矩阵对策的元素满足下列关系：

$$\begin{pmatrix}4\\3\\4\end{pmatrix} \geqslant 0.5\begin{pmatrix}2\\4\\0\end{pmatrix} + 0.5\begin{pmatrix}3\\2\\8\end{pmatrix}$$

因此又可以将这个 3×3 矩阵的第一列去掉：

$$\begin{pmatrix}2 & 3\\4 & 2\\0 & 8\end{pmatrix}$$

这个矩阵的第一行元素被第二、三行元素的凸线性组合所优超，去掉其第一行，得：

$$\begin{pmatrix}4 & 2\\0 & 8\end{pmatrix}$$

此时已无法再化简，可以用下一节的求解方法求这个 2×2 矩阵对策。

12.4.2 矩阵对策的线性规划方法求解

矩阵对策求解方法有代数法、图解法和方程组法等，这里只讲述线性规划方法求解，这对于具有大型矩阵的对策特别有用。根据前面的分析，可以直接解问题(12-4)[式(12-4)]、问题(12-5)[式(12-5)]求解。但为了更直观地看清对策双方的关系和地位，可以进行以下变形和简化。

已知矩阵对策 $G=\{S_1,S_2;\boldsymbol{A}\}$，假定对策值 $V_G>0$，(如果 $V_G<0$，根据定理 12.4，只需将所有的 a_{ij} 都加上一个较大的数 L，即可变成一个同解的矩阵对策问题)，设问题(12-4)、问题(12-5)最优值为 $w=v=V_G>0$，对于问题(12-4)，令 $x_i'=\dfrac{x_i}{v}\geqslant 0$，则约束条件 $\sum\limits_{i=1}^{m}a_{ij}x_i\geqslant w$ 变为 $\sum\limits_{i=1}^{m}a_{ij}x_i'\geqslant 1$，$\sum\limits_{i=1}^{m}x_i=1$ 变为 $\sum\limits_{i=1}^{m}x_i'=\dfrac{1}{v}$，优化目标 $\max w$ 变为 $\min\dfrac{1}{w}$，即 $\min\sum\limits_{i=1}^{m}x_i'$，于是问题(12-4)可变为：

$$\min\sum_{i=1}^{m}x_i'$$
$$\text{s. t.}\begin{cases}\sum\limits_{i=1}^{m}a_{ij}x_i'\geqslant 1, j=1,2,\cdots,n\\ x_i'\geqslant 0, i=1,2,\cdots,m\end{cases}\tag{12-6}$$

同理令 $y_j'=\dfrac{y_j}{v}\geqslant 0$，问题(12-5)可变为：

$$\max\sum_{j=1}^{n}y_j'$$
$$\text{s. t.}\begin{cases}\sum\limits_{j=1}^{n}a_{ij}y_j'\leqslant 1, i=1,2,\cdots,m\\ y_j'\geqslant 0, j=1,2,\cdots,n\end{cases}\tag{12-7}$$

这两个问题互为对偶问题(互为对偶问题其实就是矩阵对策问题的实质和根本内涵)。

根据对偶理论只需解其中之一即可。通常解式(12-7),因为不需要添加人工变量。

例 12.4 求解矩阵对策 $G = \{S_1, S_2; A\}$,$A = \begin{pmatrix} 8 & 4 & 12 \\ 12 & 6 & 2 \\ 4 & 16 & 8 \end{pmatrix}$。

这是一个无鞍点的对策问题,且无法通过优超降阶。由于所有的$a_{ij} \geqslant 0$,故对策值$V_G > 0$,将有关数据代入式(12-7)得:

$$\max\ y_1' + y_2' + y_3'$$

$$\text{s.t.} \begin{cases} 8y_1' + 4y_2' + 12y_3' \leqslant 1 \\ 12y_1' + 6y_2' + 2y_3' \leqslant 1 \\ 4y_1' + 16y_2' + 8y_3' \leqslant 1 \\ y_1', y_2', y_3' \geqslant 0 \end{cases}$$

用单纯形表求解,见表 12-1。

单纯形表 表 12-1

$c_j \to$		1	1	1				RHS	θ_i
C_B	Y_B	y_1'	y_2'	y_3'	y_4	y_5	y_6	$B^{-1}b$	
0	y_4	8	4	12	1			1	
0	y_5	[12]	6	2		1		1	
0	y_6	4	16	8			1	1	
$\sigma_j \to$		1	1	1					
		…	…	…					
$c_j \to$		1	1	1				RHS	θ_i
C_B	Y_B	y_1'	y_2'	y_3'	y_4	y_5	y_6	$B^{-1}b$	
1	y_3'			1	3/32	-1/16	0	1/32	
1	y_1'	1			1/112	10/112	-1/28	1/16	
1	y_2'		1		-11/224	1/112	1/14	1/32	
$\sigma_j \to$					-3/56	-1/28	-1/28		

由表 12-1 可知:

$(y_1', y_2', y_3') = \left(\frac{1}{16}, \frac{1}{32}, \frac{1}{32}\right)$,$(x_1', x_2', x_3') = \left(\frac{3}{56}, \frac{1}{28}, \frac{1}{28}\right)$。

代回原变量得:

$(y_1, y_2, y_3) = \left(\frac{1}{2}, \frac{1}{4}, \frac{1}{4}\right)$,$(x_1, x_2, x_3) = \left(\frac{3}{7}, \frac{2}{7}, \frac{2}{7}\right)$。

本节仅介绍了矩阵对策。在求解矩阵对策时,应先判断其是否具有鞍点,当不具有鞍点时，利用优超原则将原对策的赢得矩阵尽量地化解，然后利用线性规划法求解。当然求混合对策的方法很多，但线性规划最具有一般性。

习题

12.1　求解矩阵对策问题。$G=\{S_1,S_2;\boldsymbol{A}\}$，$\boldsymbol{A}=\begin{pmatrix}3 & 0 & 2\\ -4 & -1 & 3\\ 2 & -2 & -1\end{pmatrix}$。

12.2　利用线性规划法求解赢得矩阵为 $\boldsymbol{A}$ 的矩阵对策。

$$\boldsymbol{A}=\begin{pmatrix}7 & 2 & 9\\ 2 & 9 & 0\\ 9 & 0 & 11\end{pmatrix}$$

附录

综合分析题:钢管订购和运输问题

要铺设一条$A_1 \to A_2 \to \cdots \to A_{15}$的输送天然气的主管道,如附图1所示。经筛选后可以生产这种主管道钢管的钢厂有$S_1, S_2, \cdots, S_7$。附图1中粗线表示铁路,单细线表示公路,双细线表示要铺设的管道(假设沿管道或者原来有公路,或者建有施工公路),圆圈表示火车站,每段铁路、公路和管道旁的阿拉伯数字表示里程(单位:km)。为方便计算,将1km主管道钢管称为1单位钢管。一个钢厂如果制造这种钢管,至少需要生产500个单位。钢厂S_i在指定期限内能生产该钢管的最大数量为s_i个单位,钢管出厂销售1单位钢管为p_i万元,见附表1。

数 据 表 附表1

变 量 i	1	2	3	4	5	6	7
数量(单位钢管)s_i	800	800	1000	2000	2000	2000	3000
销售价格(万元/单位钢管)p_i	160	155	155	160	155	150	160

1单位钢管的铁路运价见附表2。

运 价 表 附表2

里程(km)	≤300	301~350	351~400	401~450	451~500
运价(万元)	20	23	26	29	32
里程(km)	501~600	601~700	701~800	801~900	901~1000
运价(万元)	37	44	50	55	60

1000km 以上每增加 1 ~ 100km 运价增加 5 万元。

公路运输费用为 1 单位钢管每公里 0.1 万元(不足整公里部分按整公里计算)。

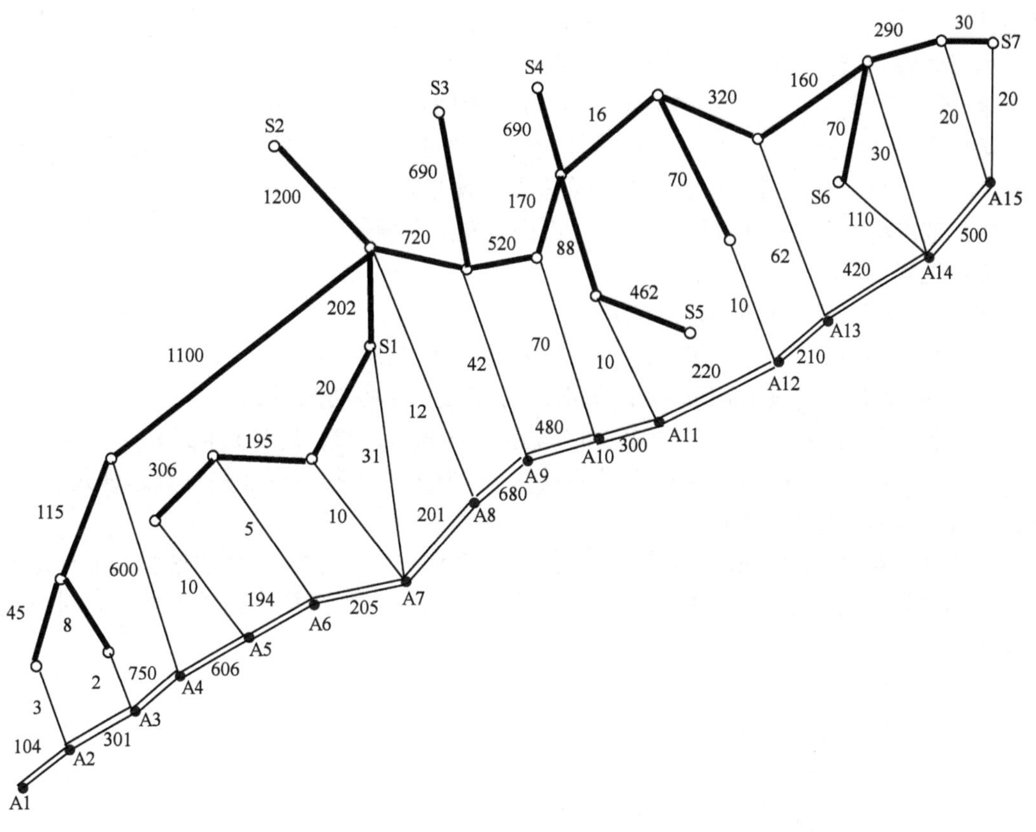

附图 1　天然气输送主管道示意图

(1)将施工节段A_lA_{l+1}($l=1,2,\cdots,14$)收货地点按该节段中点计算,运用最短路算法计算各工厂S_i到各施工节段中点单位钢管的到货单价(货物价格加运费)。

(2)将施工节段A_lA_{l+1}收货地点按该节段中点计算,试构建钢管订购与运输方案模型(运输问题模型)并求解。求出运输方案与总费用。

(3)试分析:各钢厂销售价格p_i在哪个范围内单独变化不会改变购运计划?试分析:各钢厂钢管的产量的上限s_i在哪个范围内单独变化不会改变购运计划?

本题是 2000 年全国大学生数学建模竞赛题的一部分,有简化。

原题没有假定施工节段A_lA_{l+1}收货地点按该节段中点计算,所以是个非线性规划问题。有了这以假定,问题就变成了一个工厂为产地、施工节段为接收地的运输问题。

构建这个运输问题的难点是求产地到销地的单位运价,也就是问题(1)。问题(1)本质上是一个最短路问题,可用 Floyd 算法求解。由于这是个联运问题,故要先分开计算铁路公路里程,再换算成铁路公路单位运费,最后结合出厂价格、铁路运费、公路运费汇总成各工厂S_i到各施工节段E_j中点单位钢管的到货单价c_{ij}。理论上可能出现铁路—公路—铁路—公路运输的情形,但实际中这种情况一般不会出现,所以以下不考虑这种情况。问题(2)是运输问题,设从钢厂S_i运往施工节点E_j的运输量(订购量)为x_{ij},单位运价c_{ij}问题(1)已求出,可调用 linprog 函数求解。问题(3)应为参数线性规划问题或灵敏度分析问题。

为了便于算法描述,先对运输网络节点统一编号。整个运输网络中有 7 个工厂节点(同时为铁路节点)、3 个铁路中间节点、14 个转运节点(同时为公路、铁路节点)、15 个公路节点(不含转运节点和施工节点)、14 个施工节点。依次编号如下:

第 i 个工厂节点$s_i(i=1,\cdots,7)$编号为v_i;3 个中间铁路站节点编号为$v_8,\cdots,v_{10}$(图中自左至右编号);转运节点$B_k(k=1,\cdots,14)$编号为v_{10+k}(图中自左至右编号);15 个公路节点(即图中$A_l,l=1,\cdots,15$)编号为$v_{25},\cdots,v_{39}$(图中自左至右编号);

施工节点$E_j(j=1,\cdots,14)$编号为v_{39+j}(图中自左至右编号)。

变量说明如下。

$\boldsymbol{W}$:邻接权值矩阵,$\boldsymbol{W}$ 为 53×53 方阵。

$\boldsymbol{W}_{\mathrm{t}}$:铁路节点最短距离矩阵,Matlab 代码为 $Wt = W(1:24,1:24)$。

$\boldsymbol{P}_{\mathrm{t}}$ 与 $\boldsymbol{W}_{\mathrm{t}}$ 对应,Pt_{ik}表示v_i到v_k的最短路径上v_k的前一个点的编号。

$\boldsymbol{W}_{\mathrm{g}}$:公路节点最短距离矩阵,Matlab 代码为 $Wg = W(11:53,11:53)$,$Wg(1:14,1:14) = \mathrm{inf} * \mathrm{ones}(14,14)$。因为 $\boldsymbol{W}_{\mathrm{g}}$ 的 1 ~ 14 号为联运节点,但图中这些节点间只有直达铁路线路,因此公路权值要赋值为无穷大(inf)。

$\boldsymbol{P}_{\mathrm{g}}$ 与 $\boldsymbol{W}_{\mathrm{g}}$ 对应,Pg_{kj}表示v_k到v_j的最短路径上v_j的前一个点的编号,注意这里的下标是公路节点内部编号,其下标范围在 $\boldsymbol{W}_{\mathrm{g}}$ 赋值时已转变为 1 ~ 43,在最后输出运输方案时要对节点编号还原。

p_i:出厂S_i销售价格。

s_i:工厂S_i生产能力限额。

Ct_{ik}:工厂S_i到各转运节点B_k单位铁路运费。

Cg_{kj}:转运节点B_k到施工节点E_j单位公路运费。

C_{ij}:工厂S_i到施工节点E_j的到货单价。

$C_{ij}=\min\limits_{k}(p_i+Ct_{ik}+Cg_{kj})$. 用矩阵$Pc_{ij}$保存$\min\limits_{k}(p_i+Ct_{ik}+Cg_{kj})$取最小值时 k 的下标。

x_{ij}:钢厂S_i运往施工节点E_j的运输量(订购量)。

e_j:施工节点E_j所需钢管铺设长度。

算法描述如下。

第(1)问:单位运价C_{ij}计算。

第一步:输入基础数据:权值矩阵 $\boldsymbol{W}$,产地数 $m=7$,销地数 $n=14$,工厂S_i出厂价格及最大生产能力p_i、s_i;施工节点E_j所需钢管铺设长度e_j。

第二步:计算工厂S_i到各转运节点B_k单位铁路运费Ct_{ik}。

铁路节点初始距离矩阵(即为权值矩阵)$\boldsymbol{W}_{\mathrm{t}}=\boldsymbol{W}(1:24,1:24)$,用 Floyd 算法计算工厂节点$v_1,\cdots,v_7$到转运节点$v_{11},\cdots,v_{24}$的最短距离矩阵 $\boldsymbol{W}_{\mathrm{t}}$,并用矩阵 $\boldsymbol{P}_{\mathrm{t}(24\times24)}$ 记下最短路径。

铁路最小费用矩阵 $\boldsymbol{C}_t$ 中不再包含节点$v_8,\cdots,v_{10}$,记 $\boldsymbol{C}_{\mathrm{t}}=\boldsymbol{W}_{\mathrm{t}}(1:7,11:14)$表示工厂$S_i$到转运节点$B_k$得最短距离,然后按铁路运价表换算出节点间最小铁路费用,仍用 $\boldsymbol{C}_t$ 表示,即Ct_{ik} $(i=1,\cdots,7;k=1,\cdots,14)$表示工厂$S_i$(即点$v_i$)到转运节点$B_k$(即点$v_{10+k}$)的单位最小铁路运费。

第三步：计算转运节点B_k到施工节点E_j单位公路运费Cg_{kj}。

公路节点初始距离矩阵，初值为 $\boldsymbol{W}_g = W(11:53,11:53)$，$\boldsymbol{W}_g(1:14,1:14) = \text{inf} * \text{ones}(14,14)$；用 Floyd 算法计算转运节点到施工节点的公路最短距离 $\boldsymbol{W}_g$，并用矩阵 $\boldsymbol{P}_g(43 \times 43)$ 记住最短路径。

公路最小费用矩阵用 $\boldsymbol{C}_g$ 表示，$\boldsymbol{C}_g = \boldsymbol{W}_g(1:14,40:53)$；然后按公路运费计算表换算出节点间最小公路费用，仍用 $\boldsymbol{C}_g$ 表示，$Cg_{kj}(k=1,\cdots,14;j=1,\cdots,14)$表示转运节点$B_k(v_{k+10})$到施工节点$E_j(v_{39+j})$的单位最小公路运费。

第四步：计算工厂S_i到施工节点E_j的到货单价C_{ij}。

$C_{ij} = p_i + \min\limits_k(Ct_{ik} + Cg_{kj})$。用矩阵$\boldsymbol{P}c_{ij}$保存$\min\limits_k(Ct_{ik} + Cg_{kj})$取最小值时 k 的下标。

至此，第(1)问计算完毕。

第(2)问和第(3)问解法如下。

设x_{ij}为钢厂S_i运往施工节点E_j的运输量(订购量)，第(1)问已计算求得工厂S_i到施工节点E_j的到货单价C_{ij}，已知各钢厂S_i的最大生产能力为s_i，各施工节点E_j所需钢管铺设长度为e_j，考虑到承担制造的钢厂至少需要生产 500 个单位，则引入 0-1 变量 y_i 表示钢厂 $S_i(y_i=1)$是否$(y_i=0)$承担制造。于是问题可构建为一个变化的运输问题（混合整数线性规划问题），产地数 $m=7$，销地数 $n=14$。

$$\min z = \sum_{i=1}^{m}\sum_{j=1}^{n} c_{ij}x_{ij}$$

$$\text{s.t.}\begin{cases} 500y_i \leqslant \sum_{j=1}^{n} x_{ij} \leqslant y_i\, s_i, i=1,2,\cdots,m \\ \sum_{i=1}^{m} x_{ij} = e_j, j=1,2,\cdots,n \\ x_{ij} \geqslant 0, y_i \in \{0.1\}, i=1,2,\cdots,m, j=1,2,\cdots,n \end{cases}$$

p_i单独变化，不会影响运输费用的变化，只会引起钢厂S_i发出的 14 个到货单价C_{ij}产生相同的变化，所以这是一个参数线性规划问题，设p_i变化量为 Δp_i，即$p_i' = p_i + \Delta p_i$，则$C'_{ij} = C_{ij} + \Delta p_i$，$j=1,2,\cdots,14$. 如这些$C_{ij}$变化没有破坏该运输问题最优性条件，就没有改变最优基，则订购方案不变，运输方案也不变，但总费用当然会变化。将$C'_{ij} = C_{ij} + \Delta p_i$代入原来的单纯形终表，重新计算各检验数，一般情况下这 14 个C_{ij}对应的变量里既有基变量也有非基变量，所以所有非基变量的检验数都会改变，但这些非基变量的检验数都是参数 Δp_i的线性表达式，依据最优性条件可建立关于 Δp_i的不等式组，解该不等式组可求出最优基不变的 Δp_i的取值范围。各钢厂S_i出厂单价单独在 Δp_i的取值范围内变化，都不影响购运计划，超出该范围都可能会影响购运计划。

第(3)问中试分析各钢厂钢管的产量的上限s_i在哪个范围内单独变化不会改变购运计划的问题，为一资源列向量 $\boldsymbol{b}$ 改变时的灵敏度分析问题。根据第二章的知识，可求出不破坏原基本解非负条件的各个 Δs_i的取值范围，各工厂产量上限单独在该范围内变化时不影响购运计划。第(3)问编程可参看文献[10]。

参考文献

[1] 胡晓东,袁亚湘,章祥荪. 运筹学发展的回顾与展望[J]. 中国科学院院刊,2012,27(2):144-170.

[2]《运筹学》教材编写组. 运筹学[M]. 4 版. 北京:清华大学出版社,2012.

[3] 胡列格. 物流运筹学[M]. 北京:人民交通出版社,2007.

[4] 刁在筠,郑汉鼎,刘家壮. 运筹学[M]. 2 版. 北京:高等教育出版社,2001.

[5] Paula M. J. HARRIS. Pivot selection methods of the Deve LP code[J]. Mathematical Progamming Study 4,1975: 30-57.

[6] 赵可培. 运筹学[M]. 上海:上海财经大学出版社,2000.

[7] 中华人民共和国住房和城乡建设部. 工程网络计划技术规程:JGJ 121T—2015[S]. 北京:中国建筑工业出版社,2015.

[8] 严蔚敏,吴伟民. 数据结构(C 语言版)[M]. 北京:清华大学出版社,1997.

[9] D. B. Johnson. Efficient algorithms for shortest paths in sparse networks[J]. Journal of the ACM, 24(1):1-13, 1977.

[10] 李工农. 运筹学基础及其 Matlab 应用[M]. 北京:清华大学出版社,2016.

[11] 胡运权. 运筹学习题集[M]. 4 版. 北京:清华大学出版社,2010.

[12] 龚纯,王正林. 精通 Matlab 最优化计算[M]. 2 版. 北京:电子工业出版社,2012.